基础化学实验

（下）

主　编　吴俊方　吴玉芹

副主编　仇　静　孙明珠

U0380106

东南大学出版社
·南京·

内 容 提 要

本书是为了适应课程建设及实验教学改革,便于教学计划的统一制订和实施而编写的。

全书主要分为五大部分:① 化学实验基本知识;② 有机化学实验;③ 物理化学实验;④ 综合性、设计性化学实验;⑤ 附录。全书共列出实验项目 55 个。大部分实验项目考虑到了环保要求,部分介绍了小型化实验方法。为了方便同学预习,把实验仪器使用附录放在了相关的实验项目当中,并在书后加了索引。

本书适合作为工科院校化工类专业的实验教材,可供同类学校使用。

图书在版编目(CIP)数据

基础化学实验/曹淑红等主编. —南京:东南大学出版社,2014.8(2021.9 重印)
ISBN 978-7-5641-5114-0

Ⅰ.基… Ⅱ.①曹… Ⅲ.化学实验—高等学校—教材 Ⅳ.O6-3

中国版本图书馆 CIP 数据核字(2014)第 179009 号

出版发行:东南大学出版社
社　　址:南京市四牌楼 2 号　邮编:210096
出 版 人:江建中
责任编辑:史建农
网　　址:http://www.seupress.com
经　　销:全国各地新华书店
印　　刷:江苏凤凰数码印务有限公司
开　　本:787mm×1092mm　1/16
印　　张:32.75
字　　数:796 千字
版　　次:2021 年 9 月第 1 版第 7 次印刷
书　　号:ISBN 978-7-5641-5114-0
定　　价:58.00 元(上下册)

本社图书若有印装质量问题,请直接与营销部联系。电话:025-83791830

前　言

本书在 2006 年出版的《工科化学基本实验》基础之上，通过多轮的教学，在教学实践中感到有必要对部分教学内容进行改进和提高。因此决定重新出版本书。

本书的编写体系仍按照《工科化学基本实验》，前言所阐明的指导思想仍是合适的。本书在之前版的基础上，本着少而精的精神，对旧的内容做了一些修改，删去了繁琐和次要的内容，借鉴了其他院校化学实验教学改革的经验并汲取了同类教材的优点，经精心整理而成。

本书仍然分为"化学实验基本知识"、"有机化学实验"、"物理化学实验"和"综合性、设计性化学实验"四大部分。

化学实验基本知识：主要为学生守则、实验室安全规则、实验室意外事故处理、实验报告的完成；温度的测量与控制；数据的误差及表达方式和常用仪器的使用等几个方面。

有机化学实验：本部分共列出了二十个实验项目，实验内容尽可能采用小型或微量化实验，这样既节省了经费，又减少了对环境的污染；对于多步完成的实验，尽可能将前一步骤的产物作为后续步骤的原料，达到或接近零排放的目标；对有害于健康和环境的药品力求不用，对毫无利用价值且对环境有害的废弃物要求进行妥善处理，这些都有助于培养学生量的意识和树立绿色化学研究的理念。

物理化学实验：本部分共列出了二十六个实验项目，着重强调利用物理的方法研究化学系统变化的规律。通过物理量的测定，使学生能理解理论课中重要的基本概念，掌握基本原理，并能掌握实验中一些常用仪器的使用方法与实验技能，因此安排实验项目既要照顾到理论课的部分内容，又要注意各种基本测量技术的训练。并为部分实验项目配备了原始方法和现代方法进行对比，从而提高学生的学习兴趣。

综合性、设计性化学实验：本部分共列出了九个实验项目，主要为了培养学生良好的实验素质、严谨的科学态度，初步具备主动获取知识的能力、开拓进取的创新意识和科学的思维方法。本书列出了部分综合性、设计性的合成、表征实验，虽然看起来比较简单,但可以举一反三进行拓展。

　　本书的出版工作得到了盐城工学院化学与生物工程学院基础化学课程组相关老师的大力支持,在此表示衷心感谢。

　　参加本书编写和实验工作的有吴俊方、吴玉芹、仇静、孙明珠、曹文辉、杨春红、费永成等老师。

　　由于编者水平有限,书中难免存在缺点和错误之处,敬请读者不吝赐教,批评指正。

编　者

2014.6

目　录

第三篇　物理化学实验

第四篇 综合性、设计性化学实验

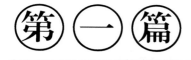

第一篇

化学实验基本知识

第一章　绪　　论

　　化学实验是化学理论的源泉,是化工工程技术的基础。因此,在化学教学中,化学实验是对学生进行科学实验基本训练的必修基础课程。其目的不仅是传授化学实验知识,还担负着培养学生能力和素质的任务。通过化学实验课,学生应受到下列训练:

　　1. 熟练掌握化学实验基本操作,正确使用各类仪器,具有取得准确实验数据的能力。

　　2. 掌握正确记录、数据处理和表达实验结果的方法。

　　3. 通过实验加深对化学基本理论的理解,对在实验中观察到的现象具有分析判断、逻辑推理和作出结论的能力。

　　4. 能正确设计实验,包括选择实验方法、实验条件、仪器和试剂等。初步具有解决实际问题的能力。

　　5. 掌握获取信息的能力,熟悉有关工具书、手册及其他信息源的查阅方法。

　　6. 培养学生树立实事求是的科学态度,严肃认真的工作作风,良好的实验室工作习惯,相互协作的团队精神和开拓创新的意识。

　　为了达到以上教学目的,要求学生在实验课前必须做好预习,认真阅读实验教材和相关资料,弄清实验目的要求、基本原理、实验内容、操作步骤及注意事项等。实验过程中认真独立地完成,要做到认真操作、细心观察、积极思考、如实记录。要合理安排时间,按质按量完成指定的实验内容,要按照正确的操作方法使用各种仪器,做到心细谨慎,防止产生不必要的障碍或仪器损坏,实验过程中要保持实验室内安静有序,桌面整洁,节约药品,安全操作,废弃物必须回收。实验测得的原始数据要按要求记录并由教师签字。实验完毕要及时写好实验报告,要求书写整洁、结论明确、文字简练,严禁相互抄袭和随意涂改。

一、学生守则

　　为实现上述实验目的和教学要求,提高教学质量,学生必须遵守以下实验守则:

　　1. 实验前,认真做好实验的预习准备工作,写出预习报告。

　　2. 遵守纪律,不迟到,不早退,不无故缺席,保持安静,独立完成实验。

　　3. 实验时,集中思想,认真规范操作,仔细观察实验现象,如实记录实验结果,积极思考问题,安全操作,防止发生中毒、爆炸和烧伤等事故。

4. 爱护公共财物，小心使用实验仪器和设备，注意节约用水、电和试剂；使用精密仪器时，必须严格按照操作规程进行，避免因粗心大意违章操作而损坏仪器。如果发现仪器有故障，应立即停止使用，报告教师及时处理。

5. 每人应取用自己的仪器，未经教师许可，不得动用他人的仪器。实验中若有损坏，应如实登记补领。

6. 实验台上的仪器应放置整齐，并经常保持台面清洁。

7. 取用药品试剂时，勿撒落或搞错，取用后及时盖好瓶盖，放回原处。仪器和药品严禁带出实验室。实验中或实验后的废液、废渣和回收品，应放在指定的容器中，严禁倒入水槽中，造成环境污染是违法行为，必须自行承担责任。

8. 实验完毕后，应将玻璃仪器洗净，放回原处。值日生负责打扫卫生，整理好药品和实验台面，关好水、电等。经教师检查，得到允许，方可离开实验室。

二、实验室安全规则

化学药品中，有很多是易燃、易爆、有腐蚀性或有毒的。所以，在化学实验中，必须十分重视安全问题，不能麻痹大意。在实验前，应充分了解安全注意事项，在实验中，要集中注意力，严格遵守操作规程，以避免事故的发生。

1. 对于易燃、易爆的物质要尽量远离火源。

2. 能产生有刺激性或有毒气体的实验，应在通风橱内(或通风处)进行。

3. 绝对不允许任意混合各种化学药品。倾注药品或加热液体时，不要俯视容器，也不要将正在加热的容器口对准自己或他人。凡使用电炉、酒精灯等加热的实验，中途不得离开实验室。

4. 有毒药品(如重铬酸钾、钡盐、铅盐、砷化合物、汞及汞化合物、氰化物等)不得入口或接触伤口。剩余的废物和金属片不许倒入下水道，应倒入回收容器内集中处理。

5. 浓酸、浓碱具有强腐蚀性，使用时切勿溅在衣服或皮肤上，尤其是眼睛上；稀释浓酸、浓碱时，应在不断搅拌下将它们慢慢倒入水中；稀释浓硫酸时更要小心，千万不可把水加入浓硫酸里，以免溅出造成烧伤。

6. 实验中所用玻璃制品，如不注意，不但会损坏仪器，还会造成割伤，因此需小心使用。

7. 自拟实验或改变实验方案时，必须经教师批准后才可进行，以免发生意外事故。

8. 实验室内禁止饮食，实验完毕后洗净双手，方可离开实验室。

三、实验室意外事故的处理

1. **割伤**　在伤口处涂抹紫药水或红药水，再用纱布包扎。

2. **烫伤**　在伤口处涂抹烫伤药或用苦味酸溶液清洗伤口，小面积轻度烫伤可以涂抹肥皂水。

3. **酸碱腐蚀伤**　先用大量水冲洗。酸腐伤后，用饱和碳酸氢钠溶液或氨水溶液冲洗；碱腐伤，用2%醋酸洗，最后用水冲洗。若强酸强碱溅入眼内，立即用大量水冲洗，然后相应地用1%碳酸氢钠溶液或1%硼酸溶液冲洗。

4. **溴灼伤**　立即用大量水冲洗，再用酒精擦至无溴存在为止；或用苯或甘油洗，然后用水洗。

5. **磷灼伤** 用1‰硝酸银、1‰硫酸铜或浓高锰酸钾溶液洗,然后包扎。

6. **吸入溴蒸气、氯气、氯化氢** 可吸入少量酒精和乙醚的混合气体;若吸入硫化氢气体而感到不适时,应立即到室外呼吸新鲜空气。

7. **毒物不慎进入口中** 用催吐剂(约30克硫酸镁溶于1杯水中),并用手指伸进咽喉部,促使呕吐,然后立即送医院治疗。

8. **触电** 遇到触电事故,应先切断电源,必要时进行人工呼吸。

9. **火灾** 若遇有机溶剂引起着火时,应立即用湿布或沙土等灭火;如果火势较大,可用灭火器灭火,切勿泼水,泼水会使火势蔓延。若遇电器设备着火,先切断电源,然后用灭火器灭火,不能用水灭火,以免触电。实验人员衣服着火时,立即脱下衣服,或就地打滚。

10. 伤势较重者,立即送医院治疗。

四、实验报告

化学实验课是一门综合性较强的理论联系实际的课程。它是培养学生独立工作能力的重要环节。完成一份正确、完整的实验报告,也是一个很好的训练过程。实验报告应该分为三个部分:实验前预习、实验现场记录及课后实验总结。

1. 实验预习

实验预习的内容包括:

(1) 实验目的 写出本次实验要达到的主要目的。

(2) 反应及操作原理 用反应式写出主反应及副反应,简单叙述操作原理。

(3) 按实验报告要求填写主要试剂及产物的物理和化学性质。

(4) 画出主要反应装置图。

(5) 写出操作步骤。

预习时,应想清楚每一步操作的目的是什么,为什么这么做,要弄清楚本次实验的关键步骤和难点,实验中有哪些安全问题。预习是做好实验的关键,只有预习好了,实验时才能做到又快又好。

2. 实验记录

实验记录是科学研究的第一手资料,实验记录的好坏直接影响对实验结果的分析。因此,学会做好实验记录也是培养学生科学作风及实事求是精神的一个重要环节。

作为一位科学工作者,必须对实验的全过程进行仔细观察。如反应液颜色的变化,有无沉淀及气体出现,固体的溶解情况,以及加热温度和加热后反应的变化等等,都应认真记录。同时还应记录加入原料的颜色和加入的量、产品的颜色和产品的量、产品的熔点或沸点等物化数据。记录时,要与操作步骤一一对应,内容要简明扼要,条理清楚。记录直接写在实验报告簿上。不要随便记在一张纸上,课后抄在实验报告簿上。

3. 实验报告

这部分工作在课后完成。内容包括:

(1) 对实验现象逐一做出正确的解释。能用反应式表示的尽量用反应式表示。

(2) 计算产率。在计算理论产量时,应注意:① 有多种原料参加反应时,以物质的量最小的那种原料的量为准;② 不能用催化剂或引发剂的量来计算;③ 有异构体存在时,以各种异构体理论产量之和进行计算,实际产量也是异构体实际产量之和。计算公式如下:

$$产率=\frac{实际产量}{理论产量}\times100\%$$

(3) 填写物理常数的测试结果。分别填上产物的文献值和实测值,并注明测试条件,如温度、压力等。

(4) 对实验进行讨论与总结:① 对实验结果和产品进行分析;② 写出做实验的体会;③ 分析实验中出现的问题和解决的办法;④ 对实验提出建设性的建议。通过讨论来总结、提高和巩固实验中所学到的理论知识和实验技术。此部分内容可写在思考题中另列标题。

实验报告要求条理清楚,文字简练,图表清晰、准确。一份完整的实验报告可以充分体现学生对实验理解的深度、综合解决问题的能力及文字表达的能力。

常规实验报告的格式如下:

(1) 实验名称

(2) 目的要求

(3) 实验记录和结论(包括实验步骤、实验现象、解释及反应式)

(4) 思考题

常规实验报告如:有机化合物的制备实验报告

实验名称＿＿＿＿＿＿＿＿＿＿＿＿＿＿＿＿＿

姓名＿＿＿＿＿＿ 班级＿＿＿＿＿＿ 学号＿＿＿＿＿＿

同组者姓名＿＿＿＿＿＿ 日期＿＿＿＿＿＿ 成绩＿＿＿＿＿＿

一、实验目的

二、实验原理

三、主要试剂及产物的物理常数

名　称	相对分子质量	沸点/℃	熔点/℃	密度	折射率	溶解性/(g/100 mL)			投料量	物质的量/mol	理论产量
						水	醇	醚			

四、仪器装置图

五、实验步骤及实验现象解释

六、产品物理常数、质量、产率

七、思考题

第二章　温度的测量与控制

第一节　温　标

　　温度是表征体系中物质内部大量分子、原子平均动能的一个宏观物理量。物体内部分子、原子平均动能的增加或减少,表现为物体温度的升高或降低。物质的物理化学特性都与温度有密切的关系,温度是确定物体状态的一个基本参量,因此准确测量和控制温度,在科学实验中十分重要。

　　温度是一个特殊的物理量,两个物体的温度不能像质量那样互相叠加,两个温度间只有相等或不等的关系。为了表示温度的数值,需要建立温标,即温度间隔的划分与刻度的表示,这样才会有温度计的读数。所以温标是测量温度时必须遵循的带有"法律"性质的规定。国际温标是规定一些固定点,这些固定点用特定的温度计精确测量,在规定的固定点之间的温度的测量是以约定的内插方法及指定的测量仪器以及相应物理量的函数关系来定义的。确立一种温标,需要有以下三条:

　　1. 选择测温物质:作为测温物质,它的某种物理性质,如体积、电阻、温差电势以及辐射电磁波的波长等与温度有依赖关系而又有良好的重现性。

　　2. 确定基准点:测温物质的某种物理特性,只能显示温度变化的相对值,必须确定其相当的温度值,才能实际使用。通常是以某些高纯物质的相变温度,如凝固点、沸点等,作为温标的基准点。

　　3. 划分温度值:基准点确定以后,还需要确定基准点之间的分隔,如摄氏温标是以 1 个标准大气压下水的冰点(0℃)和沸点(100℃)为两个定点,定点间分为 100 等份,每一份为 1℃。用外推法或内插法求得其他温度。

　　实际上,一般所用物质的某种特性,与温度之间并非严格地呈线性关系,因此用不同物质做的温度计测量同一物体时,所显示的温度往往不完全相同。

　　1848 年开尔文(Kelvin)提出热力学温标,它是建立在卡诺循环基础上的,与测温物质性质无关。

$$T_2 = \frac{Q_1}{Q_2} T_1$$

　　开尔文建议用此原理定义温标,称为热力学温标,通常也叫做绝对温标,以开(K)表示。理想气体在定容下的压力(或定压下的体积)与热力学温度呈严格的线性函数关系。因此,国际上选定气体温度计,用它来实现热力学温标。氦、氢、氮等气体在温度较高、压强不太大的条件下,其行为接近理想气体。所以,这种气体温度计的读数可以校正成为热力学温标。热力学温标用单一固定点定义,规定"热力学温度单位开尔文(K)是水三相点热力学温度的 1/273.16"。水的三相点热力学温度为 273.16 K。热力学温标与通常习惯使用的摄氏温度分度值相同,只是差一个常数:

$$T = 273.15 + t/℃$$

由于气体温度计的装置复杂,使用很不方便,为了统一国际间的温度量值,1927 年拟定了"国际温标",建立了若干可靠而又能高度重现的固定点。随着科学技术的发展,又经多次修订,现在采用的是 1990 国际温标(ITS-90),其固定点见表 1-1。

表 1-1　ITS-90 的固定点定义

物质[a]	平衡态[b]	温度 T_{90}/K	物质[a]	平衡态[b]	温度 T_{90}/K
He	VP	3～5	Ga*	MP	302.9146
e—H₂	TP	13.803 3	In*	FP	429.7485
e—H₂	VP(CVGT)	～17	Sn	FP	505.078
e—H₂	VP(CVGT)	～20	Zn	FP	692.677
Ne*	TP	24.556 1	Al*	FP	933.473
O₂	TP	54.335 8	Ag	FP	1 234.94
Ar	TP	83.805 8	Au	FP	1 337.33
Hg	TP	234.315 6	Cu*	FP	1 357.77
H₂O	TP	273.16			

注: a. e—H₂ 指平衡氢,即正氢和仲氢的平衡分布,在室温下正常氢含 75%正氢、25%仲氢;* 第二类固定点。
b. VP—蒸汽压点;CVGT—等容气体温度计点;TP—三相点(固、液和蒸汽三相共存的平衡度);FP—凝固点和 MP—熔点(在一个标准大气压 101 325 Pa 下,固、液两相共存的平衡温度),同位素组成为自然组成状态。

第二节　温　度　计

国际温标规定,从低温到高温划分为四个温区,在各温区分别选用一个高度稳定的标准温度计来度量各固定点之间的温度值。这四个温区及相应的标准温度计见表 1-2。

表 1-2　四个温区的划分及相应的标准温度计

温度范围	13.81～273.15 K	273.15～903.89 K	903.89～1 337.58 K	1 337.58 K 以上
标准温度计	铂电阻温度计	铂电阻温度计	铂铑(10%)-铂热电偶	光学高温计

下面介绍几种常见的温度计。

一、水银温度计

水银温度计是实验室常用的温度计。它的结构简单,具有较高的精确度,可直接读数,使用方便;但是易损坏,损坏后无法修理。水银温度计适用范围为 238.15 K 到 633.15 K (水银的熔点为 234.45 K,沸点为 629.85 K),如果用石英玻璃作管壁,充入氮气或氩气,最高使用温度可达到 1 073.15 K。常用的水银温度计刻度间隔有 2℃、1℃、0.5℃、0.2℃、0.1℃等,与温度计的量程范围有关,可根据测定精度选用。

水银温度计使用时应注意以下几点:

（1）读数校正

① 以纯物质的熔点或沸点作为标准进行校正。

② 以标准水银温度计为标准，与待校正的温度计同时测定某一体系的温度，将对应值一一记录，作出校正曲线。

标准水银温度计由多支温度计组成，各支温度计的测量范围不同，交叉组成－10～360℃范围，每支都经过计量部门的鉴定，读数准确。

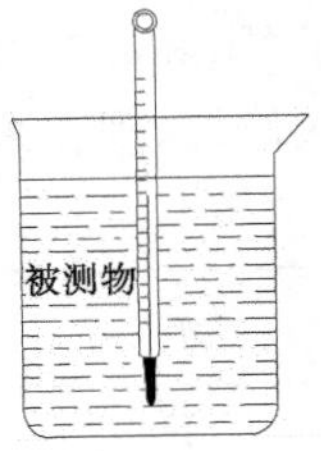

（2）露茎校正

水银温度计有"全浸"和"非全浸"两种。非全浸式水银温度计常刻有校正时浸入量的刻度，在使用时若室温和浸入量均与校正时一致，所示温度是正确的。

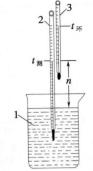

图 1-1 全浸式水银温度计的使用

全浸式水银温度计使用时应当全部浸入被测体系中，如图 1-1 所示，达到热平衡后才能读数。全浸式水银温度计如不能全部浸没在被测体系中，则因露出部分与体系温度不同，必然存在读数误差，因此必须进行校正。这种校正称为露茎校正。如图 1-2 所示，校正公式为：

$$\Delta t = \frac{kn}{1-kn}(t_测 - t_环)$$

式中，$\Delta t = t_实 - t_测$，为读数校正值；$t_测$ 为温度计的读数值；$t_环$ 为露出待测体系外水银柱的有效温度（从放置在露出一半位置处的另一支辅助温度计读出）；n 为露出待测体系外部的水银柱长度，称为露茎高度，以温度差值表示；k 为水银相对于玻璃的膨胀系数，使用摄氏度时，$k = 0.00016$，上式中 $kn \ll 1$，所以 $\Delta t \approx kn(t_测 - t_环)$。

图 1-2 温度计露茎校正
1—被测体系　2—测量温度计　3—辅助温度计

二、热电偶温度计

自 1821 年塞贝克（Seebeck）发现热电效应起，热电偶的发展已经历了一个多世纪。据统计，在此期间曾有 300 余种热电偶问世，但应用较广的热电偶仅有 40～50 种。国际电工委员会（IEC）对其中被国际公认、性能优良和产量最大的七种制定标准，即 IEC584-1 和 584-2 中所规定的：S 分度号（铂铑 10-铂）；B 分度号（铂铑 30-铂铑 6）；K 分度号（镍铬-镍硅）；T 分度号（铜-康铜）；E 分度号（镍铬-康铜）；J 分度号（铁-康铜）；R 分度号（铂铑 13-铂）等热电偶。

热电偶是目前工业测温中最常用的传感器，这是由于它具有以下优点：

① 测温点小，准确度高，反应速度快；

② 品种规格多，测温范围广，在－270～2 800℃范围内有相应产品可供选用；

③ 结构简单，使用维修方便，可作为自动控温检测器等。

1. 工作原理

把两种不同的导体或半导体接成图 1-3 所示的闭合回路，如果将它的两个接点分别置于温度各为 T 及 T_0（假定 $T > T_0$）的热源中，则在其回路内就会产生热电动势（简称热电势），这个现象称作热电效应。

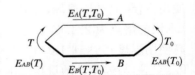

图 1-3 热电偶回路热电势分布

在热电偶回路中所产生的热电势由两部分组成：接触电势和温差电势。

（1）温差电势

温差电势是在同一导体的两端因其温度不同而产生的一种热电势。由于高温端（T）的电子能量比低温端的电子能量大，因而从高温端跑到低温端的电子数比从低温端跑到高温端的电子数多，结果高温端会因为失去电子而带正电荷，低温端因得到电子而带负电荷，从而形成一个静电场。此时，在导体的两端便产生一个相应的电位差 $E_T - E_{T_0}$，即为温差电势。图中的 A、B 导体分别都有温差电势，分别用 $E_A(T, T_0)$、$E_B(T, T_0)$ 表示。

（2）接触电势

接触电势产生的原因是，当两种不同导体 A 和 B 接触时，由于两者电子密度不同（如 $N_A > N_B$），电子在两个方向上扩散的速率就不同，从 A 到 B 的电子数要比从 B 到 A 的多，结果 A 因失去电子而带正电荷，B 因得到电子而带负电荷，在 A、B 的接触面上便形成一个从 A 到 B 的静电场 E，这样在 A、B 之间也形成一个电位差 $E_A - E_B$，即为接触电势。其数值取决于两种不同导体的性质和接触点的温度。分别用 $E_{AB}(T)$、$E_{AB}(T_0)$ 表示。

这样在热电偶回路中产生的总电势 $E_{AB}(T, T_0)$ 由四部分组成。

$$E_{AB}(T, T_0) = E_{AB}(T) + E_B(T, T_0) - E_{AB}(T_0) - E_A(T, T_0)$$

由于热电偶的接触电势远远大于温差电势，且 $T > T_0$，所以在总电势 $E_{AB}(T, T_0)$ 中，以导体 A、B 在 T 端的接触电势 $E_{AB}(T)$ 为最大，故总电势 $E_{AB}(T, T_0)$ 的方向取决于 $E_{AB}(T)$ 的方向。因 $N_A > N_B$，故 A 为正极，B 为负极。

热电偶总电势与电子密度及两接点温度有关。电子密度不仅取决于热电偶材料的特性，而且随温度变化而变化，它并非常数。所以当热电偶材料一定时，热电偶的总电势成为温度 T 和 T_0 的函数差。又由于冷端温度 T_0 固定，则对一定材料的热电偶，其总电势 $E_{AB}(T, T_0)$ 就只与温度 T 成单值函数关系。

$$E_{AB}(T, T_0) = f(T) - C$$

每种热电偶都有它的分度表（参考端温度为 0℃），分度值一般取温度每变化 1℃所对应的热电势之电压值。

2. 热电偶基本定律

（1）中间导体定律

将 A、B 构成的热电偶的 T_0 端断开，接入第三种导体，只要保持第三种导体 C 两端温度相同，则接入导体 C 后对回路总电势无影响。这就是中间导体定律。

根据这个定律，我们可以把第三导体换上毫伏表（一般用铜导线连接），只要保证两个接点温度一样就可以对热电偶的热电势进行测量，而不影响热电偶的热电势数值。同时，可采用任意的焊接方法来焊接热电偶。同样，应用这一定律可以采用开路热电偶对液态金属和金属壁面进行温度测量。

（2）标准电极定律

如果两种导体（A 和 B）分别与第三种导体（C）组成热电偶产生的热电势已知，则由这两导体（A、B）组成的热电偶产生的热电势，可以由下式计算：

$$E_{AB}(T, T_0) = E_{AC}(T, T_0) - E_{BC}(T, T_0)$$

这里采用的电极 C 称为标准电极，在实际应用中标准电极材料为铂。这是因为铂易得到纯态,物理化学性能稳定,熔点极高。由于采用了参考电极,大大地方便了热电偶的选配工作,只要知道一些材料与标准电极相配的热电势,就可以用上述定律求出任何两种材料配成热电偶的热电势。

3. 热电偶电极材料

为了保证在工程技术中应用可靠,并有足够的精确度,对热电偶电极材料有以下要求:

① 在测温范围内,热电性质稳定,不随时间变化;

② 在测温范围内,电极材料要有足够的物理化学稳定性,不易氧化或腐蚀;

③ 电阻温度系数要小,导电率要高;

④ 它们组成的热电偶,在测温中产生的电势要大,并希望这个热电势与温度成单值的线性或接近线性关系;

⑤ 材料复制性好,可制成标准分度,机械强度高,制造工艺简单,价格便宜。

最后还应强调一点,热电偶的热电特性仅决定于选用的热电极材料的特性,而与热电极的直径、长度无关。

4. 热电偶的结构和制备

在制备热电偶时,热电极的材料、直径的选择,应根据测量范围、测定对象的特点,以及电极材料的价格、机械强度、热电偶的电阻值而定。热电偶的长度应由它的安装条件及需要插入被测介质的深度决定。

热电偶接点常见的结构形式如图1-4所示。

热电偶热接点可以是对焊,也可以预先把两端线绕在一起再焊。应注意绞焊圈不宜超过2~3圈,否则工作端将不是焊点,而向上移动,测量时有可能带来误差。

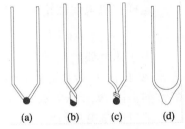

图1-4 热电偶接点常见的结构图

(a) 直径一般为 0.5 mm;
(b) 直径一般为 1.5~3 mm;
(c) 直径一般为 3~3.5 mm;
(d) 直径大于 3.5 mm 才使用

普通热电偶的热接点可以用电弧、乙炔焰、氢气吹管的火焰来焊接。当没有这些设备时,也可以用简单的点熔装置来代替。用一只可调变压器把市用 220 V 电压调至所需电压,以内装石墨粉的铜杯为一极,热电偶作为另一极,把已经绞合的热电偶接点处沾上一点硼砂,熔成硼砂小珠,插入石墨粉中(不要接触铜杯),通电后,使接点处发生熔融,成一光滑圆珠即成。

5. 热电偶的校正、使用

图1-5 所示为热电偶的校正、使用装置。使用时一般是将热电偶的一个接点放在待测物体中(热端),而将另一端放在储有冰水的保温瓶中(冷端),这样可以保持冷端的温度恒定。校正一般是通过用一系列温度恒定的标准体系,测得热电势和温度的对应值来得到热电偶的工作曲线。

表1-3 列出热电偶基本参数。热电偶经过一个多世纪的发展,品种繁多,而国际公认、性能优良、产量最大的共有七种,目前在我国常用的有以下几种热电偶。

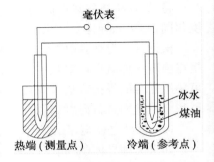

图1-5 热电偶的校正、使用装置图

表 1-3 热电偶基本参数

热电偶类别	材质及组成	新分度号	旧分度号	使用范围 /℃	热电势系数 /mV·K⁻¹
廉价金属	铁-康铜(CuNi₄₀)		FK	0～+800	0.054 0
	铜-康铜	T	CK	-200～+300	0.042 8
	镍铬 10-考铜(CuNi₄₃)		EA-2	0～+800	0.069 5
	镍铬-考铜		NK	0～+800	
	镍铬-镍硅	K	EU-2	0～+1 300	0.041 0
	镍铬-镍铝(NiAl₂Si₁Mg₂)			0～+1 100	0.041 0
贵金属	铂铑 10-铂	S	LB-3	0～+1 600	0.006 4
	铂铑 30-铂铑 6	B	LL-2	0～+1 800	0.000 34
难熔金属	钨铼 5-钨铼 20		WR	0～+200	

（1）铂铑 10-铂热电偶　它由纯铂丝和铂铑丝(铂 90％,铑 10％)制成。由于铂和铂铑能得到高纯度材料,故其复制精度和测量的准确性较高,可用于精密温度测量和作基准热电偶,有较高的物理化学稳定性。主要缺点是热电势较弱,在长期使用后,铂铑丝中的铑分子产生扩散现象,使铂丝受到污染而变质,从而引起热电特性失去准确性,成本高。可在1 300℃以下温度范围内长期使用。

（2）镍铬-镍硅(镍铬-镍铝)热电偶　它由镍铬与镍硅制成,化学稳定性较高,可用于900℃以下温度范围。复制性好,热电势大,线性好,价格便宜。虽然测量精度偏低,但基本上能满足工业测量的要求,是目前工业生产中最常见的一种热电偶。镍铬-镍铝和镍铬-镍硅两种热电偶的热电性质几乎完全一致。由于后者在抗氧化及热电势稳定性方面都有很大提高,因而逐渐代替前者。

（3）铂铑 30-铂铑 6 热电偶　这种热电偶可以测 1 600℃以下的高温,其性能稳定,精确度高,但它产生的热电势小,价格高。由于其热电势在低温时极小,因而冷端在 40℃以下范围时,对热电势值可以不必修正。

（4）镍铬-考铜热电偶　热电偶灵敏度高,价廉。测温范围在 800℃以下。

（5）铜-康铜热电偶　铜-康铜热电偶的两种材料易于加工成漆包线,而且可以拉成细丝,因而可以做成极小的热电偶,时间常数很小,为毫秒级。其测量低温性极好,可达-270℃。测温范围为-270～400℃,而且热电灵敏度也高。它是标准型热电偶中准确度最高的一种,在 0～100℃范围可以达到 0.05℃(对应热电势为 2 μV 左右),它在医疗方面得到广泛的应用。

如前所述,各种热电偶都具有不同的优缺点。因此,在选用热电偶时应根据测温范围、测温状态和介质情况综合考虑。

三、集成温度计

随着集成技术和传感技术的飞速发展,人们已能在一块极小的半导体芯片上集成包括敏感器件、信号放大电路、温度补偿电路、基准电源电路等在内的各个单元。这就是所谓的敏感集成温度计,它使传感器和集成电路成功地融为一体,并且极大地提高了测量温度准确性。它是目前温度测量的发展方向,是实现测温智能化、小型化(微型化)、多功能化的重要途径,同时也提高了灵敏度。它跟传统的热电阻、热电偶、半导体 PN 结等温度传感器相比,具有体积小、热容量小、线性度好、重复性好、稳定性好、输出信号大且规范化等优点,其线性度好及输出信号大且规范化、标准化是其他温度计无法比拟的。

它的输出形式可分为电压型和电流型两大类。其中电压型温度系数几乎都是 $10 \text{ mV} \cdot \text{K}^{-1}$,电流型的温度系数则为 $1 \mu\text{A} \cdot \text{K}^{-1}$,它还具有相当于绝对零度时输出电量为零的特性,因而可以利用这个特性从它的输出电量的大小直接换算,从而得到绝对温度值。

集成温度计的测温范围通常为 $-50 \sim 150 \text{℃}$,而这个温度范围恰恰是最常见、最有用的。因此,它广泛应用于仪器仪表、航天航空、农业、科研、医疗监护、工业、交道、通讯、化工、环保、气象等领域。

第三章　数据的误差及表达方式

第一节　基础化学实验中的误差问题

一、误差基本概念

1. 准确度和精密度　准确度是指测量结果的正确性,即测量值与真值的偏离程度。偏离程度越小,准确度越高。

精密度是指测量结果的可重复性及测得的物理量的有效数字位数的多少。

因此,高的准确度必须有高的精密度来保证,而高的精密度不一定就表示高的准确度。

2. 绝对误差与相对误差

绝对误差是测量值与真值间的差异。

$$绝对误差＝测量值－真值$$

相对误差是绝对误差与真值之比。

$$相对误差＝\frac{绝对误差}{真值}$$

由于相对误差能够表征绝对误差与被测量大小之间的关系,因而能更合理地评价测量的质量。

二、误差的分类及来源

1. 系统误差　在相同条件下多次测量同一物理量时,测量结果一直偏大或一直偏小,或在条件改变时,测量的偏差按某一确定规律而变化。这种测量误差称为系统误差。

产生系统误差的主要原因有:

① 仪器刻度不准或零点发生移动,试剂纯度不符合要求等。

② 实验条件控制不合要求。

③ 实验者感官分辨能力限制或固有习惯。如读数时一直偏高或偏低。

消除系统误差通常可采取下列方法:

① 用标准仪器、标准样品校正仪器和试剂。

② 采用不同仪器、不同方法、不同实验者进行测量和对比,以检出误差来源并加以消除。

2. 偶然误差　即使系统误差已被修正,但在同一条件下对某一个量进行重复测量时,多次测量值之间都不能绝对吻合,定会存在微小差异。这些差异是由一些暂时未能掌握的或不便掌握的微小因素所引起的,这类差异称为偶然误差。其特点是绝对值时大时小,误差符号时正时负。

造成偶然误差的主要原因有：

① 对实验仪器最小分度值估读是很难严格一致的。

② 测量仪器的活动部件所指示的测量值并非每次完全一致。

③ 其他无法控制的细微条件变化等等。

虽然偶然误差的出现没有确定的规律，即前一误差出现后，不能预料下一个测量误差的大小和方向，根据其特点是围绕某一数值上下起伏、时正时负，但随着测量次数的增加，发生正偏差和负偏差的几率趋于相等，故增加测量次数并加以适当的处理可以减少偶然误差的影响，得到较准确的结果。理由如下：

设被测物理量的实际值即真值为 x，这是一个未知数。

设每一次测量所得之值为 x_1、x_2、x_3、$\cdots$、x_n。

则每次测量的误差为：

$$\Delta x_1 = x_1 - x$$
$$\Delta x_2 = x_2 - x$$
$$\cdots$$
$$\Delta x_n = x_n - x$$

将以上各式相加，得

$$\Delta x_1 + \Delta x_2 + \cdots + \Delta x_n = (x_1 - x) + (x_2 - x) + \cdots + (x_n - x)$$

整理可得

$$x = \frac{x_1 + x_2 + \cdots + x_n}{n} - \frac{\Delta x_1 + \Delta x_2 + \cdots + \Delta x_n}{n}$$

当测量次数增加，即 n 增加到相当大时，等式右边第二项趋于零。因此，物理量的真值可用右边第一项，即多次测量数值的平均值 $\bar{x}$ 来代替：$x = \bar{x}$。

然而，在实际测量中，测量次数总是有限的，偶然误差不可能完全消除。为了表征整个测量的误差程度，我们引入平均误差 $\overline{\Delta x}$，令

$$\overline{\Delta x} = \frac{|\Delta x_1| + |\Delta x_2| + \cdots + |\Delta x_n|}{n} = \frac{1}{n}\sum_{i=1}^{n}|x_i - \overline{x_i}|$$

而平均相对误差为：

$$\frac{\overline{\Delta x}}{x_i} = \frac{|\Delta x_1| + |\Delta x_2| + \cdots + |\Delta x_n|}{n\,x_i} \times 100\%$$

3. 过失误差　这是由于疏忽而引起的误差。如读数读错、计算搞错等等。发现过失误差，应及时纠正，或将错误数据舍弃。

三、间接测量中误差的传递

以上介绍的是直接测量中的误差问题。但在多数物理化学实验中，所需结果往往不是直接测量得出，而是在测量若干个物理量之后，再经过一定的数学运算求得的。这种测量称为间接测量。显然，在单独测量各物理量中所造成的误差将会引起最终结果的误差，这种现象称为误差的传递。

1. 间接测量与直接测量的关系

设间接测量所得结果为 N，直接测量值分别为 x、y、z、$\cdots$，则

$$N = f(x, y, z, \cdots)$$

利用微分的概念，可以导出函数的相对误差。证明从略。

① 加法：间接测量值为直接测量值之和，$N = x + y + z + \cdots$
N 的最大误差为：

$$\Delta N = |\Delta x| + |\Delta y| + |\Delta z| + \cdots$$

相对误差为：

$$\frac{\Delta N}{N} = \frac{|\Delta x| + |\Delta y| + |\Delta z| + \cdots}{x + y + z + \cdots}$$

② 减法：间接测量值为直接测量值之差，$N = x - y$
N 的最大误差为：

$$\Delta N = |\Delta x| - |\Delta y|$$

相对误差为：

$$\frac{\Delta N}{N} = \frac{|\Delta x| - |\Delta y|}{x - y}$$

③ 乘法：间接测量值为直接测量值之积，$N = x \cdot y \cdot z \cdots$
相对误差为：

$$\frac{\Delta N}{N} = \left|\frac{\Delta x}{x}\right| + \left|\frac{\Delta y}{y}\right| + \left|\frac{\Delta z}{z}\right| + \cdots$$

④ 除法：间接测量值为直接测量值之商，$N = x/y$
相对误差为：

$$\frac{\Delta N}{N} = \left|\frac{\Delta x}{x}\right| + \left|\frac{\Delta y}{y}\right|$$

⑤ 乘方：间接测量值为直接测量值之乘方，$N = x^n$
相对误差为：

$$\frac{\Delta N}{N} = n\left|\frac{\Delta x}{x}\right|$$

⑥ 对数：间接测量值为直接测量值之对数，$N = \ln x$
相对误差为：

$$\frac{\Delta N}{N} = \left|\frac{\Delta x}{x \ln x}\right|$$

2. 误差传递计算实例

用凝固点降低法测定溶质相对分子质量的计算公式是：

$$M = \frac{1\,000\,K_f W}{W_0(T_0 - T)}$$

式中，M 为溶质的相对分子质量；K_f 为凝固点降低常数；W 为溶质的重量；W_0 为溶剂的重量；T_0 为纯溶剂的凝固点；T 为加入溶质后所得的溶液的凝固点。

根据前面介绍的内容可知，溶质相对分子质量的相对误差与各物理量测量时的绝对误差的关系为：

$$\frac{\Delta M}{M} = \pm\left(\frac{\Delta W}{W} + \frac{\Delta W_0}{W_0} + \frac{\Delta T_0 + \Delta T}{T_0 - T}\right)$$

如某次实验中，各物理量的测量情况及算得的绝对误差如下表：

测量值和测量平均值	仪器及精度	绝对误差或平均绝对误差
$W = 0.147\,2$ g	分析天平 $\pm 0.000\,2$ g	$\Delta W = \pm 0.000\,2$ g
$W_0 = 20.00$ g	工业天平 ± 0.05 g	$\Delta W_0 = \pm 0.05$ g
$T_0 = 5.801\,℃,\ 5.790\,℃,\ 5.802\,℃$ $\overline{T_0} = 5.797\,℃$	贝克曼温度计 $\pm 0.002\,℃$	$5.801 - 5.797 = 0.004\,℃$ $5.790 - 5.797 = -0.007\,℃$ $5.802 - 5.797 = 0.005\,℃$ $\Delta T_0 = \dfrac{0.004 + 0.007 + 0.005}{3} = \pm 0.005\,℃$
$T = 5.500\,℃,\ 5.504\,℃,\ 5.495\,℃$ $\overline{T_0} = 5.500\,℃$	贝克曼温度计 $\pm 0.002\,℃$	$5.500 - 5.500 = 0.000\,℃$ $5.504 - 5.500 = 0.004\,℃$ $5.495 - 5.500 = -0.005\,℃$ $\Delta \overline{T} = \dfrac{0.000 + 0.004 + 0.005}{3} = \pm 0.003\,℃$

对于一次测量，绝对误差就是仪器精度，对于多次测量，应计算出平均测量值和平均绝对误差；对于常数 K_f，由手册查出，视为准确数值。根据上述结果可求出相对分子质量测量的相对误差是

$$\begin{aligned}
\frac{\Delta M}{M} &= \frac{0.000\,2}{0.147\,2} + \frac{0.05}{20.00} + \frac{0.005 + 0.003}{5.797 - 5.500} \\
&= (1.3 + 2.5 + 27) \times 10^{-3} \\
&= 3.1\%
\end{aligned}$$

由上可见，本实验的主要误差是右式第三项，即来自温度的测量。用工业天平称取溶剂的误差与用分析天平称取溶质的误差相当。因此，若用分析天平称取溶剂，并不能对减小整个实验误差起多大作用，反而增加麻烦、浪费时间。从本例可以了解到，以误差传递的理论知识为指导，可以帮助我们合理地选择仪器仪表的精度，明确提高实验结果准确度的努力方向。

四、有效数字

1. 有效数字的意义

1、2、3、4、5、6、7、8、9、0，这十个符号称为数母。除了表示小数点位置的零以外的任何数母，都称为有效数字。

例如，205.46、21.540 0、10.01 中的"0"均为有效数字，而 0.001 3、0.4 中的"0"仅是用

来表示小数点的位置,不是有效数字。

我们知道,任何测量的准确度都是有限的,只能以一定的近似值来表示这些测量结果。运用有效数字,可以表示物理量的准确度,同时也能反映所用仪表的精度。如:

数 值	绝对误差	相对误差	有效数字位数
1.35	±0.01	0.7%	3
1.350 0	±0.000 1	0.007%	5

又如,当用分格为百分之一的温度计测量某物体的温度时,其读数可记为 15.10℃,而不应记为 15.1℃ 或 15.100℃。

2. 有效数字的运算规则

在有效数字的运算中,有如下规则。

① 当有效数字确定后,用"四舍六入五成双"规则(称作数字修约规则)舍去多疑数字。即最后一位数等于或小于 4 时,可以舍去;等于或大于 6 时进位;等于 5 时,则视"5"之前的那位数是奇数还是偶数而定,为奇数时进位,为偶数时将 5 舍去。

② 若数值的首位大于 8 时,有效数字可多标一位。如 9.12 可以看作四位有效数字。

③ 加减运算时,按绝对误差最大的一个数据保留结果的有效位数。如:

$$219.22+0.906\ 8-4.384=215.74$$

因为三个数值中,219.22 的绝对误差最大,为 0.01。

④ 乘法运算时,按相对误差最大的一个数据保留结果的有效位数。如:

$$135.69\times2.47\div6.282=53.4$$

因为 2.47 的相对误差最大,为 0.01/2.47,因此按 2.47 的有效位数(三位)来保留结果的有效位数。

⑤ 对数和指数运算

求一个数 N 的对数时,所得对数 $\lg N$ 的尾数部分位数应与数 N 的有效位数一致。如:

$$\lg 12.38=1.092\ 7$$

作指数运算时,结果的有效位数应与指数的尾数部分一致。如:

$$10^{1.093}=12.4$$

⑥ 表示误差时,最多只保留两位有效数字。

第二节　基础化学实验中的数据表达方式

化学实验中,结果的表达方法主要有三种:列表法、作图法、数学解析法。这里只介绍前两种。

一、列表法

在基础化学实验中,实验数据常常设计成表格,将自变量 x 和应变量 y 对应地排列起来,这样就能清楚地看出两者的关系。表格一般采用三线表,并需注意以下几点。

1. 表格名称

每一表格都应有一个准确简明的名称。

2. 行名与量纲

把表格分成若干行,每一变量占一行,在每行的行头即第一列写上行变量的名称(或表达式)及其量纲。在每一行(或列)中,数字的排列要整齐。

3. 有效数字

表格内数据,应注意其有效数字位数。每一行中的数据,应将它的小数点对齐。如用指数来表示数据中小数点的位置时,为简明起见,可将指数部分放在行名旁边,但指数上的正负号应变号。例如,醋酸的电离常数为 1.75×10^{-5},则该行名可写成"电离常数$\times 10^5$"。

4. 自变量的选择

在自变量的选择有一定弹性时,通常选较简单的作为自变量,如温度、时间、距离等。自变量最好是均匀地等间隔地增加,如果实际测定结果并不如此,可先将直接测定的数据作图,再从图上均匀地等间隔地读出自变量的一套新数据,然后列表。

二、作图法

在基础化学实验中,也常用作图法来表示各数据间的相互关系,其优点是能直观地显示极大、极小、转折点、周期性、变化速率等重要性质。同时,从图上也易于找出所需数据,有时还可以作图外推,求得实验难以获得的量。

作图时一般应注意以下几点:

1. 选择合适的坐标纸。使用得较多的是直角方格坐标纸,根据需要还可以选用其他种类的坐标纸,如对数或半对数坐标纸、三角坐标纸等。

2. 作图时一般以横轴表示自变量,以纵轴表示因变量。坐标分度要能表示出测量或计算结果的全部有效数字。

3. 坐标纸中每小格所对应的数值应便于读数。一般采用1、2、5及其倍数最方便,切忌采用3、7等奇数及倍数。纵、横轴不一定由"0"开始,应视实验具体要求的数值范围而定,要充分利用图纸全部面积,使全图分布均匀合理。

坐标轴的标记应以纯数形式表达。如温度应以 T/K 形式表示,而不得写成 $T(K)$ 的形式,即用某物理量的符号除以其单位的符号,或如 $\ln(p/\text{Pa})$ 的关系,即用某种纯数的数学函数。

4. 要正确选择比例尺。比例尺选择不当,不仅会使曲线变形,甚至还能导致错误的结果。

比例尺的选择应使测量和作图二者的精度相吻合。通常使图纸最小分格表示测量值的最后一位可靠数字或第一位可疑数字。这样,在延伸图线或求斜率时,所得结果都能保留一位可疑数字。比例尺的选择还应考虑不能使图纸过于庞大或过小。

5. 标记实验点和描绘图线时,可先用铅笔起稿,再用墨笔复画。在同一图上标记多组实验点时应采用不同记号。如⊙、×、△、□等符号,符号的大小可与数据的误差相适应。

描绘曲线时,最好通过尽可能多的实验点,作曲线要用曲线板,描出的曲线应平滑均匀,但曲线不必通过所有的点,只是应使曲线以外的实验点尽可能位于曲线附近,而且在曲线两侧的点的数目大体相等,它们与曲线间距之和亦应该接近相等。

6. 求取曲线上某处的斜率时,可先作该点切线,在切线上读取两点坐标(x_1, y_1)、(x_2, y_2),然后利用直线两点式方程,求出其斜率:

$$k = \frac{y_2 - y_1}{x_2 - x_1}$$

7. 直线简单易作、使用方便。根据需要,可将某些非线性函数转换成线性函数,即重新选择变量。函数线性化后,除方便作图外,还易于由直线的斜率和截距数值来获得其他数据。

8. 图纸应有简明的标题,变量名称与单位在坐标轴外侧居中书写。必要时,图上还可注出条件、日期等。

9. 图解微分

图解微分的关键是作曲线的切线,而后求出切线的斜率值,即图解微分值。作曲线的切线可用如下两种方法。

镜像法

取一平面镜,使其垂直于图面,并通过曲线上待作切线的点P(图1-6),然后让镜子绕P点转动,注意观察镜中曲线的影像,当镜子转到某一位置,使得曲线与其影像刚好平滑地连为一条曲线时,过P点沿镜子作一直线即为P点的法线,过P点再作法线的垂线,就是曲线上P点的切线。若无镜子,可用玻璃棒代替,方法相同。

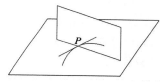

图 1-6 镜像法示意图

平行线段法

如图1-7,在选择的曲线段上作两条平行线AB及CD,然后连接AB和CD的中点PQ并延长相交曲线于O点,过O点作AB、CD的平行线EF,则EF就是曲线上O点的切线。

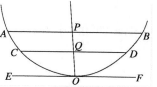

图 1-7 平行线段示意图

10. 数学方程式法

将一组实验数据用数学方程式表达出来是最为精炼的一种方法。它不但方式简单,而且便于进一步求解,如积分、微分、内插等。此法首先要找出变量之间的函数关系,然后将其线性化,进一步求出直线方程的系数——斜率m和截距b,即可写出方程。也可将变量之间的关系直接写成多项式,通过计算机曲线拟合求出方程系数。

求直线方程系数一般有三种方法:

① 图解法

将实验数据在直角坐标纸上作图,得一直线,此直线在y轴上的截距即为b值(横坐标原点为零时);直线与轴夹角的正切值即为斜率m。或在直线上选取两点(此两点应远离)(x_1, y_1)和(x_2, y_2)。则

$$m = \frac{\Delta y}{\Delta x} = \frac{y_2 - y_1}{x_2 - x_1}$$

$$b = \frac{y_1 x_2 - y_2 x_1}{x_2 - x_1}$$

② 平均法

若将测得的 n 组数据分别代入直线方程式,则得 n 个直线方程:

$$y_1 = mx_1 + b$$
$$y_2 = mx_2 + b$$
$$\vdots$$
$$y_n = mx_n + b$$

将这些方程分成两组,分别将各组的 x,y 值累加起来,得到两个方程:

$$\sum_{i=1}^{k} y_i = m \sum_{i=1}^{k} x_i + kb$$

$$\sum_{i=k+1}^{n} y_i = m \sum_{i=k+1}^{n} x_i + (n-k)b$$

解此联立方程,可得 m 和 b 的值。

③ 最小二乘法

这是最为精确的一种方法,它的根据是使偏差平方和最小,以得到直线方程。对于 $(x_i, y_i)(i=1,2,\cdots,n)$ 表示的 n 组数据,线性方程 $y=mx+b$ 中的回归数据可以通过此种方法计算得到。

$$b = \bar{y} - m\bar{x}$$

$$\bar{x} = \frac{1}{n} \sum_{i=1}^{n} x_i, \bar{y} = \frac{1}{n} \sum_{i=1}^{n} y_i$$

$$m = \frac{S_{xy}}{S_{xx}}$$

其中 x 的偏差平方和

$$S_{xx} = \sum_{i=1}^{n} x_i^2 - \frac{1}{n} \left(\sum_{i=1}^{n} x_i \right)^2$$

y 的偏差平方和

$$S_{yy} = \sum_{i=1}^{n} y_i^2 - \frac{1}{n} \left(\sum_{i=1}^{n} y_i \right)^2$$

x,y 的偏差乘积之和

$$S_{xy} = \sum_{i=1}^{n} x_i y_i - \frac{1}{n} \left(\sum_{i=1}^{n} x_i \right) \left(\sum_{i=1}^{n} y_i \right)$$

得到的方程即为线性拟合或线性回归。由此得出的 y 值称为最佳值。

第四章 常用仪器的使用

第一节 加热、干燥仪器及其使用

1. 加热用仪器

在实验室中加热常用酒精灯、酒精喷灯、煤气灯、电炉、电热板、电热套、红外灯等。见图 1-8。

（1）酒精灯：提供的温度不高。酒精易燃，使用时要特别注意安全。必须用火柴点燃，绝不能用另一燃着的酒精灯来点燃，否则会把酒精洒在外面而引起火灾或烧伤，不用时将灯罩罩上，火焰即熄灭，不能用嘴吹。酒精灯温度通常可达 400～500℃。

（2）酒精喷灯：使用前，先在预热盆上注入酒精至满，然后点燃盆内的酒精，以加热铜质灯管。待盆内的酒精将近燃完时，开启开关，这时酒精在灼热燃管内汽化，并与来自气孔的空气混合，用火柴在管口点燃，温度可达 700～1 000℃。调节开关螺丝，可以控制火焰的大小。用毕，向右旋紧开关，可使灯焰熄灭。应该注意，在开启开关、点燃以前，管灯必须充分灼烧，否则酒精在灯管内不会全部汽化，会有液态酒精由管口喷出，形成"火雨"，甚至会引起火灾。不用时，必须关好储罐的开关，以免酒精漏失，造成危险。

（3）煤气灯：实验室中如果备有煤气，在加热操作中，可用煤气灯。

使用按下列方法进行：

① 煤气由导管输送到实验台上，用橡皮管将煤气龙头和煤气灯相连。

② 煤气的点燃：旋紧金属灯管，关闭空气入口，点燃火柴，打开煤气开关，将煤气点燃，观察火焰的颜色。

③ 调节火焰：旋紧金属管，调节空气进入量，观察火焰颜色的变化，待火焰分为三层时，即得正常火焰。当煤气完全燃烧时，生成不发光亮的无色火焰，可以得到最大的热量。如果点燃煤气时，空气入口开得太大，进入的空气太多，就会产生"侵入火焰"。此时煤气在管内燃烧，发出"嘘嘘"的响声，火焰的颜色变绿色，灯管被烧得很热。发生这种现象时，应该关上煤气，待灯管冷却后，再关小空气入口，重新点燃。煤气量的大小，一般可用煤气龙头来调节，也可用煤气灯下的螺丝来调节。

④ 关闭煤气灯：往里旋转螺旋形针阀，关闭煤气灯开关，火焰即灭。

（4）电炉：根据发热量不同有不同规格：如 800 W、1 000 W 等。使用时注意以下几点：

① 电源电压与电炉电压要相符。

② 加热容器与电炉间要放一块石棉网，以使加热均匀。

③ 耐火炉盘的凹渠要保持清洁，及时清除烧灼焦烟的杂物，以保证炉丝传热良好，延长使用寿命。

酒精灯

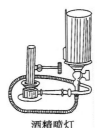
酒精喷灯

煤气灯

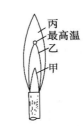
丙
最高温
乙
甲
灯的正常火焰温度分布

图1-8 常用加热灯具

（5）电热板、电热套：电炉做成封闭式称为电热板。由控制开关和外接调压变压器调节加热温度。电热板升温速度较慢，且受热是平面的，不适合加热圆底容器，多用作水浴和油浴的热源，也常用于加热烧杯、锥形瓶等平底容器。电热套（包）是专为加热圆底容器而设计的，使用时应根据圆底容器的大小选用合适的型号。电热套相当于一个均匀加热的空气浴。为有效地保温，可在包口和容器间用玻璃布围住。

（6）红外灯：红外灯用于低沸点易燃液体的加热。使用时，受热容器应正对灯面，中间留有空隙，再用玻璃布或铝箔将容器和灯泡松松包住，既保温又可防止灯光刺激眼睛，并能保护红外灯不被溅上冷水或其他液滴。

2. 干燥用仪器

（1）干燥箱（烘箱）：用于烘干玻璃仪器和固体试剂。工作温度从室温起至最高温度。在此温度范围内可任意选择，借助自动控制系统使温度恒定。箱内装有鼓风机，促使箱内空气对流，温度均匀。工作室内设有两层网状搁板以放置被干燥物（图1-9）。使用时注意：

① 洗净的仪器尽量把水沥干后放入，并使口朝下，烘箱底部放有搪瓷盘承接从仪器上滴下的水，使水不能滴到电热丝上。升温时应定时检查烘箱的自动控温系统，如自动控温系统一旦失效，会造成箱内温度过高，导致水银温度计炸裂。

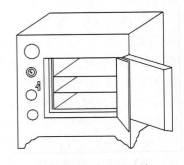

图1-9 电热干燥箱

② 易燃、挥发物不能放进烘箱，以免发生爆炸。

（2）电吹风：用于局部加热，快速干燥仪器。

3. 灼烧用仪器

灼烧除用电炉外，还常用高温炉。高温炉是利用电热丝或硅碳棒加热，用电热丝加热的高温炉的最高使用温度为950℃；用硅碳棒加热的高温炉温度高达1 300～1 500℃。高温

炉,根据形状分为箱式和管式,箱式又称马弗炉。高温炉的炉温由高温计测量,它由一对热电偶和一只毫伏表组成。使用时应注意:

① 查看高温炉所接电源电压是否与电炉所需电压相符。热电偶是否与测量温度相符,热电偶正负极是否接反。

② 调节温度控制器的定温调节使定温指针指示所需温度处。打开电源开关升温,当温度升至所需温度时即能恒温。

③ 灼烧完毕,先关电源,不要立即打开炉门,以免炉膛骤冷碎裂。一般当温度降至200℃以下时方可打开炉门。用坩埚钳取出样品。

④ 高温炉应放置在水泥台上,不可放置在木质桌面上,以免引起火灾。

⑤ 炉膛内应保持清洁,炉的周围不要放置易燃物品,也不可放精密仪器。

第二节 台秤与分析天平及使用

1. 台秤

在实验中,由于对质量的准确度要求不同,可选用不同类型的称量仪器进行称量。常用的有台秤(见图 1-10)、分析天平等。台秤的准确度只能达到 0.1 g 或 0.01 g,而分析天平的准确度可达到 0.000 1 g。

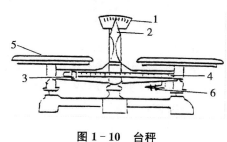

图 1-10 台秤
1—标尺 2—指针 3—游码 4—刻度尺
5—托盘 6—平衡调节螺丝

在称量前,首先检查台秤的指针是否停在刻度盘的中间位置,如果指针不在中间,可调节托盘下面的平衡调节螺丝,使指针停在中间的位置,称之为"零点"。称量重物时,左盘放置被称量的物品,右盘放砝码。5 g 以上的砝码放在砝码盒内,5 g 以下的砝码通过移动(或旋转)游码来添加。当砝码添加到台秤两边平衡,即指针停在中间的位置上为止。此时砝码和游码所示的质量,就是被称量物品的质量。

称量时必须注意以下几点:

(1) 台秤不能称量热的物体;

(2) 称量物品不能直接放在托盘上,视情况决定称量物品放在纸上、表面皿上或放在玻璃容器内;

(3) 砝码只能放在砝码盒内或干净的台秤托盘上,不能放在其他地方;

(4) 称量完毕,记录数据,放回砝码,使台秤各部分恢复原状;

(5) 保持台秤的整洁,托盘上有污物时应立即清除。

2. 电子天平

电子天平是新一代的天平,它是利用电子装置完成电磁力补偿的调节,使物体在重力场中实现力的平衡,或通过电磁力矩的调节,使物体在重力场中实现力矩的平衡。电子天平最基本的功能是:自动调零、自动校准、自动扣除空白和自动显示称量结果。

(1) 基本结构

电子天平的结构设计一直在不断改进和提高,向着功能多、平衡快、体积小、重量轻和操作简便的趋势发展。但就其基本结构和称量原理而言,各种型号的都差不多。图 1-11 是 AY220 型电子分析天平。

(2) AY220 型电子天平的使用方法

一般情况下,只使用开/关键(POWER/BRK)、除皮/调零键(TARE)和校准/调整键。使用时的操作步骤如下:

① 在使用前观察水平仪是否水平,如果没有水平,需调整水平调节脚。扫、擦净天平称盘和底盘。

② 接通电源,预热 60 min 后方可开启显示器。

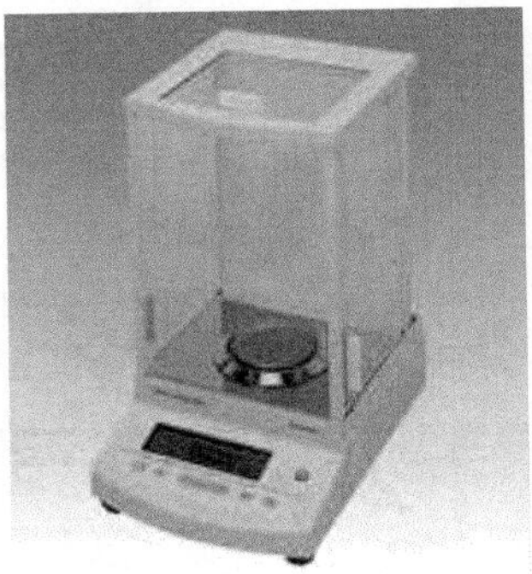

图 1-11 AY220 型电子分析天平

③ 轻按 POWER/BRK 键,如果显示不正好是 0.000 0 g,则需按一下除皮/调零键(TARE)。

④ 将容器(或被称量物)轻轻放在称盘上,待显示数字稳定并出现质量单位"g"后,即可读数,并记录称量结果。若需清零、去皮重,轻按除皮/调零键(TARE),显示 0.000 0 g,随即出现全零状态,容器质量显示值已去除,即为去皮重。可继续在容器中加入药品进行称量,显示出的是药品的质量。当拿走称量物后,就出现容器质量的负值。

⑤ 称量完毕,取下被称物,按一下开/关键(POWER/BRK)(如不久还要称量,可不拔掉电源),让天平处于待命状态。再次称量时按一下开/关键(POWER/BRK)就可。最后使用完毕,应拔下电源插头,盖上防尘罩。

3. 天平的称量方法

常用的称量方式有增量法和减量法:

(1) 增量法(直接称量法) 此法主要用于称取不易吸水、在空气中性质稳定的物质,如金属、矿石等。

(2) 减量法(又称差减法) 减量法用于称取容易吸水、氧化或与二氧化碳反应的粉状物质。步骤如下:将适量试样装入洁净干燥的称量瓶,在分析天平上称其准确质量 m_1,然后取出称量瓶,从称量瓶中小心倾出试样于一洁净干燥的容器中(按图 1-12,1-13 所示,将称量瓶放在容器的上方,使其倾斜,用称量瓶盖轻轻敲瓶口上部,使试样慢慢落入容器中,当倾出的试样已接近所需要的质量时,慢慢地将称量瓶拿起,用称量瓶盖轻敲瓶口,使粘附在瓶口的试样落下),然后盖好瓶盖,将称量瓶放回天平盘上。称出质量 m_2,计算称出的质量 m,$m = m_1 - m_2$。

如果是采用电子天平称量,轻按开关键使天平处于称量状态,则只要将装有试样的称量瓶放在称盘上,按除皮/调零键去皮后,再按上述的步骤进行,倾出的试样质量 m 直接以负值显示在电子天平的屏幕上。要求 1~3 次倾出所需的质量。减量法操作时要戴好细纱手套取放称量瓶,也可用一纸带套在称量瓶上,如图 1-12,1-13 所示,严禁直接用手抓取,倾出试样时不能把试样撒在容器外。

图 1－12　称量瓶拿法

图 1－13　从瓶中倾出样品

　　无论使用哪类天平(包括台秤)均不得将湿的容器直接放入称盘称量,如果不慎将试样撒落在天平内,应及时清除,可用毛刷刷净,必要时要用干净的软布擦洗称量盘及天平内台面。

第三节　气体钢瓶及其使用

1. 气体钢瓶的颜色标记

我国气体钢瓶常用的标记见表 1－4。

表 1－4　我国气体钢瓶常用的标记

气体类别	瓶身颜色	标字颜色	字样
氮气	黑	黄	氮
氧气	天蓝	黑	氧
氢气	深蓝	红	氢
压缩空气	黑	白	压缩空气
二氧化碳	黑	黄	二氧化碳
氦	棕	白	氦
液氨	黄	黑	氨
氯	草绿	白	氯
乙炔	白	红	乙炔
氟氯烷	铝白	黑	氟氯烷
石油气体	灰	红	石油气
粗氩气体	黑	白	粗氩
纯氩气体	灰	绿	纯氩

2. 气体钢瓶的使用

(1) 在钢瓶上装上配套的减压阀。检查减压阀是否关紧,方法是逆时针旋转调压手柄至螺杆松动为止。

(2) 打开钢瓶总阀门,此时高压表显示出瓶内贮气总压力。

（3）慢慢地顺时针转动调压手柄，至低压表显示出实验所需压力为止。

（4）停止使用时，先关闭总阀门，待减压阀中余气逸尽后，再关闭减压阀。

3. 注意事项

（1）钢瓶应存放在阴凉、干燥、远离热源的地方；可燃性气瓶应与氧气瓶分开存放；

（2）搬运钢瓶要小心轻放，钢瓶帽要旋上；

（3）使用时应装减压阀和压力表。可燃性气瓶（如 H_2、C_2H_2）气门螺丝为反丝；不燃性或助燃性气瓶（如 N_2、O_2）为正丝。各种压力表一般不可混用；

（4）不要让油或易燃有机物沾染气瓶上（特别是气瓶出口和压力表上）；

（5）开启总阀门时，不要将头或身体正对总阀门，防止万一阀门或压力表冲出伤人；

（6）不可把气瓶内气体用光，以防重新充气时发生危险；

（7）使用中的气瓶每三年应检查一次，装腐蚀性气体的钢瓶每两年检查一次，不合格的气瓶不可继续使用；

（8）氢气瓶应放在远离实验室的专用小屋内，用紫铜管引入实验室，并安装防止回火装置。

4. 氧气减压阀的工作原理

氧气减压阀的外观及工作原理见图 1 - 14 和图 1 - 15。

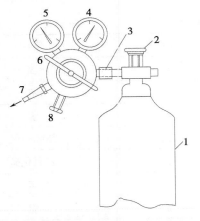 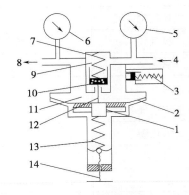

图 1 - 14　安装在气体钢瓶上的氧气减压阀示意图

1—钢瓶　2—钢瓶开关　3—钢瓶与减压表连接螺母
4—高压表　5—低压表　6—低压表压力调节螺杆
7—出口　8—安全阀

图 1 - 15　氧气减压阀工作原理示意图

1—弹簧垫块　2—传动薄膜　3—安全阀　4—进口（接
气体钢瓶）　5—高压表　6—低压表　7—压缩弹簧
8—出口（接使用系统）　9—高压气室　10—活门
11—低压气室　12—顶杆　13—主弹簧
14—低压表压力调节螺杆

氧气减压阀的高压腔与钢瓶连接，低压腔为气体出口，并通往使用系统。高压表的示值为钢瓶内贮存气体的压力。低压表的出口压力可由调节螺杆控制。

使用时先打开钢瓶总开关，然后顺时针转动低压表的压力调节螺杆，使其压缩主弹簧并传动薄膜、弹簧垫块和顶杆而将活门打开。这样进口的高压气体由高压室经节流减压后进入低压室，并经出口通往工作系统。转动调节螺杆，改变活门开启的高度，从而调节高压气体的通过量并达到所需的压力值。

减压阀都装有安全阀。它是保护减压阀并使之安全使用的装置,也是减压阀出现故障的信号装置。如果由于活门垫、活门损坏或由于其他原因,导致出口压力自行上升并超过一定许可值时,安全阀会自动打开排气。

5. 氧气减压阀的使用方法

(1) 按使用要求的不同,氧气减压阀有许多规格。最高进口压力大多为 150 kg·cm^{-2}(约 150×10^5 Pa),最低进口压力不小于出口压力的 2.5 倍。出口压力规格较多,一般为 0～1 kg·cm^{-2}(1×10^5 Pa),最高出口压力为 40 kg·cm^{-2}(约 40×10^5 Pa)。

(2) 安装减压阀时应确定其连接规格是否与钢瓶和使用系统的接头相一致。减压阀与钢瓶采用半球面连接,靠旋紧螺母使二者完全吻合。因此,在使用时应保持两个半球面的光洁,以确保良好的气密效果。安装前可用高压气体吹除灰尘。必要时也可用聚四氟乙烯等材料作垫圈。

(3) 氧气减压阀应严禁接触油脂,以免发生火灾事故。

(4) 停止工作时,应将减压阀中余气放净,然后拧松调节螺杆,以免弹性元件长久受压变形。

(5) 减压阀应避免撞击振动,不可与腐蚀性物质相接触。

6. 其他气体减压阀

有些气体,例如氮气、空气、氩气等永久性气体,可以采用氧气减压阀。但还有一些气体,如氨等腐蚀性气体,则需要专用减压阀。市面上常见的有氮气、空气、氢气、氨、乙炔、丙烷、水蒸气等专用减压阀。

这些减压阀的使用方法及注意事项与氧气减压阀基本相同。但是,还应该指出,专用减压阀一般不用于其他气体。为了防止误用,有些专用减压阀与钢瓶之间采用特殊连接口。例如氢气和丙烷均采用左牙螺纹,也称反向螺纹,安装时应特别注意。

第二篇

有机化学实验

第一章　有机化学实验的基本知识

第一节　有机化学实验常用的仪器和装置

了解有机化学实验中所用仪器的性能、选用适合的仪器并正确地使用所用仪器是对每一个实验者最起码的要求。

一、有机化学实验常用的玻璃仪器

玻璃仪器一般是由软质或硬质玻璃制作而成的。软质玻璃耐温、耐腐蚀性较差,但是价格便宜,因此,一般用它制作的仪器均不耐温,如普通漏斗、量筒、吸滤瓶、干燥器等。硬质玻璃具有较好的耐温和耐腐蚀性,制成的仪器可在温度变化较大的情况下使用,如烧瓶、烧杯、冷凝管等。

玻璃仪器一般分为普通和标准磨口两种。在实验室常用的普通玻璃仪器有非磨口锥形瓶、烧杯、布氏漏斗、吸滤瓶、普通漏斗等,见图2-1(a)。常用标准磨口仪器有磨口锥形瓶、圆底烧瓶、三颈瓶、蒸馏头、冷凝管、接收管等,见图2-1(b)。

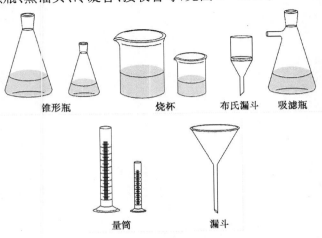

锥形瓶　　　　　　烧杯　　　布氏漏斗　吸滤瓶

量筒　　　　　漏斗

图2-1(a)　常用普通玻璃仪器

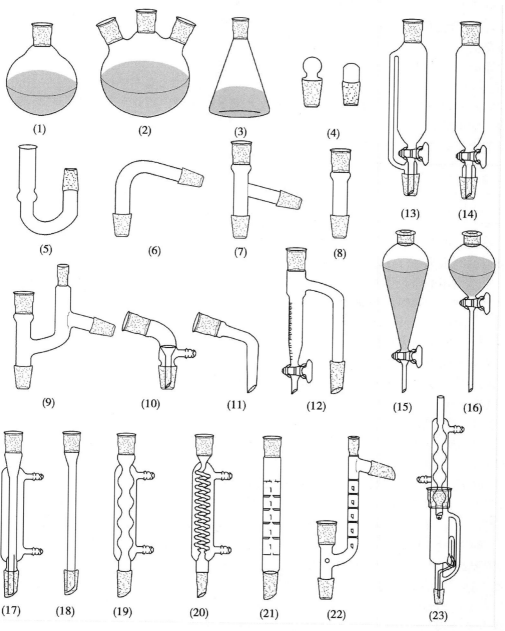

1—圆底烧瓶　2—三口烧瓶　3—磨口锥形瓶　4 —磨口玻璃塞　5—U 形干燥管　6—弯头　7—蒸馏头
8—标准接头　9—克氏蒸馏头　10—真空接收管　11—弯形接收管　12—分水器　13—恒压漏斗
14—滴液漏斗　15—梨形分液漏斗　16—球形分液漏斗　17—直形冷凝管　18—空气冷凝管
19—球形冷凝管　20—蛇形冷凝管　21—分馏柱　22—刺形分馏头　23—Soxhlet 提取器

图 2 - 1(b)　常用标准磨口玻璃仪器

　　标准磨口玻璃仪器是具有标准磨口或磨塞的玻璃仪器。由于口塞尺寸的标准化、系统化,磨砂密合,凡属于同类规格的接口,均可任意互换,各部件能组装成各种配套仪器。当不同类型规格的部件无法直接组装时,可使用变接头使之连接起来。使用标准磨口玻璃仪器既可免去配塞子的麻烦手续,又能避免反应物或产物被塞子玷污的危险;口塞磨砂性能良好,使密合性可达较高真空度,对蒸馏尤其减压蒸馏有利,对于毒物或挥发性液体的实验较为安全。

标准磨口玻璃仪器均按国际通用的技术标准制造。当某个部件损坏时,可以选购。

标准磨口仪器的每个部件在其口、塞的上或下显著部位均具有烤印的白色标志,表明规格。常用的有 10、12、14、16、19、24、29、34、40 等。

下面是标准磨口玻璃仪器的编号与大端直径:

编　　号	10	12	14	16	19	24	29	34	40
大端直径/mm	10	12.5	14.5	16	18.8	24	29.2	34.5	40

有的标准磨口玻璃仪器有两个数字,如 10/30,10 表示磨口大端的直径为 10 mm,30 表示磨口的高度为 30 mm。

学生使用的常量仪器一般是 19 号的磨口仪器,半微量实验中采用的是 14 号的磨口仪器。使用磨口仪器时应注意以下几点:

(1) 使用时,应轻拿轻放;

(2) 不能用明火直接加热玻璃仪器(试管除外),加热时应垫石棉网;

(3) 不能用高温加热不耐热的玻璃仪器,如吸滤瓶、普通漏斗、量筒;

(4) 玻璃仪器使用完后应及时清洗,特别是标准磨口仪器放置时间太久,容易黏结在一起,很难拆开。如果发生此情况,可用热水煮黏结处或用电吹风吹磨口处,使其膨胀而脱落,还可用木槌轻轻敲打黏结处;

(5) 带旋塞或具塞的仪器清洗后,应在塞子和磨口的接触处夹放纸片或抹凡士林,以防黏结;

(6) 标准磨口仪器磨口处要干净,不得粘有固体物质。清洗时,应避免用去污粉擦洗磨口,否则,会使磨口连接不紧密,甚至会损坏磨口;

(7) 安装仪器时,应做到横平竖直,磨口连接处不应受歪斜的应力,以免仪器破裂;

(8) 一般使用时,磨口处无需涂润滑剂,以免粘有反应物或产物。但是反应中使用强碱时,则要涂润滑剂,以免磨口连接处因碱腐蚀而黏结在一起,无法拆开。当减压蒸馏时,应在磨口连接处涂润滑剂,保证装置密封性好;

(9) 使用温度计时,应注意不要用冷水冲洗热的温度计,以免炸裂,尤其是水银球部位,应冷却至室温后再冲洗。不能用温度计搅拌液体或固体物质,以免损坏后,因为有汞或其他有机液体而不好处理。

二、有机化学实验常用装置

有机化学实验中常见的实验装置如图 2-2 至 2-12 所示。

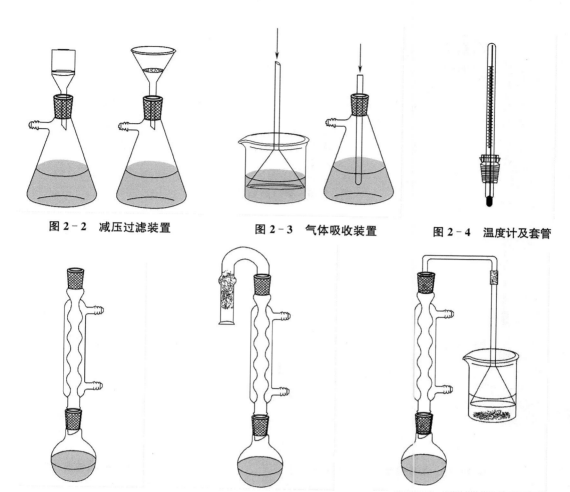

图 2-2 减压过滤装置　　　图 2-3 气体吸收装置　　　图 2-4 温度计及套管

图 2-5 简单回流装置　　图 2-6 带干燥管的回流装置　　图 2-7 带气体吸收装置的回流装置

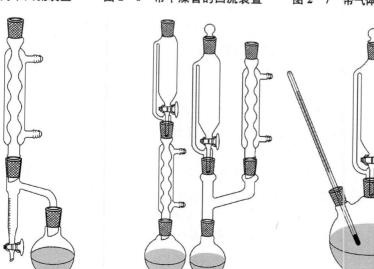

图 2-8 带分水器的回流装置　　　图 2-9 带有滴加装置的回流装置

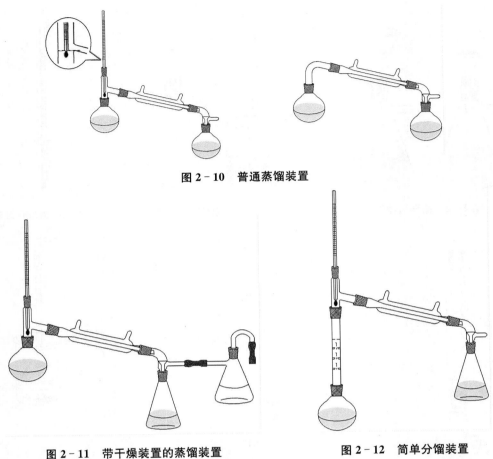

图 2–10　普通蒸馏装置

图 2–11　带干燥装置的蒸馏装置　　　　　图 2–12　简单分馏装置

三、仪器的选择、装配与拆卸

有机化学实验的各种反应装置都是由一件件玻璃仪器组装而成的,实验中应根据实验要求选择合适的仪器。一般选择仪器的原则如下:

(1)烧瓶的选择　根据液体的体积而定,一般液体的体积应占容器体积的 1/3～1/2。进行水蒸气蒸馏和减压蒸馏时,液体体积不应超过烧瓶容积的 1/3。

(2)冷凝管的选择　一般情况下回流用球形冷凝管,蒸馏用直形冷凝管。但是当蒸馏温度超过 140℃时应改用空气冷凝管,以防温差较大时,由于仪器受热不均匀而造成冷凝管断裂。

(3)温度计的选择　实验室一般备有 150℃和 300℃两种温度计,根据所测温度可选用不同的温度计。一般选用的温度计要高于被测温度 10～20℃。

有机化学实验中仪器装配得正确与否,与实验的成败有很大关系。

首先,在装配一套装置时,所选用的玻璃仪器和配件都要是干净的。否则,往往会影响产物的产量和质量。

其次,所选用的器材要恰当。例如,在需要加热的实验中,如需选用圆底烧瓶时,应选用质量好的,其容积大小,应使所盛反应物占其容积的 1/2 左右为好,最多也应不超过 2/3。

第三，安装仪器时，应选好主要仪器的位置，要先下后上，先左后右，逐个将仪器边固定边组装。拆卸的顺序则与组装相反。拆卸前，应先停止加热，移走加热源，待稍微冷却后，先取下产物，然后再逐个拆掉。拆冷凝管时注意不要将水洒到电热套上。

总之，仪器装配要求做到严密、正确、整齐和稳妥。在常压下进行反应的装置，应与大气相通，防止密闭。铁夹的双钳内侧贴有橡皮或绒布，或缠上石棉绳、布条等。否则，容易将仪器损坏。

使用玻璃仪器时，最基本的原则是切忌对玻璃仪器的任何部分施加过度的压力或扭歪，实验装置的马虎不仅看上去使人感觉不舒服，而且也是潜在的危险。因为扭歪的玻璃仪器在加热时会破裂，有时甚至在放置时也会崩裂。

四、常用玻璃器皿的洗涤和干燥

（一）玻璃器皿的洗涤

进行化学实验必须使用清洁的玻璃仪器。

实验用过的玻璃器皿必须立即洗涤，应该养成习惯。由于污垢的性质在当时是清楚的，用适当的方法进行洗涤是容易办到的。若时间长了，会增加洗涤的困难。

洗涤的一般方法是用水、洗衣粉、去污粉刷洗。刷子是特制的，如瓶刷、烧杯刷、冷凝管刷等，但用腐蚀性洗液时则不用刷子。若难于洗净时，则可根据污垢的性质选用适当的洗液进行洗涤。如果是酸性（或碱性）的污垢用碱性（或酸性）洗液洗涤；有机污垢用碱液或有机溶剂洗涤。下面介绍几种常用洗液。

1. 铬酸洗液

这种洗液氧化性很强，对有机污垢破坏力很强。倾去器皿内的水，慢慢倒入洗液，转动器皿，使洗液充分浸润不干净的器壁，数分钟后把洗液倒回洗液瓶中，用自来水冲洗。若壁上粘有少量炭化残渣，可加入少量洗液，浸泡一段时间后在小火上加热，直至冒出气泡，炭化残渣可被除去，但当洗液颜色变绿，表示洗液失效，应该弃去，不能倒回洗液瓶中。

2. 盐酸

用浓盐酸可以洗去附着在器壁上的二氧化锰或碳酸钙等残渣。

3. 碱液和合成洗涤剂

配成浓溶液即可。用以洗涤油脂和一些有机物（如有机酸）。

4. 有机溶剂洗涤液

当胶状或焦油状的有机污垢如用上述方法不能洗去时，可选用丙酮、乙醚、苯浸泡，要加盖以免溶剂挥发，或用 NaOH 的乙醇溶液亦可。用有机溶剂作洗涤剂，使用后可回收重复使用。

若用于精制或有机分析用的器皿，除用上述方法处理外，还须用蒸馏水冲洗。

器皿是否清洁的标志是：加水倒置，水顺着器壁流下，内壁被水均匀润湿，有一层既薄又均的水膜，不挂水珠。

（二）玻璃仪器的干燥

有机化学实验经常都要使用干燥的玻璃仪器，故要养成在每次实验后马上把玻璃仪器洗净和倒置使之干燥的习惯，以便下次实验时使用。干燥玻璃仪器的方法有下列几种：

1. 自然风干

自然风干是指把已洗净的仪器放在干燥架上自然风干,这是常用和简单的方法。但必须注意,若玻璃仪器洗得不够干净时,水珠便不易流下,干燥就会较为缓慢。

2. 烘干

把玻璃器皿按从上层往下层顺序放入烘箱烘干,放入烘箱中干燥的玻璃仪器,一般要求不带水珠。器皿口向上,带有磨砂口玻璃塞的仪器,必须取出活塞后才能烘干,烘箱内的温度保持 100～105℃,约 0.5 h,待烘箱内的温度降至室温时才能取出。切不可把很热的玻璃仪器取出,以免破裂。当烘箱已工作时则不能往上层放入湿的器皿,以免水滴下落,使热的器皿骤冷而破裂。

3. 吹干

有时仪器洗涤后需立即使用,可使用吹干,即用气流干燥器或电吹风把仪器吹干。首先将水尽量沥干后,加入少量丙酮或乙醇摇洗并倾出,先通入冷风吹 1～2 min,待大部分溶剂挥发后,吹入热风至完全干燥为止,最后吹入冷风使仪器逐渐冷却。

五、常用仪器的保养

有机化学实验中常用的各种玻璃仪器的性能是不同的,必须掌握它们的性能、保养和洗涤方法,才能正确使用,提高实验效果,避免不必要的损失。下面介绍几种常用的玻璃仪器的保养和清洗方法。

1. 温度计

温度计水银球部位的玻璃很薄,容易破损,使用时要特别小心,一不能用温度计当搅拌棒使用;二不能测定超过温度计的最高刻度的温度;三不能把温度计长时间放在高温的溶剂中,否则,会使水银球变形,读数不准。

温度计用后要让它慢慢冷却,特别在测量高温之后,切不可立即用水冲洗。否则,会破裂,或水银柱断裂。应将温度计悬挂在铁架台上,待冷却后把它洗净抹干,放回温度计盒内,盒底要垫上一小块棉花。如果是纸盒,放回温度计时要检查盒底是否完好。

2. 冷凝管

冷凝管通水后很重,所以安装冷凝管时应将夹子夹在冷凝管的重心的地方,以免翻倒。洗刷冷凝管时要用特制的长毛刷,如用洗涤液或有机溶液洗涤时,则用软木塞塞住一端,不用时,应直立放置,使之易干。

3. 分液漏斗

分液漏斗的活塞和盖子都是磨砂口的,若非原配的,就可能不严密,所以,使用时要注意保护它。各个分液漏斗之间也不要相互调换,用后一定要在活塞和盖子的磨砂口间垫上纸片,以免日久后难以打开。

4. 砂芯漏斗

砂芯漏斗在使用后应立即用水冲洗,不然难于洗净。滤板不太稠密的漏斗可用较大的水流冲洗,如果是较稠密的,则用抽滤的方法冲洗。必要时用有机溶剂洗涤。

第二节 有机化学反应的实施方法

一、加热方法

某些化学反应在室温下难以进行或进行得很慢。为了加快反应速度,要采用加热的方法。温度升高,反应速度加快,一般温度每升高 10℃,反应速度增加 1 倍。

有机实验常用的热源是电热套或煤气灯。直接用火焰加热的玻璃器皿很少被采用,因为玻璃对于剧烈的温度变化和这种不均匀的加热是不稳定的。由于局部过热,可能引起有机化合物的部分分解。此外,从安全的角度来看,因为有许多有机化合物能燃烧甚至爆炸,应该避免用火焰直接接触被加热的物质。可根据物料及反应特性采用适当的间接加热方法。最简单的方法是通过石棉网用明火电炉加热,这样烧杯(瓶)受热面扩大,且受热较均匀。用灯焰加热时,灯焰要对准石棉块,以免铁丝网被烧断,或局部温度过高。

1. 水浴

当所加热温度在 100℃ 以下时,可将容器浸入水浴中,使用水浴加热。但是,必须强调指出,当用到金属钾或钠的操作时,决不能在水浴上进行。使用水浴时,热浴液面应略高于容器中的液面,勿使容器底触及水浴锅底。控制温度稳定在所需要范围内。若长时间加热,水浴中的水会汽化蒸发,适当时要添加热水,或者在水面上加几片石蜡,石蜡受热熔化铺在水面上,可减少水的蒸发。

电热多孔恒温水浴用起来较为方便。

如果加热温度稍高于 100℃,则可选用适当无机盐类的饱和溶液作为热浴液,它们的沸点列于表 2-1。

表 2-1 某些无机盐的饱和溶液作热浴液

盐 类	饱和水溶液的沸点/℃
NaCl	109
$MgSO_4$	108
KNO_3	116
$CaCl_2$	180

2. 油浴

加热温度在 100~250℃ 之间可用油浴,也常用电热套加热。

油浴所能达到的最高温度取决于所用油的种类。

(1) 甘油可以加热到 140~150℃,温度过高时则会分解。甘油吸水性强,放置过久的甘油使用前应首先加热蒸去所吸的水分,之后再用于油浴。

(2) 甘油和邻苯二甲酸二丁酯的混合液适用于加热到 140~180℃,温度过高则分解。

(3) 植物油如菜油、蓖麻油和花生油等,可以加热到 220℃。若在植物油中加入 1% 的对苯二酚,可增加油在受热时的稳定性。

(4) 液体石蜡可加热到 220℃,温度稍高虽不易分解,但易燃烧。

（5）固体石蜡也可加热到220℃以上，其优点是室温下为固体，便于保存。

（6）硅油在250℃时仍较稳定，透明度好，安全，是目前实验室中较为常用的油浴之一。

用油浴加热时，要在油浴中装置温度计（温度计感温头如水银球等，不应放到油浴锅底），以便随时观察和调节温度。加热完毕取出反应容器时，仍用铁夹夹住反应容器离开液面悬置片刻，待容器壁上附着的油滴完后，用纸或干布拭干。

油浴所用的油中不能溅入水，否则加热时会产生泡珠或爆溅。使用油浴时，要特别注意油蒸气污染环境和引起火灾。为此，可用一块中间有圆孔的石棉板覆盖油锅。

3. 空气浴

空气浴就是让热源把局部空气加热，空气再把热能传导给反应容器。

电热套加热就是简便的空气浴加热，能从室温加热到200℃左右。安装电热套时，要使反应瓶外壁与电热套内壁保持2 cm左右的距离，以便利用热空气传热和防止局部过热等。

4. 砂浴

加热温度达200℃或300℃以上时，往往使用砂浴。

将清洁而又干燥的细砂平铺在铁盘上，把盛有被加热物料的容器埋在砂中，加热铁盘。由于砂对热的传导能力较差而散热却较快，所以容器底部与砂浴接触处的砂层要薄些，以便于受热。由于砂浴温度上升较慢，且不易控制，因而使用不广。

除了以上介绍的几种加热方法外，还可用熔盐浴、金属浴（合金浴）、电热法等更多的加热方法，以适于实验的需要。无论用何法加热，都要求加热均匀而稳定，尽量减少热损失。

二、冷却方法

有时在反应中产生大量的热，它使反应温度迅速升高，如果控制不当，可能引起副反应。它还会使反应物蒸发，甚至会发生冲料和爆炸事故。要把温度控制在一定范围内，就要进行适当的冷却。有时为了降低溶质在溶剂中的溶解度或加速结晶析出，也要采用冷却的方法。

1. 冰水冷却

可用冷水在容器外壁流动，或把反应器浸在冷水中，交换走热量。

也可用水和碎冰的混合物作冷却剂，其冷却效果比单用冰块好，可冷却至0～－5℃。进行时，也可把碎冰直接投入反应器中，以更有效地保持低温。

2. 冰盐冷却

要在0℃以下进行操作时，常用按不同比例混合的碎冰和无机盐作为冷却剂。可把盐研细，把冰砸碎成小块（或用冰片花），使盐均匀包在冰块上。冰-食盐混合物（质量比3∶1），可冷至－5～－18℃，其他盐类的冰-盐混合物冷却温度见表2-2。

表 2-2　冰-盐混合物的质量分数及温度

盐　名　称	盐的质量分数	冰的质量分数	温度/℃
六水合氯化钙	－9	100	246
	－21.5	100	123
	－55	100	70

盐　名　称	盐的质量分数	冰的质量分数	温度/℃
六水合氯化钙	100	81	−40.3
硝酸铵	45	100	−16.8
硝酸钠	50	100	−17.8
溴化钠	66	100	−28

3．干冰或干冰与有机溶剂混合冷却

干冰(固体的二氧化碳)和乙醇、异丙醇、丙酮、乙醚或氯仿混合,可冷却到−50～−78℃,当加入干冰时会猛烈起泡。

应将这种冷却剂放在杜瓦瓶(广口保温瓶)中或其他绝热效果好的容器中,以保持其冷却效果。

4．液氮

液氮可冷至−196℃(77 K),用有机溶剂可以调节所需的低温浴浆。一些作低温恒温浴的化合物列在表2−3中。

液氮和干冰是两种方便而又廉价的冷冻剂,这种低温恒温冷浆浴的制法是:在一个清洁的杜瓦瓶中注入纯的液体化合物,其用量不超过容积的3/4,在良好的通风橱中缓慢地加入新取的液氮,并用一支结实的搅拌棒迅速搅拌,最后制得的冷浆稠度应类似于黏稠的麦芽。

表2−3　可作低温恒温浴的化合物

化　合　物	冷浆浴温度/℃
乙酸乙酯	−83.6
丙二酸乙酯	−51.5
异戊烷	−160.0
乙酸甲酯	−98.0
乙酸乙烯酯	−100.2
乙酸正丁酯	−77.0

5．低温浴槽

低温浴槽是一个小冰箱,冰室口向上,蒸发面用筒状不锈钢槽代替,内装酒精。外设压缩机,循环氟利昂制冷。压缩机产生的热量可用水冷或风冷散去。可装外循环泵,使冷酒精与冷凝器连接循环。还可装温度计等指示器。反应瓶浸在酒精液体中。适于−30～30℃范围的反应使用。

以上制冷方法供选用。注意温度低于−38℃时,由于水银会凝固,因此不能用水银温度计。对于较低的温度,应采用添加少许颜料的有机溶剂(酒精、甲苯、正戊烷)温度计。

三、干燥方法

干燥是常用的除去固体、液体或气体中少量水分或少量有机溶剂的方法。如在进行有机物波谱分析、定性或定量分析以及测物理常数时,往往要求预先干燥,否则测定结果便不准确。液体有机物在蒸馏前也需干燥,否则沸点前馏分较多,产物损失,甚至沸点也不准。此外,许多有机反应需要在无水条件下进行,因此,溶剂、原料和仪器等均要干燥。可见在有机化学实验中,试剂和产品的干燥具有重要的意义。

1. 基本原理

干燥方法可分为物理方法和化学方法两种。

(1) 物理方法

物理方法中有烘干、晾干、吸附、分馏、共沸蒸馏和冷冻等。近年来,还常用离子交换树脂和分子筛等方法进行干燥。

离子交换树脂是一种不溶于水、酸、碱和有机溶剂的高分子聚合物。分子筛是含硅铝酸盐的晶体。

(2) 化学方法

化学方法采用干燥剂来除水。根据除水作用原理又可分为两种:

① 能与水可逆地结合,生成水合物,例如

$$CaCl_2 + nH_2O \Longleftrightarrow CaCl_2 \cdot nH_2O$$

② 与水发生不可逆的化学变化,生成新的化合物,例如:

$$2Na + 2H_2O \longrightarrow 2NaOH + H_2 \uparrow$$

使用干燥剂时要注意以下几点:

① 干燥剂与水的反应为可逆反应时,反应达到平衡需要一定时间。因此,加入干燥剂后,一般最少要两个小时或更长一点的时间后才能收到较好的干燥效果。因反应可逆,不能将水完全除尽,故干燥剂的加入量要适当,一般为溶液体积的 5% 左右。当温度升高时,这种可逆反应的平衡向脱水方向移动,所以在蒸馏前,必须将干燥剂滤除,否则被除去的水将返回液体中。另外,若把盐倒(或留)在蒸馏瓶底,受热时会发生迸溅。

② 干燥剂与水发生不可逆反应时,使用这类干燥剂在蒸馏前不必滤除。

③ 干燥剂只适用于干燥少量水分。若水的含量大,干燥效果不好。为此,萃取时应尽量将水层分净,这样干燥效果好,且产物损失少。

2. 液体有机化合物的干燥

(1) 干燥剂的选择

干燥剂应与被干燥的液体有机化合物不发生化学反应,包括不发生溶解、络合、缔合和催化等作用,例如酸性化合物不能用碱性干燥剂等。

(2) 使用干燥剂时要考虑干燥剂的吸水容量和干燥效能

干燥效能是指达到平衡时液体被干燥的程度。对于形成水合物的无机盐干燥剂,常用吸水后结晶水的蒸气压来表示干燥剂效能。如硫酸钠形成 10 个结晶水,蒸气压为 260 Pa;氯化钙最多能形成带 6 个结晶水的水合物,其吸水容量为 0.97,在 25℃ 时水蒸气压力为 39 Pa。因此硫酸钠的吸水容量较大,但干燥效能弱;而氯化钙吸水容量较小,但干燥效能强。在干燥含水量较大而又不易干燥的化合物时,常先用吸水容量较大的干燥剂除去大部分水,再用干燥效能强的干燥剂进行干燥。

（3）干燥剂的用量

根据水在液体中溶解度和干燥剂的吸水量,可算出干燥剂的最低用量。但是,干燥剂的实际用量是大大超过计算量的。一般干燥剂的用量为每 10 mL 液体约需 0.5～1 g 干燥剂。但在实际操作中,主要是通过现场观察判断:

① 观察被干燥液体

干燥前,液体呈浑浊状,经干燥后变成澄清,这可简单地作为水分基本除去的标志,例如在环己烯中加入无水氯化钙进行干燥,未加干燥剂之前,由于环己烯中含有水,环己烯不溶于水,溶液处于浑浊状态。当加入干燥剂吸水之后,环己烯呈清澈透明状,这时即表明干燥合格。否则应补加适量干燥剂继续干燥。

② 观察干燥剂

例如用无水氯化钙干燥乙醚时,乙醚中的水除净与否,溶液总是呈清澈透明状,如何判断干燥剂用量是否合适,则应看干燥剂的状态。加入干燥剂后,因其吸水变黏,粘在器壁上,摇动不易旋转,表明干燥剂用量不够,应适量补加无水氯化钙,直到新加的干燥剂不结块,不粘壁,干燥剂棱角分明,摇动时旋转并悬浮(尤其是 $MgSO_4$ 等小晶粒干燥剂),表示所加干燥剂用量合适。

由于干燥剂还能吸收一部分有机液体,影响产品收率,故干燥剂用量应适中。应加入少量干燥剂后静置一段时间,观察用量不足时再补加。一般每 100 mL 样品约需加入 0.5～1 g 干燥剂。

（4）干燥时的温度

对于生成水合物的干燥剂,加热虽可加快干燥速度,但远远不如水合物放出水的速度快,因此,干燥通常在室温下进行。

（5）操作步骤与要点

① 首先把被干燥液中水分尽可能除净,不应有任何可见的水层或悬浮水珠。

② 把待干燥的液体放入锥形瓶中,取颗粒大小合适(如无水氯化钙,应为黄豆粒大小并不夹带粉末)的干燥剂,放入液体中,用塞子盖住瓶口,轻轻振摇,经常观察,判断干燥剂是否足量,静置(最少静置半小时,最好过夜)。

③ 把干燥好的液体滤入蒸馏瓶中,然后进行蒸馏。

3. 固体有机化合物的干燥

干燥固体有机化合物,主要是为除去残留在固体中的少量低沸点溶剂,如水、乙醚、乙醇、丙酮、苯等。由于固体有机物的挥发性比溶剂小,所以采取蒸发和吸附的方法来达到干燥的目的,常用干燥法如下:

① 晾干。

② 烘干:a. 用恒温烘箱烘干或用恒温真空干燥箱烘干;b. 用红外灯烘干。

③ 冻干。

④ 若遇难抽干溶剂时,把固体从布氏漏斗中转移到滤纸上,上下均放 2～3 层滤纸,挤压,使溶剂被滤纸吸干。

⑤ 干燥器干燥:a. 普通干燥器;b. 真空干燥器;c. 真空恒温干燥器(干燥枪)。

4. 气体的干燥

在有机实验中常用的气体有 N_2、O_2、H_2、Cl_2、NH_3、CO_2,有时要求气体中含很少或几乎

不含 CO_2、H_2O 等,因此,就需要对上述气体进行干燥。

干燥气体常用的仪器有干燥管、干燥塔、U 形管、各种洗气瓶(常用来盛液体干燥剂)等。常用气体干燥剂列于表 2-4。

表 2-4　用于干燥气体的常用干燥剂

干　燥　剂	可干燥气体
CaO、碱石灰、NaOH、KOH	NH_3 类
无水 $CaCl_2$	H_2、HCl、CO_2、CO、SO_2、N_2、O_2、低级烷烃、醚、烯烃、卤代烃
P_2O_5	H_2、N_2、O_2、CO_2、SO_2、烷烃、乙烯
浓 H_2SO_4	H_2、N_2、HCl、CO_2、Cl_2、烷烃
$CaBr_2$、$ZnBr_2$	HBr

四、水蒸气蒸馏

1. 水蒸气蒸馏的原理

当两种互不相溶(或难溶)的液体 A 与 B 共存于同一体系时,每种液体都有各自的蒸气压,其蒸气压力的大小与每种液体单独存在时的蒸气压力一样(彼此不相干扰)。根据道尔顿(Dalton)分压定律,混合物的总蒸气压为各组分蒸气压之和。即

$$p = p_A + p_B$$

混合物的沸点是总蒸气压等于外界大气压时的温度,因此混合物的沸点比其中任一组分的沸点都要低。水蒸气蒸馏就是利用这一原理,将水蒸气通入不溶或难溶于水的有机化合物中,使该有机化合物在 100℃ 以下便能随水蒸气一起蒸馏出来。当馏出液冷却后,有机液体通常可从水相中分层析出。

根据气态方程式,在馏出液中,随水蒸气蒸出的有机物与水的物质的量之比(n_A、n_B 表示此两种物质在一定容积的气相中的物质的量)等于它们在沸腾时混合物蒸汽中的分压之比。即

$$\frac{n_A}{n_B} = \frac{p_A}{p_B}$$

而 $n_A = W_A/M_A$,$n_B = W_B/M_B$。其中 W_A、W_B 为各物质在一定容积中蒸汽的质量,M_A、M_B 为其相对分子质量。因此这两种物质在馏出液中的相对质量可按下式计算:

$$\frac{W_A}{W_B} = \frac{M_A \cdot n_A}{M_B \cdot n_B} = \frac{M_A \cdot p_A}{M_B \cdot p_B}$$

例如,1-辛醇和水的混合物用水蒸气蒸馏时,该混合物的沸点为 99.4℃,我们可以从数据手册查得纯水在 99.4℃ 时的蒸气压为 744 mmHg,因为 p 必须等于 760 mmHg,因此 1-辛醇在 99.4℃ 时的蒸气压必定等于 16 mmHg,所以馏出液中 1-辛醇与水的重量比等于:

$$\frac{1\text{-辛醇的质量}}{\text{水的质量}} = \frac{130 \times 16}{18 \times 744} \approx \frac{0.155}{1}$$

即蒸出 1 g 水能够带出 0.155 g 1-辛醇，1-辛醇在馏出液中的组分占 13.42%。

上述关系式只适用于与水互不相溶或难溶的有机物，而实际上很多有机化合物在水中或多或少有些溶解，因此这样的计算仅为近似值，而实际得到的要比理论值低。如果被分离提纯的物质在 100℃ 以下的蒸气压为 1~5 mmHg，则其在馏出液中的含量约占 1%，甚至更低，这时就不能用水蒸气蒸馏来分离提纯，而要用过热水蒸气蒸馏，方能提高被分离或提纯物质在馏出液中的含量。

水蒸气蒸馏是分离和纯化有机化合物的重要方法之一，它广泛用于从天然原料中分离出液体和固体产物，特别适用于分离那些在其沸点附近易分解的物质；适用于分离含有不挥发性杂质或大量树脂状杂质的产物；也适用于从较多固体反应混合物中分离被吸附的液体产物，其分离效果较常压蒸馏或重结晶好。

使用水蒸气蒸馏法时，被分离或纯化的物质应具备下列条件：

（1）一般不溶或难溶于水；

（2）在沸腾条件下与水长时间共存而不起化学反应；

（3）在 100℃ 左右时应具有一定的蒸气压（一般不小于 10 mmHg）。

2. 水蒸气蒸馏的装置

水蒸气蒸馏装置由水蒸气发生器和简单蒸馏装置组成，图 2-13 给出了实验室常用水蒸气蒸馏装置。当用直接法进行水蒸气蒸馏时，用简单蒸馏或分馏装置即可。

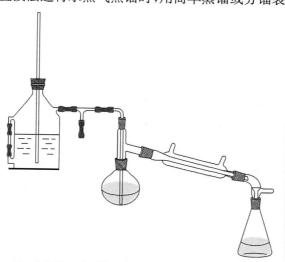

图 2-13　水蒸气蒸馏装置

水蒸气发生器的上边安装一根长的玻璃管，将此管插入发生器底部，距底部距离约 1.2 cm，可用来调节体系内部的压力并可防止系统发生堵塞时出现危险，蒸汽出口管与冷阱连接，冷阱是一支玻璃三通管，它的一端与发生器连接，另一端与蒸馏装置连接，下口接一段软的橡皮管，用螺旋夹夹住，以便调节蒸汽量。在与蒸馏系统连接时管路越短越好，否则水蒸气冷凝后会降低蒸馏瓶内压，影响蒸馏效果。

3. 水蒸气蒸馏的操作要点

（1）蒸馏瓶可选用圆底烧瓶，也可用三口瓶。被蒸馏液体的体积不应超过蒸馏瓶容积的 1/3。将混合液加入蒸馏瓶后，打开冷阱上的螺旋夹。开始加热水蒸气发生器，使水沸腾。当有水从冷阱下面喷出时，将螺旋夹拧紧，使蒸汽进入蒸馏系统。调节进汽量，保证蒸汽在冷凝管中全部冷凝下来。

（2）在蒸馏过程中，若在插入水蒸气发生器中的玻璃管内，蒸汽突然上升至几乎喷出时，说明蒸馏系统内压增高，可能系统内发生堵塞。应立刻打开螺旋夹，移走热源，停止蒸馏，待故障排除后方可继续蒸馏。当蒸馏瓶内的压力大于水蒸气发生器内的压力时，将发生液体倒吸现象，此时，应打开螺旋夹或对蒸馏瓶进行保温，加快蒸馏速度。

（3）当馏出液不再浑浊时，用表面皿取少量流出液，在日光或灯光下观察是否有油珠状物质，如果没有，可停止蒸馏。

（4）停止蒸馏时先打开冷阱上的螺旋夹，移走热源，待稍冷却后，将水蒸气发生器与蒸馏系统断开。收集馏出物或残液（有时残液是产物），最后拆除仪器。

五、萃取

萃取是物质从一相向另一相转移的操作过程。它是有机化学实验中用来分离或纯化有机化合物的基本操作之一。应用萃取可以从固体或液体混合物中提取出所需的物质，也可以用来洗去混合物中少量杂质。通常前者称为"萃取"（或"抽提"），后者称为"洗涤"。

随着被提取物质状态的不同，萃取分为两种：一种是用溶剂从液体混合物中提取物质，称为液-液萃取；另一种是用溶剂从固体混合物中提取所需物质，称为液-固萃取。

1. 基本原理

（1）液-液萃取

液-液萃取是利用物质在两种互不相溶（或微溶）的溶剂中溶解度或分配系数的不同，使物质从一种溶剂内转移到另一种溶剂中。分配定律是液-液萃取的主要理论依据。在两种互不相溶的混合溶剂中加入某种可溶性物质时，它能以不同的溶解度分别溶解于此两种溶剂中。实验证明，在一定温度下，若该物质的分子在此两种溶剂中不发生分解、电离、缔合和溶剂化等作用，则此物质在两液相中浓度之比是一个常数，不论所加物质的量是多少都是如此。用公式表示即：

$$\frac{c_A}{c_B} = K$$

c_A、c_B 表示一种物质在 A、B 两种互不相溶的溶剂中的物质的量浓度。K 是一个常数，称为"分配系数"，它可以近似地看做是物质在两溶剂中溶解度之比。

由于有机化合物在有机溶剂中一般比在水中溶解度大，因而可以用与水不互溶的有机溶剂将有机物从水溶液中萃取出来。为了节省溶剂并提高萃取效率，根据分配定律，用一定量的溶剂一次加入溶液中萃取，则不如将同量的溶剂分成几份作多次萃取效率高。可用下式来说明。

设：V 为被萃取溶液的体积（mL）；

W 为被萃取溶液中有机物（X）的总量（g）；

W_n 为萃取 n 次后有机物（X）剩余量（g）；

S 为萃取溶剂的体积（mL）。

经 n 次提取后有机物（X）剩余量可用下式计算：

$$W_n = W\left(\frac{KV}{KV+S}\right)^n$$

当用一定量的溶剂萃取时,希望在水中的剩余量越少越好。而上式 $KV/(KV+S)$ 总是小于 1,所以 n 越大,W_n 就越小。即将溶剂分成数份作多次萃取比用全部量的溶剂作一次萃取的效果好。但是,萃取的次数也不是越多越好,因为溶剂总量不变时,萃取次数 n 增加,S 就要减小。当 $n>5$ 时,n 和 S 两个因素的影响就几乎相互抵消了,n 再增加,$W_n/(W_n+1)$ 的变化很小,所以一般同体积溶剂分为 3~5 次萃取即可。

一般从水溶液中萃取有机物时,选择合适萃取溶剂的原则是:要求溶剂在水中溶解度很小或几乎不溶;被萃取物在溶剂中要比在水中溶解度大;溶剂与水和被萃取物都不反应;萃取后溶剂易于和溶质分离开,因此最好用低沸点溶剂,萃取后溶剂可用常压蒸馏回收。此外,价格便宜、操作方便、毒性小、不易着火也应考虑。

经常使用的溶剂有乙醚、苯、四氯化碳、氯仿、石油醚、二氯甲烷、二氯乙烷、正丁醇、醋酸酯等。一般水溶性较小的物质可用石油醚萃取;水溶性较大的可用苯或乙醚;水溶性极大的用乙酸乙酯。

常用的萃取操作包括:

① 用有机溶剂从水溶液中萃取有机反应物;

② 通过水萃取,从反应混合物中除去酸碱催化剂或无机盐类;

③ 用稀碱或无机酸溶液萃取有机溶剂中的酸或碱,使之与其他的有机物分离。

(2) 液-固萃取

从固体混合物中萃取所需要的物质是利用固体物质在溶剂中的溶解度不同来达到分离、提取的目的。通常是用长期浸出法或采用 Soxhlt 提取器(脂肪提取器,图 2-14)来提取物质。前者是用溶剂长期的浸润溶解而将固体物质中所需物质浸出来,然后用过滤或倾析的方法把萃取液和残留的固体分开。这种方法效率不高,时间长,溶剂用量大,实验室不常采用。

Soxhlt 提取器是利用溶剂加热回流及虹吸原理,使固体物质每一次都能为纯的溶剂所萃取,因而效率较高并节约溶剂,但对受热易分解或变色的物质不宜采用。Soxhlt 提取器由三部分构成,上面是冷凝管,中部是带有虹吸管的提取管,下面是烧瓶。萃取前应先将固体物质研细,以增加液体浸溶的面积。然后将固体物质放入滤纸套内,并将其置于中部,内装物不得超过虹吸管,溶剂由上部经中部虹吸加入到烧瓶中。当溶剂沸腾时,

图 2-14 Soxhlt 提取器

蒸汽通过通气侧管上升,被冷凝管凝成液体,滴入提取管中。当液面超过虹吸管的最高处时,产生虹吸,萃取液自动流入烧瓶中,因而萃取出溶于溶剂的部分物质。再蒸发溶剂,如此循环多次,直到被萃取物质大部分被萃取为止。固体中可溶物质富集于烧瓶中,然后用适当方法将萃取物质从溶液中分离出来。

固体物质还可用热溶剂萃取,特别是有的物质冷时难溶,热时易溶,则必须用热溶剂萃取。一般采用回流装置进行热提取,固体混合物在一段时间内被沸腾的溶剂浸润溶解,从而将所需的有机物提取出来。为了防止有机溶剂的蒸汽逸出,常用回流冷凝装置,使蒸汽不断地在冷凝管内冷凝,返回烧瓶中。回流的速度应控制在溶剂蒸汽上升的高度不超过冷

凝管的 1/3 为宜。

2. 萃取操作方法

萃取常用的仪器是分液漏斗。使用前应先检查下口活塞和上口塞子是否有漏液现象。在活塞处涂少量凡士林,旋转几圈将凡士林涂均匀。在分液漏斗中加入一定量的水,将上口塞子塞好,上下摇动分液漏斗中的水,检查是否漏水。确定不漏后再使用。

将待萃取的原溶液倒入分液漏斗中,再加入萃取剂(如果是洗涤应先将水溶液分离后,再加入洗涤溶液),将塞子塞紧,用右手的拇指和中指拿住分液漏斗,食指压住上口塞子,左手的食指和中指夹住下口管,同时,食指和拇指控制活塞。然后将漏斗平放,前后摇动或做圆周运动,使液体振动起来,两相充分接触,如图 2-15。在振动过程中应注意不断放气,以免萃取或洗涤时,内部压力过大,造成漏斗的塞子被顶开,使液体喷出,严重时会引起漏斗爆炸,造成伤

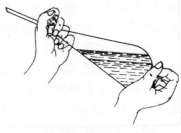

图 2-15 手握分液漏斗的姿势

人事故。放气时,将漏斗的下口向上倾斜,使液体集中在下面,用控制活塞的拇指和食指打开活塞放气,注意不要对着人,一般动两三次就放一次气。经几次摇动放气后,将漏斗放在铁架台的铁圈上,将塞子上的小槽对准漏斗上的通气孔,静置 2～5 min。待液体分层后将萃取相倒出(即有机相),放入一个干燥好的锥形瓶中,萃余相(水相)再加入新萃取剂继续萃取。重复以上操作过程,萃取后,合并萃取相,加入干燥剂进行干燥。干燥后,先将低沸点的物质和萃取剂用简单蒸馏的方法蒸出,然后视产品的性质选择合适的纯化手段。

当被萃取的原溶液量很少时,可采取微量萃取技术进行萃取。取一支离心分离管放入原溶液和萃取剂,盖好盖子,用手摇动分离管或用滴管向液体中鼓气,使液体充分接触,并注意随时放气。静止分层后,用滴管将萃取相吸出,在萃取剩余相中加入新的萃取剂继续萃取。以后的操作如前所述。

在萃取操作中应注意以下几个问题:

① 分液漏斗中的液体不宜太多,以免摇动时影响液体接触而使萃取效果下降。

② 液体分层后,上层液体由上口倒出,下层液体由下口经活塞放出,以免污染产品。

③ 在溶液呈碱性时,常产生乳化现象。有时由于存在少量轻质沉淀,两液相密度接近,两液相部分互溶等都会引起分层不明显或不分层。此时,静置时间应长一些,或加入一些食盐,增加两相的密度,使絮状物溶于水中,迫使有机物溶于萃取剂中,或加入几滴酸、碱、醇等,以破坏乳化现象。如上述方法不能将絮状物破坏,在分液时,应将絮状物与萃取的剩余相(水层)一起放出。

④ 液体分层后应正确判断萃取相(有机相)和萃取剩余相(水相),一般根据两相的密度来确定,密度大的在下面,密度小的在上面。如果一时判断不清,应将两相分别保存起来,等待弄清后,再弃掉不要的液体。

六、固体有机化合物的提纯方法

从有机反应中或是从天然物中获取的固体有机物,常含有杂质,必须加以纯化。重结晶和升华是实验室常用的固体有机化合物的提纯方法。

第二章　实验技术和有机化合物的制备

实验一　熔点测定及温度计校正

【目的与要求】

1. 了解熔点测定的基本原理及应用。
2. 掌握熔点的测定方法和温度计的校正方法。

【基本原理】

　　熔点是指在一个大气压下[注1]固体化合物固相与液相平衡时的温度。这时固相和液相的蒸气压相等。纯净的固体有机化合物一般都有一个固定的熔点。图2-16表示一个纯化合物相组分、总供热量和温度之间的关系。当以恒定速率供给热量时,在一段时间内温度上升,固体不熔。当固体开始熔化时,有少量液体出现,固-液两相之间达到平衡,继续供给热量使固相不断转变为液相,两相间维持平衡,温度不会上升,直至所有固体都转变为液体,温度才上升。反过来,当冷却一种纯化合物液体时,在一段时间内温度下降,液体未固化。当开始有固体出现时,温度不会下降,直至液体全部固化后,温度才会再下降。所以纯化合物的熔点和凝固点是一致的。

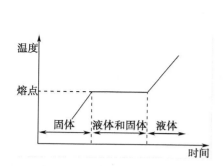

图2-16　化合物的相随时间和温度的变化

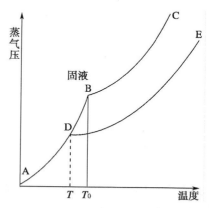

图2-17　物质的温度与蒸气压关系

　　因此,要得到正确的熔点,就需要足够量的样品、恒定的加热速率和足够的平衡时间,以建立真正的固液之间的平衡。但实际上有机化学工作者一般情况下不可能获得这样大量的样品,而微量法仅需极少量的样品,操作又方便,故广泛采用微量法。但是微量法不可能达到真正的两相平衡,所以不管是毛细管法,还是各种显微电热法的结果都是一个近似值。在微量法中应该观测到初熔和全熔两个温度,这一温度范围称为熔程。物质温度与蒸气压的关系如图2-17所示,曲线AB代表固相的蒸气压随温度的变化,BC是液体蒸气压随温度变化的曲线,两曲线相交于 B 点。在这特定的温度和压力下,固液两相并存,这时的温度 T_0 即为该物质的熔点。当温度高于 T_0 时,固相全部转变为液相;低于 T_0 值时,液相全部转变为固相。只有固液相并存时,固相和液相的蒸气压是一致的。一旦温度超过 T_0(甚至只有几分之一度时),只要有足够的时间,固体就可以全部转变为液体,这就是纯的有机化合物有敏锐熔点的原因。因此,在测定熔点过程中,当温度接近熔点时,加热速度一定要慢。一般每分钟升温不能超过 $1\sim2℃$。只有这样,才能使熔化过程近似于相平衡条件,精确测得熔点。

纯物质熔点敏锐,微量法测得的熔程一般不超过 $0.5\sim1℃$。

当含有非挥发性杂质时,根据 Raoult 定律,液相的蒸气压将降低。通常,此时的液相蒸气压随温度变化的曲线 DE 在纯化合物之下,固-液相在 D 点达平衡,熔点降低,杂质越多,化合物熔点越低。一般有机化合物的混合物显示这种性质。图 2-18 是二元混合物的相图。a 代表化合物 A 的熔点,b 代表化合物 B 的熔点。如果加热含 80%A 和 20%B 的固体混合物,当温度达到 e 时,A 和 B 将以恒定的比例(60%A 和 40%B 共熔组分)共同熔化,温度也保持不变。可是当化合物 B 全部熔化,只有固体 A 与熔化的共熔组分保持平衡。随着 A 的继续熔化,溶液中 A 的比例升高,其蒸气压增大,固体 A 与溶液维持平衡的温度也将升高,平衡温度与熔融溶液组分之间的关系可用曲线 EC 来描述。当温度升至 C 时,A 就全部熔化。即 B 的存在使 A 的熔点降低,并有较宽的熔程($e\sim c$)。反过来,A 作为杂质可使化合物 B 的熔程变长($e\sim d$),熔点降低。但应注意样品组成恰巧和最低共熔点组分相同时,就会像纯化合物那样显示敏锐的熔点,但这种情况是极少见的。

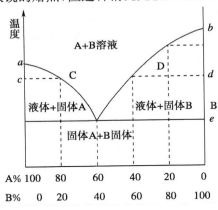

图 2-18　AB 二元组分相图

利用化合物中混有杂质时不但熔点降低,而且熔程变长的性质可进行化合物的鉴定,这种方法称作混合熔点法。当测得一未知物的熔点同已知某物质的熔点相同或相近时,可将该已知物与未知物混合,测量混合物的熔点,至少要按 $1:9$、$1:1$、$9:1$ 这三种比例混合。若它们是相同化合物,则熔点值不降低;若是不同的化合物,则熔点降低,且熔程变长。

【测定熔点的方法】

1. 毛细管法

毛细管法是最常用的熔点测定法,装置如图 2-19 所示,操作步骤如下:

第一步：取少许(约 0.1 g)干燥的粉末状样品放在表面皿上研细后堆成小堆,将熔点管(专门用于测熔点的 1 mm×100 mm 毛细管)的开口端插入样品中,装取少量粉末。然后把熔点管竖立起来,在桌面上顿几下,使样品掉入管底。这样重复取样品几次,装入 1～2 mm 高样品。最后使熔点管从一根长约 50～60 cm 高的玻璃管中掉到表面皿上(图 2-19a),多重复几次,使样品粉末装填紧密,否则,装入样品如有空隙则传热不均匀,影响测定结果。

第二步：把提勒(Thiele)管(又称 b 形管)中装入载热体(可根据所测物质的熔点选择,一般用甘油、液体石蜡、硫酸、硅油等)。

第三步：用乳胶圈把毛细管捆在温度计上(图 2-19c),尽量使乳胶圈偏上,避免乳胶圈碰到载热体。毛细管中的样品应位于水银球的中部,用有缺口的木塞或橡皮塞作支撑套入温度计放到提勒管中,并使水银球处在提勒管的两叉口中部。

第四步：在图 2-19b 所示位置加热。载热体被加热后在管内呈对流循环,使温度变化比较均匀。

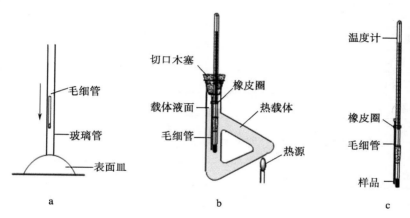

图 2-19 熔点测定装置图

在测定已知熔点的样品时,可先以较快速度加热,在距离熔点 10℃时,应以每分钟 1～2℃的速度加热,愈接近熔点,加热速度愈慢,直到测出熔程。在测定未知熔点的样品时,应先粗测熔点范围,再如上述方法细测。测定时,应观察和记录样品开始塌落并有液相产生时(初熔)和固体完全消失时(全熔)的温度读数,所得数据即为该物质的熔程。还要观察和记录在加热过程中是否有萎缩、变色、发泡、升华及炭化等现象,以供分析参考。

熔点测定至少要有两次重复数据,每次要用新毛细管重新装入样品[注2][注3]。

2. 显微熔点仪测定熔点

这类仪器型号较多,但共同特点是使用样品量少(2～3 颗小结晶),能测量室温至 300℃样品的熔点,可观察晶体在加热过程中的变化情况,如结晶的失水、多晶的变化及分解。其具体操作如下：

在干净且干燥的载玻片上放微量晶粒并盖一片载玻片,放在加热台上。调节反光镜、物镜和目镜,使显微镜焦点对准样品,开启加热器,先快速后慢速加热,温度快升至熔点时,控制温度上升的速度为每分钟 1～2℃。当样品开始有液滴出现时,表示熔化已开始,记录初熔温度。样品逐渐熔化直至完全变成液体,记录全熔温度。

在使用这类仪器前必须认真听取教师讲解或仔细阅读使用指南,严格按操作规程进行操作。

3. 温度计校正

为了进行准确测量,一般从市场购来的温度计,在使用前需对其进行校正。校正温度计的方法有如下几种:

(1) 比较法 选一只标准温度计与要进行校正的温度计在同一条件下测定温度。比较其所指示的温度值。

(2) 定点法 选择数种已知准确熔点的标准样品(见表2-5),测定它们的熔点,以观察到的熔点(t_2)为纵坐标,以此熔点(t_2)与准确熔点(t_1)之差(Δt)作横坐标,如图2-20所示,从图中求得校正后的正确温度误差值,例如测得的温度为100℃,则校正后应为101.3℃。

表 2-5 部分有机化合物的熔点

样品名称	熔点/℃	样品名称	熔点/℃
水-冰	0	尿素	135
对二氯苯	53.1	水杨酸	159
对二硝基苯	174	D-甘露醇	168
邻苯二酚	105	对苯二酚	173~174
苯甲酸	123.4	马尿酸	188~189
二苯胺	53	对羟基苯甲酸	214.5~215.5
萘	80.55	蒽	216.2~216.4
乙酰苯胺	114.3	酚酞	262~263

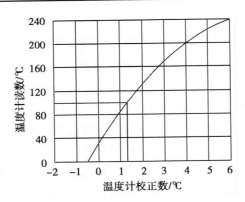

图 2-20 定点法温度计校正示意图

【实验内容】

1. 测定下列化合物的熔点:

(1) 二苯胺(A.R.)   54~55℃;   (4) 水杨酸(A.R.)   159℃;
(2) 萘(A.R.)   80.55℃;   (5) 对苯二酚(A.R.)   173~174℃;
(3) 苯甲酸(A.R.)   123.4℃;   (6) 尿素(A.R.)   135℃。

2. 记录测得的数据,作出温度计校正曲线。

3. 测定指导教师提供的未知物熔点,并测定未知物与尿素的混合物(约 1∶1)的熔点,确定该化合物是尿素(135℃)还是肉桂酸(135～136 ℃)。

【附注】

[1] 1 个大气压＝101.325 kPa。

[2] 不能将已测过熔点的熔点管冷却,使其中的样品固化后再作第二次测定。这是因为有些物质在测定熔点时可能发生了部分分解或变成了具有不同熔点的其他结晶形式。

[3] 测定易升华物质的熔点时,应将熔点管的开口端烧熔封闭,以免升华。

【思考题】

1. 纯物质熔距短,熔距短的是否一定是纯物质? 为什么?

2. 测熔点时,如遇下列情况,将产生什么后果?(1)加热太快。(2)样品研得不细或装得不紧。(3)样品管贴在提勒管壁上。

实验二 简单蒸馏

【目的与要求】

1. 学习蒸馏的基本原理。
2. 掌握简单蒸馏的实验操作方法。

【基本原理】

当液态物质受热时,由于分子运动使其从液体表面逃逸出来,形成蒸气压,随着温度升高,蒸气压增大,待蒸气压和大气压或所给压力相等时,液体沸腾,这时的温度称为该液体的沸点。每种纯液态有机化合物在一定压力下均具有固定的沸点。利用蒸馏可将沸点相差较大(如相差 30℃)的液态混合物分开。所谓蒸馏就是将液态物质加热到沸腾变为蒸汽,又将蒸汽冷凝为液体这两个过程的联合操作。如蒸馏沸点差别较大的液体时,沸点较低的先蒸出,沸点较高的随后蒸出,不挥发的留在蒸馏器内,这样,可达到分离和提纯的目的。故蒸馏为分离和提纯液态有机化合物常用的方法之一,是重要的基本操作,必须熟练掌握。但在蒸馏沸点比较接近的混合物时,各种物质的蒸汽将同时蒸出,只不过低沸点的多一些,故难以达到分离和提纯的目的,只好借助于分馏。纯液态有机化合物在蒸馏过程中沸点范围很小(0.5～1℃),所以,可以利用蒸馏来测定沸点,用蒸馏法测定沸点叫常量法,此法用量较大,要 10 mL 以上,若样品不多时,可采用微量法。

为了消除在蒸馏过程中的过热现象和保证沸腾的平稳状态,常加入素烧瓷片或沸石,或上端封口的毛细管,因为它们都能防止加热时的暴沸现象,故把它们叫做止暴剂。

在加热蒸馏前就应加入止暴剂。当加热后发觉未加止暴剂或原有止暴剂失效时,千万别匆忙地投入止暴剂。因为当液体在接近沸腾或过热时投入止暴剂,将会引起猛烈的暴沸,液体易冲出瓶口,若是易燃的液体,将会引起火灾。所以,应使接近沸腾的液体冷却至沸点以下后才能加入止暴剂。切记! 如蒸馏中途停止,而后来又需要继续蒸馏,也必须在加热前补添新的止暴剂，以免出现暴沸。

蒸馏操作是有机化学实验中常用的实验操作，一般用于下列几方面：

（1）分离液体混合物，仅当混合物中各成分的沸点有较大差别时才能达到有效的分离；

（2）测定化合物的沸点；

（3）提纯，除去不挥发的杂质；

（4）回收溶剂，或蒸出部分溶剂以浓缩溶液。

【蒸馏过程】

常压蒸馏由安装仪器、加料、加热、收集馏出液四个步骤组成。

（1）仪器安装

常压蒸馏装置由蒸馏瓶（长颈或短颈圆底烧瓶）、蒸馏头、温度计套管、温度计、直形冷凝管、接收管、接收瓶等组装而成，见普通蒸馏装置（图2-10）。

在装配过程中应注意：

① 为了保证温度测量的准确性，温度计水银球的位置应放置如图所示，即温度计水银球上限与蒸馏头支管下限在同一水平线上，如图。

② 任何蒸馏或回流装置均不能密封，否则，当液体蒸气压增大时，轻者蒸汽冲开连接口，使液体冲出蒸馏瓶，重者会发生装置爆炸而引起火灾。

③ 安装仪器时，应首先确定仪器的高度，一般在铁架台上放一块2 cm厚的板，将电热套放在板上，再将蒸馏瓶放置于电热套中间。然后，按自下而上，从左至右的顺序组装，仪器组装应做到横平竖直，铁架台一律整齐地放置于仪器背后。

（2）常压蒸馏操作

① 加料　做任何实验都应先组装仪器后再加原料。加液体原料时，取下温度计和温度计套管，在蒸馏头上口放一个长颈漏斗，注意长颈漏斗下口处的斜面应低于蒸馏头支管，慢慢地将液体倒入蒸馏瓶中。

② 加沸石　为了防止液体暴沸，再加入2～3粒沸石。沸石为多孔性物质，刚加入液体中小孔内有许多气泡，它可以将液体内部的气体导入液体表面，形成沸腾中心。如加热中断，再加热时应重新加入新沸石，因原来沸石上的小孔已被液体充满，不能再起沸腾中心的作用。同理，分馏和回流时也要加沸石。

③ 加热　在加热前，应检查仪器装配是否正确，原料、沸石是否加好，冷凝水是否通入，一切无误后再开始加热。开始加热时，电压可以调得略高一些，一旦液体沸腾，水银球部位出现液滴，开始控制调压器电压，以蒸馏速度每秒1～2滴为宜。蒸馏时，温度计水银球上应始终保持有液滴存在，如果没有液滴说明可能有两种情况：一是温度低于沸点，体系内气-液相没有达到平衡，此时，应将电压调高；二是温度过高，出现过热现象，此时，温度已超过沸点，应将电压调低。

④ 馏分的收集　在第一阶段，随着加热，蒸馏瓶内的混合液不断汽化，当液体的饱和蒸气压与施加给液体表面的外压相等时，液体沸腾。一旦水银球部位有液滴出现（说明体系正处于气-液平衡状态），温度计内水银柱急剧上升，直至接近易挥发组分沸点，水银柱上升变缓慢，开始有液体被冷凝而流出。我们将这部分流出液称为前馏分（或馏头）。由于这部分液体的沸点低于要收集组分的沸点，因此，应作为杂质弃掉。有时被蒸馏的液体几乎没

有馏头,应将蒸馏出来的前1～2滴液体作为冲洗仪器的馏头去掉,不要收集到馏分中去,以免影响产品质量。

在第二阶段,馏头蒸出后,温度稳定在沸程范围内,沸程范围越小,组分纯度越高。此时,流出来的液体称为正馏分,这部分液体是所要的产品。随着正馏分的蒸出,蒸馏瓶内的混合液体的体积不断减少,直至温度超过沸程,即可停止接收。

在第三阶段,如果混合液中只有一种组分需要收集,此时,蒸馏瓶内剩余液体应作为馏尾弃掉。如果是多组分蒸馏,第一组分蒸完后温度上升到第二组分沸程前流出的液体,则既是第一组分的馏尾又是第二组分的馏头,称为交叉馏分,应单独收集。当温度稳定在第二组分沸程范围内时,即可接收第二组分。如果蒸馏瓶内液体很少时,温度会自然下降。此时应停止蒸馏。无论进行何种蒸馏操作,蒸馏瓶内的液体都不能蒸干,以防蒸馏瓶过热或有过氧化物存在而发生爆炸。

⑤ 停止蒸馏 馏分蒸完后,如不需要接收第二组分,可停止蒸馏。应先停止加热,将变压器调至零点,关掉电源,取下电热套。待稍冷却后馏出物不再继续流出时,用接收瓶保存好产物,关掉冷却水,按安装仪器的相反顺序拆除仪器,即按次序取下接收瓶、接收管、冷凝管和蒸馏烧瓶,并加以清洗。

【注意事项】

1. 蒸馏前应根据待蒸馏液体的体积,选择合适的蒸馏瓶。一般被蒸馏的液体占蒸馏瓶容积的 2/3 为宜,蒸馏瓶越大,产品损失越多。

2. 在加热开始后发现没加沸石,应停止加热,待稍冷却后再加入沸石。千万不可在沸腾或接近沸腾的溶液中加入沸石,以免在加入沸石的过程中发生暴沸。

3. 对于沸点较低又易燃的液体,如乙醚,应用水浴加热,而且蒸馏速度不能太快,以保证蒸汽全部冷凝。如果室温较高,接收瓶应放在冷水中冷却,在接收管支口处连接橡胶管,将未被冷凝的蒸汽导入流动的水中带走。

4. 在蒸馏沸点高于 140℃ 的液体时,应用空气冷凝管。主要原因是温度高时,水作为冷却介质,冷凝管内外温差增大,而使冷凝管接口处局部骤然遇冷容易断裂。

【实验内容】

工业酒精和水的简单蒸馏 取 10 mL 工业酒精和 10 mL 水(自来水)进行简单蒸馏,分别记录 0～76℃、76～80℃、80～98℃、98～102℃时的馏出液体积。根据温度和体积画出蒸馏曲线。馏出液可以用阿贝折光仪检定其纯度。(阿贝折光仪的使用详见第三篇物理化学实验部分实验六的附录)

【思考题】

1. 蒸馏过程中应注意哪些问题?

2. 沸石在蒸馏中的作用是什么? 忘记加沸石时,应如何补加?

3. 蒸馏时瓶中加入的液体为什么要控制在其容积的 2/3 和 1/3 之间?

实验三 分 馏

【目的与要求】

1. 学习分馏的基本原理。
2. 掌握分馏的实验操作方法。

【分馏原理】

分馏主要用于分离两种或两种以上沸点相近且混溶的有机溶液。分馏在实验室和工业生产中应用广泛，工程上常称为精馏。

简单蒸馏只能使液体混合物得到初步的分离。为了获得高纯度的产品，理论上可以采用多次部分汽化和多次部分冷凝的方法，即将简单的蒸馏得到的馏出液，再次部分汽化和冷凝，以得到纯度更高的馏出液。而将简单蒸馏剩余的混合液再次部分汽化，则得到易挥发组分更低、难挥发组分更高的混合液。只要上面的这一过程足够多，就可以将两种沸点相差很近的有机溶液分离成纯度很高的单一组分。简言之，分馏即为反复多次的简单蒸馏。在实验室常采用分馏柱来实现，而工业上采用精馏塔。

【分馏装置】

分馏装置与简单蒸馏装置类似，不同之处是在蒸馏瓶与蒸馏头之间加了一根分馏柱，见图 2-21 简单分馏装置。

分馏柱的种类很多，实验室常用韦氏分馏柱（头）。微型实验一般用填料柱，即在一根玻璃管内填上惰性材料，如环形、螺旋形、马鞍形等各种形状的玻璃、陶瓷或金属小片。

【分馏过程及操作要点】

当液体混合物沸腾时，混合物蒸气进入分馏柱（可以是填料塔，也可以是板式塔），蒸气沿柱身上升，通过柱身进行热交换，在塔内进行反复多次的冷凝-汽化-再冷凝-再汽化过程，以保证达到柱顶的蒸气为纯的易挥发组分，而蒸馏瓶中的液体为难挥发组分，从而高效率地将混合物分离。

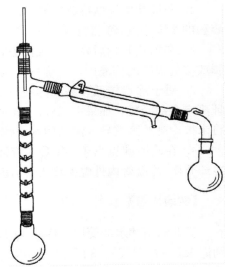

图 2-21 简单分馏装置

分馏柱沿柱身存在着动态平衡，不同高度段存在着温度梯度，此过程是一个热和质的传递过程。

1. 在分馏过程中，不论是用哪种分馏柱，都应防止回流液体在柱内聚集（称为液泛），否则会减少液体和蒸气接触面积，或者使上升的蒸汽将液体冲入冷凝管中，达不到分馏的目的。为了避免这种情况的发生，需在分馏柱外面包一定厚度的保温材料，以保证柱内具有一定的温度梯度，防止蒸汽在柱内冷凝太快。当使用填充柱时，往往由于填料装得太紧或不均匀,造成柱内液体聚集,这时需要重新装柱。

2. 对分馏来说,在柱内保持一定的温度梯度是极为重要的。在理想情况下,柱底的温度与蒸馏瓶内液体沸腾时的温度接近。柱内自下而上温度不断降低,直至柱顶接近易挥发组分的沸点。一般情况下,柱内温度梯度的保持可以通过调节馏出液速度来实现。若加热速度快,蒸出速度也快,会使柱内温度梯度变小,影响分离的效果。若加热速度慢,蒸出速度也慢,会发生液泛。另外可以通过控制回流比来保持柱内温度梯度和提高分离效率。所谓回流比,是指冷凝液流回蒸馏瓶的速度与柱顶蒸汽通过冷凝管流出速度的比值。回流比越大,分离效果越好。回流比的大小根据物系和操作情况而定,一般回流比控制在 4∶1,即冷凝液流回蒸馏瓶每 4 滴,柱顶馏出液为 1 滴。

3. 液泛能使柱身及填料完全被液体浸润,在分离开始时,可以人为地利用液泛将液体均匀地分布在填料表面,充分发挥填料本身的效率,这种情况叫做预液泛。一般分馏时,先将电压调得稍大些,一旦液体沸腾就应注意将电压调小,当蒸汽冲到柱顶还未达到水银球部位时,通过控制电压使蒸汽保证在柱顶全回流,这样维持 5 min。再将电压调至合适的位置,此时,应控制好柱顶温度,使馏出液以每两三秒 1 滴的速度平稳流出。

【实验内容】

乙醇和水的分馏

取 10 mL 工业酒精和 10 mL 水(自来水)进行常压分馏,分别记录 0~76℃、76~80℃、80~98℃、98~102℃时的馏出液体积。根据温度和体积画出分馏曲线。并与简单蒸馏曲线比较。馏出液可以用阿贝折光仪检定其纯度。(阿贝折光仪的使用详见第三篇物理化学实验部分实验六的附录)

【思考题】

1. 为什么分馏时柱身的保温十分重要?
2. 为什么分馏时加热要平稳并控制好回流比?
3. 如改变温度计水银球的位置,测量的温度会有何变化?
4. 进行预液泛的目的是什么?

实验四 正溴丁烷的制备

【目的与要求】

1. 进一步学习由正丁醇与氢溴酸反应制备正溴丁烷的合成原理。
2. 掌握回流及气体吸收装置的安装和使用。

【基本原理】

卤代烷制备中的一个重要方法是由醇与氢卤酸发生亲核取代反应来制备。在实验室制备正溴丁烷是用正丁醇与氢溴酸反应得到。氢溴酸是一种极易挥发的无机酸,因此在制备时采取用溴化钠与硫酸作用产生氢溴酸直接参与反应。在反应中,过量的硫酸可以起到移动平衡的作用,通过产生更高浓度的氢溴酸促使反应加速,还可以将反应中生成的水质子化,阻止卤代烷通过水的亲核进攻而返回到醇。但硫酸的存在易使醇生成烯和醚等副产品,因而要控制硫酸的加量。

反应
$$NaBr + H_2SO_4 \longrightarrow HBr + NaHSO_4$$

$$CH_3CH_2CH_2CH_2OH + HBr \xrightarrow{H_2SO_4} CH_3CH_2CH_2CH_2Br + H_2O$$

并有如下副反应:

$$CH_3CH_2CH_2CH_2OH \xrightarrow{H_2SO_4} CH_3CH_2CH=CH_2 + H_2O$$

$$2CH_3CH_2CH_2CH_2OH \xrightarrow{H_2SO_4} (CH_3CH_2CH_2CH_2)_2O + H_2O$$

$$2HBr + H_2SO_4 \longrightarrow Br_2 + SO_2 + 2H_2O$$

工业上有时采用正丁醇在红磷存在下与溴作用来制备:

$$10CH_3CH_2CH_2CH_2OH + 5Br_2 \xrightarrow{P} 10CH_3CH_2CH_2CH_2Br + P_2O_5 + 5H_2O$$

【试剂与规格】

浓硫酸 C. P.   正丁醇 C. P.
溴化钠 C. P.   无水氯化钙 C. P.
饱和碳酸氢钠溶液

【物理常数及化学性质】

正丁醇(n-butylalcohol):相对分子质量 74.12,沸点 117.7℃,n_D^{20} 1.399 2,d_4^{20} 0.809 8。无色透明易燃液体,溶于水、苯,易溶于丙酮,与乙醚、丙酮可以任何比例混合。20℃本品在水中的溶解度为 7.7%(质量分数)。本品是一种用途广泛的重要有机化工原料。

正溴丁烷(n-bromobutane):相对分子质量 138.90,沸点 101.6℃,n_D^{20} 1.439 9,d_4^{20} 1.276 4。无色液体,不溶于水,易溶于醇、醚,本品是一种有机合成原料。

【操作步骤】

一、常量实验

在 250 mL 的圆底烧瓶中,加入 10 mL 水,小心加入 8.3 mL 浓硫酸,混合均匀后,冷却至室温。依次加入 5 g(6.2 mL,0.068 mol)正丁醇及 8.3 g(0.08 mol)研细的溴化钠粉末。充分振摇后,加入 2~3 粒沸石。装上回流冷凝管,在冷凝管上端安上真空搅拌器套管,并接一根橡皮管,再通过橡皮管连接一只漏斗,将漏斗倒扣,半浸在盛有适量水的烧杯中,作为气体吸收装置[注1](见图 2-22)。将烧瓶用电炉加热回流 30~40 min,回流过程中不断振摇烧瓶。反应完毕,稍冷却后,改作蒸馏装置,加热蒸出正溴丁烷粗产品[注2]。

将馏出液转入分液漏斗中,加入 10 mL 水洗涤[注3],分出水层。

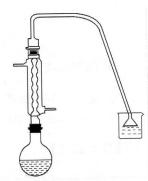

图 2-22 带气体吸收装置的回流装置

将有机层用 10 mL 浓硫酸洗涤[注4]，尽量分离干净硫酸层。有机层再依次用水、饱和碳酸氢钠溶液及水各 10 mL 洗涤[注5]。分出粗正溴丁烷，置于带塞的干燥锥形瓶中，加入 2 g 无水氯化钙，干燥 0.5～1 h。干燥后的粗产物滤入 50 mL 茄形瓶中，加入沸石进行蒸馏，收集 99～103℃的馏分。产量 6.5 g 左右，产率约为 60%～65%。

二、半微量实验

在 50 mL 的圆底烧瓶中，加入 5 mL 水及搅拌磁子，小心加入 4.8 mL 浓硫酸，混合均匀后，冷却至室温。把烧瓶放在电磁加热搅拌器上，依次加入 3.0 mL（2.43 g，32.8 mmol）正丁醇及 4.0 g（38.9 mmol）研细的溴化钠粉末，待搅拌均匀后，加入 2～3 粒沸石。装上回流冷凝管，在冷凝管上端安上真空搅拌器套管，并接一根橡皮管，再通过橡皮管连接一只漏斗，将漏斗倒扣，半浸在盛有适量水的烧杯中，作为气体吸收装置。在电磁加热搅拌器上加热，搅拌回流 1.5 h。稍冷却后，改作蒸馏装置，用电热套加热蒸出正溴丁烷粗产品，至馏出液澄清为止。

将馏出液转入分液漏斗中，加入 3 mL 水洗涤，分出水层。有机层用 2 mL 浓硫酸洗涤，分净硫酸层。有机层再依次用 5 mL 水、5 mL 饱和碳酸氢钠溶液及 5 mL 水洗涤。分出粗正溴丁烷，置于带塞的干燥锥形瓶中，加入适量无水氯化钙，干燥 0.5～1 h。干燥后的粗产物滤入干燥的 10 mL 茄形瓶中，加入沸石进行蒸馏，收集 98～103℃的馏分。产量 1.5～1.8 g 左右，产率约为 33%～40%。

【附注】

[1] 在回流过程中，尤其是停止回流时，要密切注意勿使漏斗全部埋入水中，以免倒吸。

[2] 正溴丁烷是否蒸完，可以从下列现象判断：（1）蒸出液是否由浑浊变为澄清；（2）反应瓶内飘浮油层是否消失；（3）取一试管，收集几滴馏液，加水摇动，观察有无油珠出现。

[3] 如水洗后粗产物尚呈红色，是由于浓硫酸的氧化作用生成游离溴的原因，可加入数毫升饱和亚硫酸氢钠溶液洗涤除去。

$$2NaBr + 3H_2SO_4（浓）\longrightarrow Br_2 + SO_2 + 2H_2O + 2NaHSO_4$$

$$Br_2 + 3NaHSO_3 \longrightarrow 2NaBr + NaHSO_4 + 2SO_2 + H_2O$$

[4] 浓硫酸的作用，是溶解并除去粗产物中少量未反应的正丁醇及副产物正丁醚等杂质。因为正丁醇可与正溴丁烷形成共沸物（沸点 98.6℃，含正丁醇 13%），蒸馏时很难除去，因此用浓硫酸洗涤时，要充分振摇。

[5] 各步洗涤，均需注意何层取之，何层弃之。若不知密度，可根据水溶性判断。

【思考题】

1. 加料时，为什么不可以先使溴化钠与浓硫酸混合，然后加入正丁醇及水？

2. 反应后的粗产物可能含有哪些杂质？各步洗涤的目的是什么？

3. 用分液漏斗洗涤产物时，正溴丁烷时而在上层，时而在下层，用什么简便方法判断？

实验五　环己酮的制备

【目的与要求】

1. 学习由醇氧化制备酮的基本原理。
2. 掌握由环己醇氧化制备环己酮的实验操作。

【基本原理】

环己酮常用作有机合成中间体和有机溶剂。工业上最常用的制备方法是环己烷空气催化氧化和环己醇催化脱氢。例如：

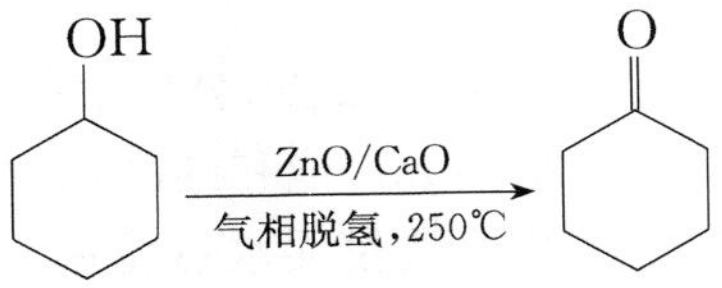

在实验室中，多用氧化剂氧化环己醇，酸性重铬酸钠（钾）是最常用的氧化剂之一。例如：

$$Na_2Cr_2O_7 + H_2SO_4 \longrightarrow 2CrO_3 + Na_2SO_4 + H_2O$$

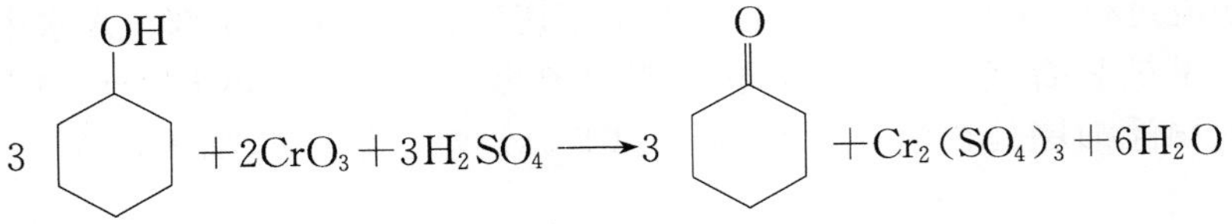

总反应式：

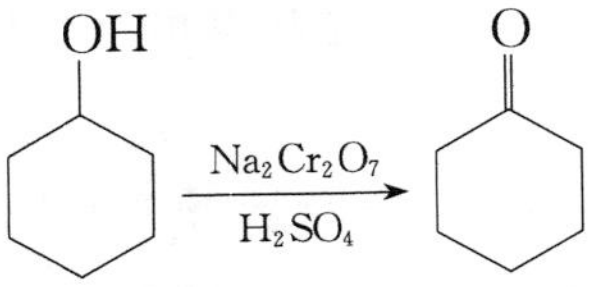

反应中，重铬酸盐在硫酸作用下先生成铬酸酐，再和醇发生氧化反应，因酮比较稳定，不易进一步被氧化，故一般能得到较高的产率。为防止因进一步氧化而发生断链，控制反应条件仍然十分重要。

本实验用重铬酸钠氧化环己醇制备环己酮。

【试剂与规格】

浓硫酸 C.P.　　　　　　　环己醇 C.P.

重铬酸钠 C.P.　　　　　　无水碳酸钾 C.P.

草酸 C.P.　　　　　　　　精盐

【物理常数及化学性质】

环己醇(cyclohexanol)：相对分子质量 100.16，沸点：161.1℃. d_4^{20} 0.949 3。微溶于水，

溶于乙醇、乙醚。本品具有中等毒性。

环己酮(cyclohexanone)：相对分子质量 98.14，沸点 155.65℃，n_D^{20} 1.450 7，d_4^{20} 0.947 8。无色可燃性液体，微溶于水，能与醇、醚及其他有机溶剂混溶。本品是生产聚酰胺的重要原料。

【操作步骤】

一、常量实验

在 500 mL 圆底烧瓶中放入 120 mL 冰水，慢慢加入 20 mL 浓硫酸。充分混合后，搅拌下慢慢加入 20 g(25 mL，0.2 mol)环己醇。在混合液中放一温度计，并将溶液温度降至 30℃以下。

将重铬酸钠 21 g(0.07 mol)溶于盛有 12 mL 水的烧杯中。将此溶液分批加入圆底烧瓶中，并不断振摇使之充分混合。氧化反应开始后，混合液迅速变热，且橙红色的重铬酸盐变为墨绿色的低价铬盐。当烧瓶内温度达到 55℃时，可用冷水浴适当冷却，控制温度不超过 60℃。待前一批重铬酸盐的橙色消失之后，再加入下一批。加完后继续振摇直至温度有自动下降的趋势为止，最后加入 1 g 草酸使反应液完全变成墨绿色[注1]。

反应瓶中加入 100 mL 水，并改为蒸馏装置[注2]。将环己酮和水一起蒸馏出来(环己酮与水的共沸点为 95℃)，直至馏出液澄清后再多蒸 10～15 mL，共收集馏液 80～90 mL[注3]。将馏出液用 15～20 g 精盐饱和，分液漏斗分出有机层，水层用 60 mL 乙醚萃取 2 次，合并有机层和萃取液，无水碳酸钾干燥。粗产品进行蒸馏，先蒸出乙醚，改用空气冷凝管冷却，收集 150～156℃的馏分。产品重 12～13 g，产率 62%～67%。

二、半微量实验

在 50 mL 圆底烧瓶中放入 10 mL 冰水，慢慢加入 3.5 mL 浓硫酸。充分混合后，搅拌下缓慢加入环己醇 1.92 g(2 mL，19.24 mmol)。在混合液中放一温度计，并将溶液温度降至 30℃以下。

将重铬酸钠 3.5 g(11.6 mmol)溶于盛有 2 mL 水的烧杯中。将此溶液用滴管分批加入圆底烧瓶中，并不断振摇使之充分混合。氧化反应开始后，混合液迅速变热，且橙红色的重铬酸盐变为墨绿色的低价铬盐。当瓶内温度达到 55℃时，可用冷水浴适当冷却，控制温度不超过 60℃。待前一批重铬酸盐的橙色消失之后，再加入下一批。加完后继续振摇直至温度有自动下降的趋势为止，最后加入 0.15 g 草酸使反应液完全变成墨绿色。

反应瓶中加入 12 mL 水，用简易水蒸气蒸馏装置，将环己酮和水一起蒸馏出来(环己酮与水的共沸点为 95℃)，直至馏出液澄清。将馏出液用适量精盐饱和，分液漏斗分出有机层，水层用 6 mL 乙醚萃取 2 次，合并有机层和萃取液，用无水碳酸钾干燥。蒸出乙醚，烧瓶中剩余物即为产品。产品重 1.2～1.3 g，产率 62%～66%。

【附注】

[1] 若不除去过量的重铬酸钠，在后面蒸馏时，环己酮将进一步氧化，开环成己二酸。

[2] 这实际上是简易水蒸气蒸馏装置。

[3] 31℃时，环己酮在水中的溶解度为 3.4 g，即使用盐析，仍不可避免有少量环己酮损失，故水的馏出量不宜过多。

【思考题】

1. 为什么要将重铬酸钠溶液分批加入反应瓶中？
2. 当氧化反应结束时，为何要加入草酸？

实验六　三苯甲醇的制备

【目的与要求】

1. 学习利用格氏反应制备结构复杂的醇。
2. 进一步熟悉格氏反应的各步操作。

【基本原理】

三苯甲醇在工业上是用苯做原料，在 $AlCl_3$ 存在下，CCl_4 作烷基化试剂，生成三苯氯甲烷与 $AlCl_3$ 的复合物，再经酸化水解而得。还可用三苯甲烷氧化制备。在实验室中主要用 Grignard 反应制备。利用格氏反应制备，又因原料不同而分为两种方法。

一、苯甲酸乙酯与苯基溴化镁反应

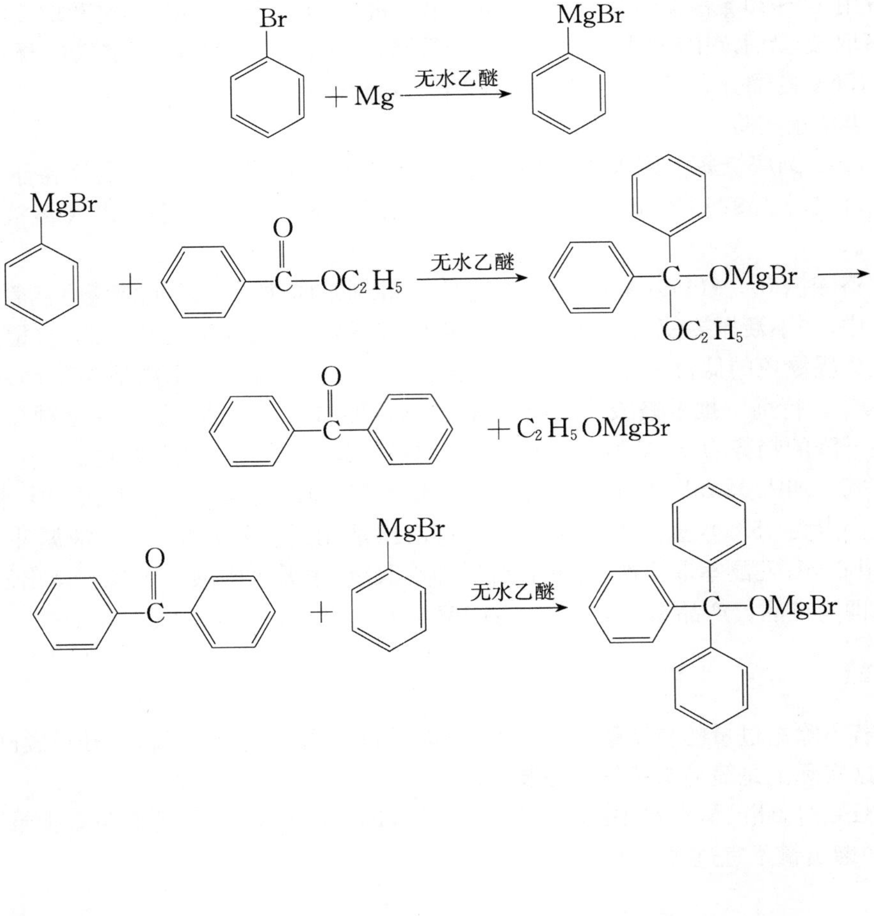

二、二苯酮与苯基溴化镁反应

上述两种方法的副反应都是：

本实验采用第一种方法。

【试剂与规格】

溴苯(干燥)C. P.　　　　　　　　苯甲酸乙酯 C. P.（精制）

镁屑 C. P.　　　　　　　　　　　碘 C. P.

无水乙醚（自制）　　　　　　　　乙醇 C. P. ,含量 95%

氯化铵 C. P.　　　　　　　　　　稀盐酸 6 mol·L^{-1}

【物理常数及化学性质】

苯甲酸乙酯(ethyl benzoate)：相对分子质量 150.12,沸点 213℃ ,n_D^{20}1.500 1, d_4^{20}1.050 9。无色澄清液体,具有芳香气味,微溶于水,溶于乙醇和乙醚。本品是一种香料和溶剂,亦是有机合成中间体。

溴苯(bromobenzene)：相对分子质量 157.02,沸点 156℃ ,n_D^{20}1.569 7, d_4^{20}1.495 2。无

色油状液体,不溶于水,溶于苯、乙醇、醚、氯苯等有机溶剂。易燃,本品是有机合成原料,可用于合成医药、农药、染料等。

三苯甲醇(triphenylcarbinol):相对分子质量 260.33,熔点 164.2℃。白色晶体,不溶于水,易溶于苯、醇、醚和冰醋酸。本品是一种有机合成原料。

【操作步骤】

在干燥的 250 mL 三口瓶中,加入 1.5 g(0.062 mol)镁屑和一粒碘,并安装搅拌器、带有氯化钙干燥管的冷凝管和筒形滴液漏斗[注1],在滴液漏斗中加入 9.5 g(6.4 mL,0.061 mol)溴苯和 25 mL 无水乙醚混合液。先滴入 8~10 mL 溴苯-乙醚混合液,此时镁表面明显形成气泡,溶液出现轻微浑浊,球形冷凝器下端出现回流。如不反应,可稍微温热[注2]。待反应趋于平稳后,开始搅拌,从球形冷凝器上端加入 10 mL 无水乙醚,再慢慢滴加溴苯和无水乙醚的混合液,控制滴加速度,保持乙醚的正常回流。滴加完毕,继续搅拌回流 15 min,以使镁屑尽量反应完全[注3]。

用冷水浴冷却三口瓶,搅拌下从滴液漏斗中慢慢滴入 3.8 g(3.6 mL,0.025 mol)苯甲酸乙酯和 10 mL 无水乙醚的混合液,控制滴加速度以使乙醚保持回流。滴加完毕,在搅拌下缓慢加热回流 1 h。在冷水浴冷却下从滴液漏斗中慢慢加入 7.5 g 氯化铵与 28 mL 水配制好的饱和溶液,以分解加成产物[注4]。

改成蒸馏装置,先在低温下蒸出乙醚,然后进行水蒸气蒸馏,以除去溴苯等有机物,直至馏液不再有油状物为止。烧瓶中三苯甲醇呈固体析出,冷却,用布氏漏斗抽滤。粗产物称重,用95%的乙醇重结晶[注5]。得纯品 4~5 g,产率 61%~76%。本实验约需 9~12 h。

【附注】

[1] 所有反应仪器及试剂都必须充分干燥。苯甲酸乙酯经无水硫酸镁干燥后,减压蒸馏。

[2] 可用手捂热,亦可用电热套微热,但严禁明火。整个反应期间不准有火种。

[3] 镁屑未完全反应,可适当延长回流时间,若仍不消失,实验则可继续往下进行。

[4] 如反应中絮状氢氧化镁未全溶时,可加入 5~8 mL 6 mol·L⁻¹ 盐酸,使其全部溶解。

[5] 亦可用石油醚-乙醇(2:1)重结晶。

【思考题】

1. 实验中溴苯加入过快有何不好?

2. 为什么用饱和氯化铵溶液分解产物?还有何试剂可代替饱和氯化铵溶液?

3. 进行重结晶时,何时加入活性炭为宜?若用混合溶剂重结晶,加入大量不良溶剂有何不好?抽滤后的结晶应用什么溶剂洗涤?

4. 格氏试剂与哪些化合物反应可以制得伯、仲、叔醇?写出各自的化学反应式。

实验七 乙酸乙酯的制备

【目的与要求】

1. 学习酯化反应的基本原理和制备方法。
2. 掌握分液操作。

【基本原理】

羧酸酯一般是由羧酸和醇在少量浓硫酸或干燥的氯化氢、磺酸或阳离子交换树脂等有机强酸催化下脱水而制得的。酯化反应是可逆反应,为了促使反应的进行,通常采用增加酸或醇的浓度或连续地移去产物(由形成恒沸混合物来移去反应中的酯和水)的方式来达到。提高反应温度可加速反应。醇、酸的结构对反应速度也有很大影响。一般来说,醇的反应活性是伯醇＞仲醇＞叔醇;酸的反应活性是 $RCH_2COOH＞R_2CHCOOH＞R_3CCOOH$。

$$R-\overset{\overset{\displaystyle O}{\|}}{C}-OH + R'OH \underset{}{\overset{H_2SO_4}{\rightleftharpoons}} R-\overset{\overset{\displaystyle O}{\|}}{C}-OR' + H_2O$$

本实验采用由乙酸和乙醇在浓硫酸的催化下反应制备乙酸乙酯。乙酸乙酯和水能形成二元共沸物,沸点 70.4℃,比乙醇(78℃)和乙酸(118℃)的沸点都低。而乙酸乙酯的沸点为 77.06℃,因此,乙酸乙酯很容易蒸出。反应式:

$$CH_3COOH + CH_3CH_2OH \underset{}{\overset{H_2SO_4}{\rightleftharpoons}} CH_3COOC_2H_5 + H_2O$$

羧酸酯还可由酰氯、酸酐或腈和醇作用而制得。用羧酸经过酰卤再与醇反应生成酯,虽然经过两步,结果往往比直接酯化好,这也是一个广泛用于合成酯的方法。

【试剂与规格】

95％乙醇 C. P.	碳酸钠 C. P.
浓硫酸 C. P.	食盐 C. P.
冰醋酸 C. P.	氯化钙 C. P.
无水硫酸镁 C. P.	

【物理常数及化学性质】

乙酸乙酯(ethyl acetate):相对分子质量 88.11,沸点 77.06℃,$n_D^{20}1.3719$,$d_4^{20}0.8946$。无色澄清液体,有芳香味。易溶于氯仿、丙酮、醇、醚等有机溶剂,稍溶于水,遇水有极缓慢的水解。易挥发,遇明火、高热易燃。本品是用途最广的脂肪酸酯之一,具有优异的溶解能力。

【操作步骤】

一、常量实验

在 100 mL 三口瓶中,加入 9.5 g(12 mL,0.20 mol)95％乙醇,分次加入 12 mL 浓硫酸

和几粒沸石,不断摇动,使其混合均匀。三口瓶上依次安装蒸馏装置、60 mL 长颈滴液漏斗和温度计,滴液漏斗末端及温度计水银球插入反应液内,滴液漏斗中加入 9.5 g(12 mL,0.20 mol)95％乙醇及 13.6 g(12 mL,0.23 mol)冰醋酸的混合液。先从滴液漏斗滴加 3～4 mL 混合液,慢慢加热反应瓶,使反应液温度升至 120～125℃左右,并有液体蒸出。滴加其余的混合液,控制滴入速度与蒸出速度大致相等,并维持反应液温度仍在 120～125℃之间[注1]。滴加完毕,继续加热,直到液温达 130℃,同时不再有液体蒸出为止。

在不断振摇下,将饱和碳酸钠溶液(约 10 mL)慢慢加到馏出液中,直到无二氧化碳气体[注2]逸出为止。馏出液移入分液漏斗,分去水层。有机层先用 10 mL 饱和食盐水[注3]洗涤,再用 10 mL 饱和氯化钙溶液洗涤两次后,移入干燥的锥形瓶中,用适量无水硫酸镁干燥约 0.5～1 h。将粗产物滤入 25 mL 圆底烧瓶,安装好蒸馏装置并进行蒸馏,收集在 73～78℃的馏分[注4]。产量 11～13 g,产率 60％～70％。

二、半微量实验

在 50 mL 单口烧瓶中,加入 4.8 g(6 mL,103.8 mmol)无水乙醇和 3.8 mL(3.96 g,66.4 mmol)冰醋酸,再加入 1.6 mL 浓硫酸及两粒沸石,同时,不断摇动,使其混合均匀。烧瓶上安装回流冷凝管,用电热套以较低的电压加热,使溶液保持微沸,回流约 30 min。冷却后,换成韦氏分馏头,改为蒸馏装置。加热蒸出约 2/3 的液体。大致蒸到蒸馏液泛黄、馏出速度减慢为止。

在不断振摇下,将饱和碳酸钠溶液(约 3.8 mL)慢慢加到馏出液中,直到无二氧化碳气体逸出为止。馏出液移入分液漏斗,分去水层。有机层先用 5 mL 饱和食盐水洗涤,再用 5 mL 饱和氯化钙溶液和水各洗涤一次,分去水层,有机层移入干燥的三角瓶中,用适量无水硫酸镁干燥约 0.5～1 h。将干燥好的粗产物滤入合适的圆底烧瓶,安装好蒸馏装置进行蒸馏,收集 73～78℃的馏分。产量 3.0～3.8 g,产率 35％～50％。

【附注】

[1] 温度过高会增加副产物乙醚的含量。

[2] 可用湿润的蓝色石蕊试纸检验二氧化碳的存在。

[3] 每 17 份水可溶解 1 份乙酸乙酯,为减少酯的损失,并除去碳酸钠,要先用饱和食盐水洗涤。

[4] 乙酸乙酯可与水、醇形成二元、三元共沸物,其组成及沸点见下表:

沸点/℃	组成/%		
	乙酸乙酯	乙　醇	水
70.2	83.6	8.4	8
70.4	91.9		8.1
71.8	69.0	31.0	

因此,当粗产品中含有水、醇时,使沸点降低,前馏分增加,影响产率。

【思考题】

　　1. 为什么反应开始时先加入 3～4 mL 乙醇与醋酸的混合液,然后再控制滴入速度与蒸出速度相等?

　　2. 反应馏出液中含有哪些杂质?

　　3. 对馏出液各步洗涤、分离的目的何在? 如先用饱和氯化钙洗,再用饱和食盐水洗,可以吗? 为什么?

实验八　乙酸正丁酯的制备

【目的与要求】

1. 学习羧酸与醇反应制备酯的原理和方法。
2. 学习利用恒沸去水以提高酯化反应收率的方法。
3. 学习使用分水器回流去水的原理和使用方法。

【实验原理】

主反应:

$$CH_3COOH + n\text{-}C_4H_9OH \xrightleftharpoons{H^+} CH_3\overset{\overset{\displaystyle O}{\|}}{C}\text{—}OC_4H_9\text{-}n + H_2O$$

副反应:

$$CH_3CH_2CH_2CH_2OH \xrightarrow{H_2SO_4} CH_3CH_2CH = CH_2 + H_2O$$

$$2CH_3CH_2CH_2CH_2OH \xrightarrow{H_2SO_4} (CH_3CH_2CH_2CH_2)_2O + H_2O$$

【试剂与规格】

正丁醇 C. P.　　　　　　　碳酸钠 C. P.

浓硫酸 C. P.　　　　　　　冰醋酸 C. P.

无水硫酸镁 C. P.

【物理常数及化学性质】

正丁醇(见"正溴丁烷的制备")

乙酸正丁酯(n-butyl acetate):相对分子质量 116.16,沸点 126.5 ℃,n_D^{20} 1.395 1,d_4^{20} 0.882。无色液体。

【实验装置图】

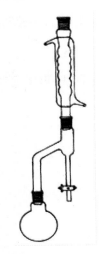

图 2 - 23　回流分水装置

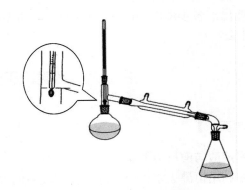

图 2 - 24　蒸馏装置

【操作步骤】

在干燥的 50 mL 圆底烧瓶中,装入 4.6 mL(3.72 g,0.05 mol)正丁醇和 2.88 mL(3 g, 0.05 mol)冰醋酸,再加 1～2 滴浓硫酸。混合均匀,投入沸石,然后安装分水器及回流冷凝管(见图 2 - 23),并在分水器中预先加水至略低于支管口。在石棉网上加热回流,反应一段时间后把水逐渐分去,保持分水器中水层液面在原来的高度。约 40 min 后不再有水生成,表示反应完毕。停止加热,记录分出的水量。冷却后卸下回流冷凝管,把分水器中分出的上层(酯层)和圆底烧瓶中的反应液一起倒入分液漏斗中。用 10 mL 水洗涤,分去水层。酯层用 10 mL 10%碳酸钠溶液洗涤,试验是否仍有酸性(如仍有酸性怎么办?),分去水层。将酯层再用 10 mL 水洗涤一次,分去水层。将酯层倒入小锥形瓶中,加少量无水硫酸镁干燥。

将干燥后的乙酸正丁酯倒入干燥的 50 mL 蒸馏烧瓶中(注意不要把硫酸镁倒进去!),加入沸石,安装好蒸馏装置(见图 2 - 24),在石棉网上加热蒸馏。收集 124～126℃的馏分。前馏分倒入指定的回收瓶中。

产物的纯度用气相色谱检查。用邻苯二甲酸二壬酯为固定液,柱温和检测温度 100℃,汽化温度 150℃,热导检测器,氢气为载体,流速 45 mL/min。

产量约 4 g。

【操作要点】

1. 加入硫酸后须振荡,以使反应物混合均匀。实验中的浓硫酸仅起催化作用,故只需少量,不可多加。

2. 在分水器中预先加水至分水器回流支管口,从分水器下口放出 2 mL 水(用量筒量取),以保证醇能及时回到反应体系继续参加反应。注意:只要水不回流到反应体系中就不要放水。

3. 在回流过程中,要控制加热速度,一般以上升气环的高度不超过球形冷凝管的 1/3 为宜,回流速度每秒 1～2 滴。

4. 反应终点的判断:分水器中不再有水珠下沉,水面不再升高,出水接近理论量。反应大约需要 40 min 左右。

【思考题】

1. 本实验是根据什么原理来提高乙酸正丁酯的产率的?
2. 计算反应完全时应分出多少水。

实验九 苯胺的制备

【目的与要求】

1. 学习硝基还原为氨基的基本原理。
2. 掌握铁粉还原法制备苯胺的实验步骤。

【基本原理】

芳香族硝基化合物在酸性介质中还原,可以得到相应的芳香族伯胺。常用的还原剂有铁-盐酸、铁-醋酸、锡-盐酸等。

工业上苯胺可以用铜作催化剂催化氢化硝基苯来合成:

$$\text{C}_6\text{H}_5\text{NO}_2 + 3\text{H}_2 \xrightarrow[270 \sim 350℃, 1.5 \times 10^5 \sim 10 \times 10^5 \text{ Pa}]{\text{Cu}} \text{C}_6\text{H}_5\text{NH}_2 + 2\text{H}_2\text{O}$$

较新的工业制苯胺的方法是用苯酚氨解:

$$\text{C}_6\text{H}_5\text{OH} + \text{NH}_3 \xrightarrow{\text{SiO}_2 - \text{Al}_2\text{O}_3} \text{C}_6\text{H}_5\text{NH}_2 + \text{H}_2\text{O}$$

实验室制备一般是用硝基苯还原:

$$4\text{C}_6\text{H}_5\text{NO}_2 + 9\text{Fe} + 4\text{H}_2\text{O} \xrightarrow{\text{HCl}} 4\text{C}_6\text{H}_5\text{NH}_2 + 3\text{Fe}_3\text{O}_4$$

反应分步进行:

$$\text{C}_6\text{H}_5\text{NO}_2 \xrightarrow{[\text{H}]} \text{C}_6\text{H}_5\text{N=O} \xrightarrow{[\text{H}]} \text{C}_6\text{H}_5\text{NHOH} \xrightarrow{[\text{H}]} \text{C}_6\text{H}_5\text{NH}_2$$

另外,还可能发生下列副反应:

1.

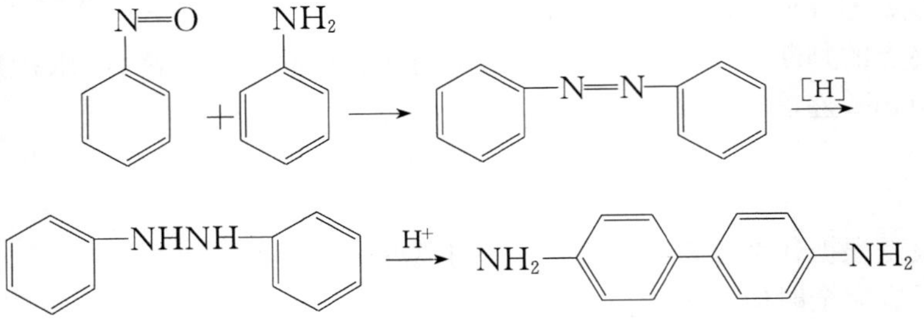

2.

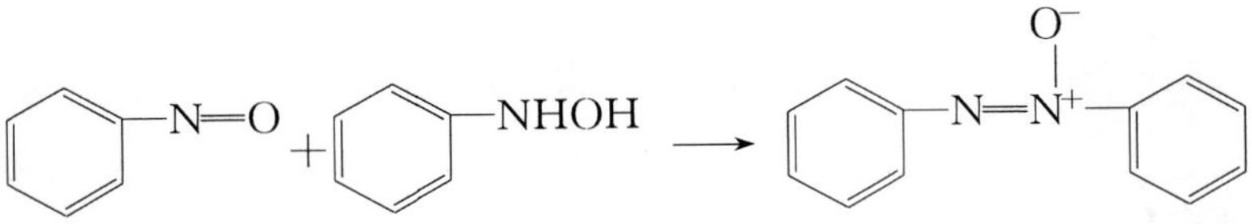

3.

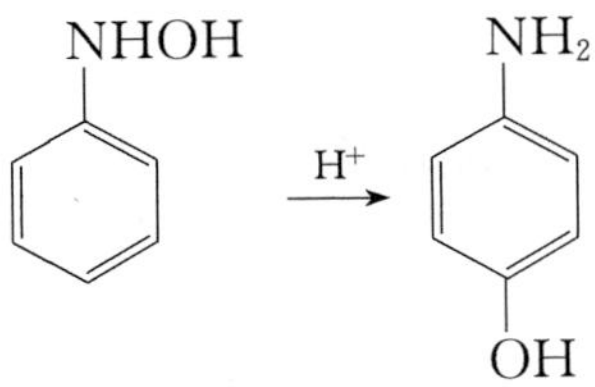

用铁还原硝基苯,盐酸仅为理论量的 1/40,因为这里除产生新生态氢以外,主要由生成的亚铁盐来还原,反应过程中所包括的变化用下列方程式表示:

1. 铁和酸生成亚铁离子

$$Fe + 2H^+ \longrightarrow Fe^{2+} + 2[H]$$

2. 硝基苯被还原成苯胺

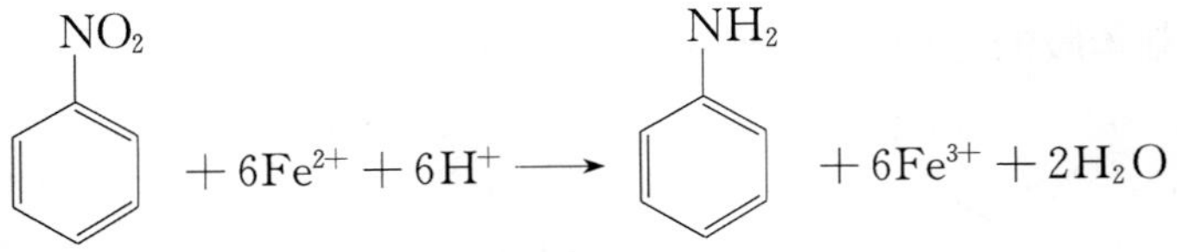

$$+ 6Fe^{2+} + 6H^+ \longrightarrow + 6Fe^{3+} + 2H_2O$$

3. 铁离子与水作用生成氧化铁并再生成氢离子

$$2Fe^{3+} + 6H_2O \longrightarrow 6H^+ + 2Fe(OH)_3$$

$$2Fe(OH)_3 \longrightarrow Fe_2O_3 + 3H_2O$$

4. 三氧化二铁与氧化亚铁化合,得四氧化三铁

$$Fe_2O_3 + FeO \longrightarrow Fe_3O_4$$

【试剂与规格】

硝基苯 C. P.   铁粉 40~100 目

乙酸 C. P.   食盐 C. P.

乙醚 C. P.   氢氧化钠 C. P.

【物理常数及化学性质】

硝基苯(nitrobenzene)：相对分子质量 123.11，沸点 210.8℃，n_D^{20}1.552 9，d_4^{20}1.203 7。无色透明油状液体，具有苦杏仁油的特殊臭味。微溶于水，易溶于乙醇、乙醚、苯、甲苯等有机溶剂，能随水蒸气蒸发，易燃易爆，高毒性。本品是一种重要的基本有机合成原料。

苯胺(aniline)：相对分子质量 93.13，沸点 184.4℃，92℃/4.4 kPa，熔点 −63℃，n_D^{20}1.586 3，d_4^{20}1.022 0。无色或淡黄色透明油状液体，有特殊气味。暴露空气中或见光会逐渐变成棕色，能随水蒸气挥发，能与醇、醚、苯、硝基苯及其他多种有机溶剂混溶。苯胺在水中的溶解度：3.5%(25℃)；3.7%(30℃)。苯胺是重要的有机化工原料，以它为原料能生产较重要的有机化工产品达 300 多种。在涂料、橡胶、染料、医药工业有广泛的用途。

【操作步骤】

在 250 mL 圆底烧瓶中，加入 40 g 铁粉(0.72 mol)、40 mL 水和 2 mL 乙酸，用力振摇使混合均匀。安装回流冷凝管，缓缓加热微沸 5 min[注1]。稍冷，从冷凝管顶端分批加入 25 g(21 mL，0.2 mol)硝基苯，每次加完后要进行振荡，使反应物充分混合。反应强烈放热，足以使溶液沸腾[注2]。加完后，用电热套加热回流 0.5～1 h，并不断振摇，以使还原反应完全[注3]。

将反应液转入 500 mL 长颈圆底烧瓶中，进行水蒸气蒸馏，直到馏出液澄清[注4]为止。约收集 200 mL。分出有机层，水层用(约 40～50 g)食盐饱和后，每次用 20 mL 乙醚萃取三次。合并有机层[注5]和乙醚萃取液，用固体氢氧化钠干燥。将干燥好的有机溶液进行蒸馏，先蒸出乙醚，再加热收集 180～185℃的馏分[注6]。产量 13～14 g，产率 69%～74%。本实验约需 8 h。

【附注】

[1] 该步骤主要作用是活化铁。铁与乙酸作用生成乙酸铁，这样做可缩短反应时间。

[2] 若反应放热强烈，引起暴沸，可备好冷水浴随时冷却。

[3] 硝基苯为黄色油状物，如果回流液中黄色油状物消失而转变为乳白色油珠，表明反应已经完成。也可用滴管吸取少量反应液于试管中，加几滴浓盐酸，看是否有黄色油珠下沉。如果回流冷凝器内壁沾有黄色油珠，可用少量水冲下，再继续反应一段时间。还原反应必须完全，否则，残留的硝基苯很难分离。

[4] 馏出液中若有硝基苯必须设法除去。

苯胺的蒸气压/kPa	0.13	1.33	5.33	13.33	101.31
温度/℃	34.8	69.4	96.7	119.9	184.13

[5] 苯胺毒性较大，极需小心处理。它很易透过皮肤被吸收，引起青紫。一旦触及皮肤，先用水冲洗，再用肥皂和温水洗涤。

[6] 新蒸苯胺为无色油状液体，当暴露于空气或受光照射时，颜色变暗。

【思考题】

1. 本实验在水蒸气蒸馏前为何不进行中和？若以盐酸代替醋酸是否需要中和？
2. 本实验为何选择水蒸气蒸馏的方法把苯胺从反应混合物中分离出来？
3. 如果粗产物苯胺中含有硝基苯,应如何分离提纯？
4. 在精制苯胺时,为什么用粒状氢氧化钠作干燥剂而不用硫酸镁或氯化钙？

实验十　乙酰苯胺的制备

【目的与要求】

1. 掌握苯胺乙酰化反应的原理和实验操作。
2. 进一步熟悉固体有机物的提纯的方法——重结晶。

【基本原理】

芳胺的乙酰化在有机合成中有着重要的作用,例如保护氨基。一级和二级芳胺在合成中通常被转化为它们的乙酰化衍生物,以降低芳胺对氧化剂的敏感性或避免与其他功能基或试剂(如 RCOCl,—SO₂Cl,HNO₂ 等)之间发生不必要的反应。同时,氨基经酰化后,降低了氨基在亲电取代(特别是卤化)中的活化能力,使其由很强的第Ⅰ类定位基变为中强度的第Ⅰ类定位基,使反应由多元取代变为有用的一元取代;由于乙酰基的空间效应,对位取代产物的比例提高。在合成的最后步骤,氨基很容易通过酰胺在酸碱催化下水解被游离出来。

芳胺可用酰氯、酸酐或冰醋酸来进行酰化,冰醋酸易得,价格便宜,但需要较长的反应时间,适合于规模较大的制备。酸酐一般来说是比酰氯更好的酰化试剂。用游离胺与纯乙酸酐进行酰化,常伴有二乙酰胺[ArN(COCH₃)₂]副产物的生成。但如果在醋酸-醋酸钠的缓冲溶液中进行酰化,由于酸酐的水解速度比酰化速度慢得多,可以得到高纯度的产物。但这一方法不适合于硝基苯胺和其他碱性很弱的芳胺的酰化。

本实验是用冰醋酸作乙酰化试剂的。

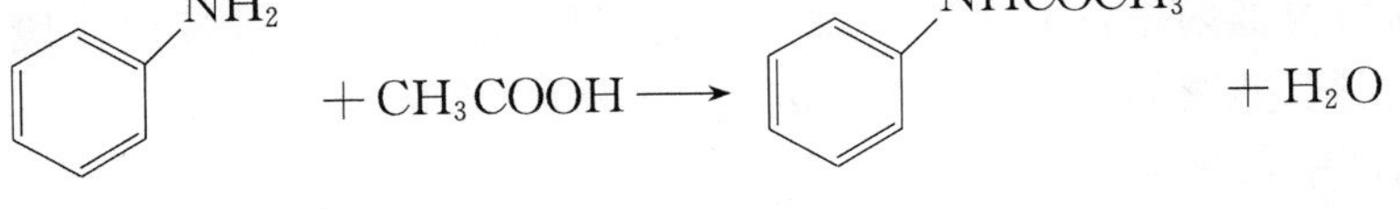

【试剂与规格】

苯胺 C. P. ≥99%　　　　　　　　　冰醋酸 C. P. ≥99%

【物理常数及化学性质】

苯胺(aniline):相对分子质量 93.13,沸点 184℃,n_D^{20}1.586 3,d_4^{20}1.022。微溶于水(3.7 g/100 g 水),易溶于乙醇、乙醚和苯。该品有毒,吸入、口服或皮肤接触都有危害。

乙酰苯胺(acetanilide)：相对分子质量 135.17，熔点 114℃，d_4^{20} 1.219。微溶于冷水，易溶于乙醇、乙醚及热水。本品具刺激性，避免皮肤接触或由呼吸和消化系统进入体内，能抑制中枢神经系统和心血管。

【操作步骤】

在 50 mL 圆底烧瓶中，加入 5 mL(5.1 g，0.055 mol)苯胺[注1]、7.5 mL(7.85 g，0.13 mol)冰醋酸及少许锌粉(约 0.05 g)[注2]，装上一短的刺形分馏柱[注3]，其上端装一温度计，支管通过支管接引管与接收瓶相连，接收瓶外部用冷水浴冷却。

将圆底烧瓶缓缓加热，使反应物保持微沸约 15 min。然后逐渐升高温度，当温度计读数达到 100℃ 左右时，支管即有液体流出。反应回流时，必须强热，蒸汽高度应超过 2/3 冷凝管的高度，若加热强度不够时，则可能产生苯胺乙酸盐，而难以产生乙酰苯胺，维持温度在 100～110℃ 之间反应约 1.5 h，生成的水及大部分醋酸已被蒸出[注4]，此时温度计读数下降，表示反应已经完成。在搅拌下趁热将反应物倒入 100 mL 冰水中[注5]，冷却后抽滤析出固体，用冷水洗涤。粗产物用水重结晶。

产量 4～5 g，熔点 113～114℃。

重结晶：用适当的溶剂进行重结晶是纯化固体化合物最常用的方法之一。

固体有机物在溶剂中的溶解度与温度有密切关系。一般温度升高溶解度增大。若把待纯化的固体有机物溶解在热的溶剂中达到饱和，冷却时，由于溶解度降低，溶液变成过饱和而析出晶体。重结晶就是利用溶剂对被提纯物质及杂质的溶解度不同，让杂质全部或大部分留在溶液中(或被过滤除去)，从而达到分离纯化的目的。

重结晶一般过程为：

1. 溶剂的选择

在进行重结晶时，选择理想的溶剂是关键，理想的溶剂必须具备下列条件：

(1) 不与被提纯物质起化学反应。

(2) 温度高时，被提纯物质在溶剂中溶解度大，在室温或更低温度下溶解度很小。

(3) 杂质在溶剂中的溶解度非常大或非常小(前一种情况是使杂质留在母液中不随被提纯晶体一同析出，后一种情况是使杂质在趁热过滤时除去)。

(4) 溶剂沸点较低，易挥发，易与结晶分离除去。

此外还要考虑能否得到较好的结晶，溶剂的毒性、易燃性和价格等因素。

在重结晶时需要知道用哪一种溶剂最合适和物质在该溶剂中的溶解度情况。若为早已研究过的化合物可从查阅手册或辞典中溶解度一栏中找到有关适当溶剂的资料；若从未研究过，则先须用少量样品进行反复实验。在进行实验时必须应用"相似相溶"原理——即物质往往易溶于结构和极性相似的溶剂中。

若不能选到单一的合适的溶剂，常可应用混合溶剂。一般是由两种能互溶的溶剂组成，其中一种对被提纯的化合物溶解度较大，而另一种溶解度较小，常用的混合溶剂有乙醇-水、醋酸-水、苯-石油醚、乙醚-甲醇等。

2. 固体的溶解

要使重结晶得到的产品纯且回收率高，溶剂的用量是关键，溶剂用量太大，会使待提纯物过多地留在母液中造成损失；但用量太少，在随后的趁热过滤中又易析出晶体而损失产

品,并且还会给操作带来麻烦。因此一般比理论需要量(刚好形成饱和溶液的量)多加约
10%～20%的溶剂。

3. 脱色

不纯的有机物常含有有色杂质,若遇这种情况,常可向溶液中加入少量活性炭来吸附
这些杂质,加入活性炭的方法是:待沸腾的溶液稍冷后加入,活性炭用量视杂质多少而定,
一般为干燥的粗品重量的1%～5%。然后煮沸5～10 min,并不时搅拌以防暴沸。

4. 热过滤

为了除去不溶性杂质和活性炭需要趁热过滤。由于在过滤的过程中溶液的温度下降,
往往导致结晶析出,因此常使用保温漏斗(热水漏斗)过滤。保温漏斗要用铁夹固定好,注
入热水,并预先烧热。若是易燃的有机溶剂。应熄灭火焰后再进行热滤;若溶剂是不可燃
的,则可煮沸后一边加热一边热滤。

为了提高过滤速度,滤纸最好折成扇形滤纸(又称折叠滤纸或菊花形滤纸)。具体折法
如图 2-25 所示。

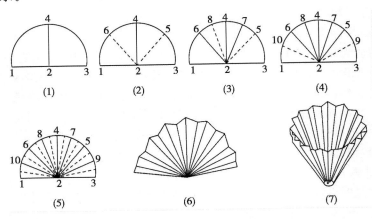

图 2-25 扇形滤纸的叠法

将圆形滤纸对折,然后再对折成四分之一,以边3、边1对边4叠成边5、6,以边4对边5
叠成边7,以边4对边6叠成边8,依次以边1对边6叠成10,边3对边5叠成边9,这时折
得的滤纸外形如图。在折叠时应注意,滤纸中心部位不可用力压得太紧,以免在过滤时,滤
纸底部由于磨损而破裂。然后将滤纸在1和10,6和8,4和7等之间各朝相反方向折叠,做
成扇形,打开滤纸呈图状,最后做成如图的折叠滤纸,即可放在漏斗中使用。

5. 结晶

让热滤液在室温下慢慢冷却,结晶随之形成。如果冷时无结晶析出,可用加入一小颗
晶种(原来固体的结晶)或用玻璃棒在液面附近的玻壁上稍用力摩擦引发结晶。

所形成晶体太细或过大都不利于纯化。太细则表面积大,易吸附杂质;过大则在晶体
中夹杂溶液且干燥困难。让热滤液快速冷却或振摇会使晶体很细,使热滤液极缓慢地冷却
则产生的晶体较大。

6. 抽气过滤(减压过滤)

把结晶与母液分离的方法一般采用布氏漏斗抽气过滤的方法。其装置见图 2-26。

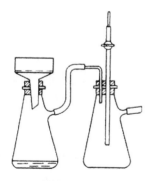

图 2-26 减压过滤装置

图 2-27 玻璃钉过滤装置

根据需要选用大小合适的布氏漏斗和刚好覆盖住布氏漏斗底部的滤纸。先用与待滤液相同的溶剂湿润滤纸，然后打开水泵，并慢慢关闭安全瓶上的活塞使吸滤瓶中产生部分真空，使滤纸紧贴漏斗。将待滤液及晶体倒入漏斗中，液体穿过滤纸，晶体收集在滤纸上。关闭水泵前，先将安全瓶上的活塞打开或拆开抽滤瓶与水泵连接的橡皮管，以免水倒吸流入抽滤瓶中。

过滤少量的结晶（1～2 g 以下），可用玻璃钉抽气装置，如图 2-27 所示。

7. 干燥结晶

用重结晶法纯化后的晶体，其表面还吸附有少量溶剂，应根据所用溶剂及结晶的性质选择恰当的方法进行干燥。固体的干燥方法很多，可根据重结晶所用溶剂及晶体的性质选择。常用的方法有如下几种：① 空气干燥；② 烘干；③ 干燥器干燥。

【附注】

［1］久置的苯胺色深，有杂质，会影响乙酰苯胺的质量，故最好用新蒸的苯胺。

［2］加入锌粉的目的，是防止苯胺在反应过程中被氧化，生成有色的杂质。

［3］因属少量制备，最好用微量分馏管代替刺形分馏柱。分馏管支管用一段橡皮管与一玻璃弯管相连，玻璃管下端伸入试管中，试管外部用冷水浴冷却。

［4］收集醋酸及水的总体积约为 4.5 mL。

［5］反应物冷却后，固体产物立即析出，沾在瓶壁不易处理。故须趁热在搅动下倒入冷水中，以除去过量的醋酸及未作用的苯胺（它可成为苯胺醋酸盐而溶于水）。

【思考题】

1. 反应时为什么要控制冷凝管上端的温度在 100～110℃？

2. 用苯胺做原料进行苯环上的某些取代反应时，为什么常常先要进行酰化？

实验十一 肉桂酸的制备

【目的与要求】

1. 了解肉桂酸的制备原理和方法。

2. 掌握回流、水蒸气蒸馏等操作。

【基本原理】

芳香醛和酸酐在碱性催化剂作用下,可以发生类似羟醛缩合的反应,生成 α,β-不饱和芳香酸,称为 Perkin 反应。催化剂通常是相应酸酐的羧酸钾或钠盐,有时也可用碳酸钾或叔胺代替,典型的例子是肉桂酸的制备。

$$C_6H_5CHO + (CH_3CO)_2O \xrightarrow[170\sim180℃]{CH_3COOK} C_6H_5CH = CHCOOH + CH_3COOH$$

碱的作用是促使酸酐的烯醇化,用碳酸钾代替醋酸钾,反应周期可明显缩短。

工业上,也采用以铜盐、银盐为催化剂,用空气氧化肉桂醛或在钴催化剂和水存在下,以芳烃为溶剂,使肉桂醛氧化成肉桂酸。

【试剂与规格】

苯甲醛 C.P. 含量 98%   醋酸酐 C.P. 含量 96%

无水碳酸钾 C.P.   刚果红试纸

【物理常数及化学性质】

苯甲醛(benzaldehyde):相对分子质量 106.12,沸点 179℃,n_D^{20} 1.546,d_4^{20} 1.050。微溶于水,与乙醇、乙醚和氯仿混溶。本品有一定的毒性,应避免与皮肤接触。

肉桂酸(cinnamic acid):相对分子质量 148.16,沸点 300℃,熔点 133℃,d_4^{20} 1.247 5。不溶于冷水,微溶于热水,溶于乙醇、乙醚和丙酮。本品低毒,对眼睛、呼吸系统和皮肤有刺激性。

【操作步骤】

在 100 mL 圆底烧瓶中,分别加入 1.5 mL(0.015 mol)新蒸馏过的苯甲醛[注1]、4 mL(0.042 mol)新蒸馏过的醋酐[注2]以及研细的 3.2 g(0.023 mol)无水碳酸钾。装上回流冷凝管,加热回流 30 min。由于有二氧化碳放出,初期有泡沫产生。

待反应物冷却后,加入 10 mL 温水,改为水蒸气蒸馏,蒸出未反应完的苯甲醛。将烧瓶冷却,加入 10 mL10%氢氧化钠溶液,以保证所有的肉桂酸成钠盐而溶解。混合物抽滤,滤液移入 250 mL 圆底烧瓶中,冷却至室温,搅拌下用浓盐酸酸化至刚果红试纸变蓝。充分冷却,抽滤,用少量水洗涤沉淀,抽干。粗产品在空气中晾干,产量约 1.5 g,产率约 68%。粗产品可用 5:1 的水-乙醇重结晶。本实验约需 4~5 h。

【附注】

[1] 苯甲醛放久了,由于自动氧化而生成较多量的苯甲酸。这不但影响反应的进行,而且苯甲酸混在产品中不易除干净,将影响产品的质量,故本实验所需的苯甲醛要事先蒸馏。

[2] 醋酐放久了,由于吸潮和水解将转变为乙酸,故本实验所需的醋酐必须在实验前重新蒸馏。

【思考题】

1. 苯甲醛和丙酸酐在无水碳酸钾的存在下相互作用后得到什么产物?
2. 用酸酸化时,能否用浓硫酸?
3. 具有何种结构的醛能进行 Perkin 反应?
4. 用水蒸气蒸馏除去什么?

实验十二 正丁醚的制备

【目的与要求】

1. 掌握由正丁醇制备正丁醚的实验方法。
2. 学习使用分水器的实验操作。

【基本原理】

在实验室和工业上都采用正丁醇在浓硫酸催化剂存在下脱水制备正丁醚。在制备正丁醚时,由于原料正丁醇(沸点 117.7℃)和产物正丁醚(沸点 142℃)的沸点都较高,故可使反应在装有水分离器的回流装置中进行,控制加热温度,并将生成的水或水的共沸物不断蒸出。虽然蒸出的水中会夹有正丁醇等有机物,但是由于正丁醇等在水中溶解度较小,相对密度又较水轻,浮于水层之上,因此借水分离器可使绝大部分的正丁醇等自动连续地返回反应瓶中,而水则沉于水分离器的下部,根据蒸出的水的体积,可以估计反应的进行程度。反应式:

$$2CH_3CH_2CH_2CH_2OH \xrightarrow[134 \sim 135℃]{H_2SO_4} CH_3CH_2CH_2CH_2OCH_2CH_2CH_2CH_3 + H_2O$$

主要副反应:

$$CH_3CH_2CH_2CH_2OH \xrightarrow[>135℃]{H_2SO_4} CH_3CH_2CH=CH_2 + H_2O$$

【试剂与规格】

正丁醇 C. P. 含量 98%　　　　浓硫酸 C. P. 含量 98%

【物理常数及化学性质】

正丁醇(见实验"正溴丁烷的制备")

正丁醚(n-butyl ether):相对分子质量 130.23,沸点 143.0℃,n_D^{20} 1.399 2,d_4^{20} 0.768 9。无色液体,不溶于水,与乙醇、乙醚混溶,易溶于丙酮。本品毒性较小,易燃,有刺激性。本品常用作树脂、油脂、有机酸、生物碱、激素等的萃取和精制溶剂。

【操作步骤】

在干燥的 50 mL 三口瓶中,加入 15.5 mL(0.17 mol)正丁醇、2.5 mL 浓硫酸和几粒沸石,摇均匀。三口瓶一侧口安装温度计,温度计的水银球必须浸入液面以下,另一侧口塞住,中口装上分水器,分水器上端接一回流冷凝管,在分水器中放置$(V-2)$mL水[注1]。用电热套小心加热烧瓶,使瓶内液体微沸,回流分水。反应生成的水以共沸物形式蒸出,经冷凝后收集在分水器下层,上层较水轻的有机相积至分水器支管时返回反应瓶中[注2]。当烧瓶内温度升至135℃左右,分水器已全部被水充满时可停止反应,反应约需1.5 h。

反应物冷却至室温,把混合物连同分水器里的水一起倒入盛有25 mL水的分液漏斗中,充分振摇,静置后弃去水层。有机层依次用16 mL 50%硫酸分两次洗涤[注3]、10 mL水洗涤,然后用无水氯化钙干燥。将干燥后的产物滤入蒸馏瓶中蒸馏,收集139～142℃馏分。产量5～6 g,产率约50%。

【附注】

[1] 如果从醇转变为醚的反应是定量进行的话,那么反应中应该被除去的水的体积数可以从下式来估算。

例:本实验是用0.17 mol正丁醇脱水制正丁醚,那么应该脱去的水量是:

$$0.17 \text{ mol} \times 18 \text{ g} \cdot \text{mol}^{-1}/(2 \times 1) \text{g} \cdot \text{mol}^{-1} = 1.53 \text{ mol}$$

所以,在实验以前应预先在分水器里加$(V-2)$mL水,V为分水器的容积,那么加上反应以后生成的水一起正好盛满分水器从而使汽化冷凝后的醇正好溢流返回反应瓶中,从而达到自动分离的目的。

[2] 本实验利用恒沸点混合物蒸馏的方法将反应生成的水不断从反应中除去。正丁醇、正丁醚和水可能生成以下几种恒沸点混合物:

恒沸点混合物		沸点/℃	质量分数/%		
			正丁醚	正丁醇	水
二元	正丁醇-水	93.0		55.5	44.5
	正丁醚-水	94.1	66.6		33.4
	正丁醇-正丁醚	117.6	17.5	82.5	
三元	正丁醇-正丁醚-水	90.6	35.5	34.6	29.9

反应开始后,生成的水以共沸物形式不断排出,瓶内主要是正丁醇和正丁醚,反应物温度维持118～120℃,随着反应的进行,温度逐渐升高,反应后期温度可达到140℃。分水器全部被水充满后即可停止反应。

[3] 用50%硫酸处理是基于丁醇能溶解于50%硫酸中,而产物正丁醚则很少溶解的原因。也可以用这样的方法来精制粗丁醚:待混合物冷却后,转入分液漏斗,仔细用20 mL 2 mol/L氢氧化钠洗至碱性,然后用10 mL水及10 mL饱和氯化钙洗去未反应的正丁醇,以后如前法一样进行干燥、蒸馏。

【思考题】

1. 制备乙醚和正丁醚在反应原理和实验操作上有什么不同?
2. 为什么要将混合物倒入25 mL水中? 各步洗涤的目的是什么?

3. 能否用本实验的方法由乙醇和 2 - 丁醇制备乙基仲丁基醚？你认为应用什么方法比较合适？

实验十三　己二酸的制备

【目的与要求】

1. 学习用环己醇氧化制备己二酸的原理和方法。
2. 掌握过滤、重结晶等操作技能。

【实验原理】

$$3 \bigcirc\!\!-OH + 8HNO_3 \xrightarrow[\triangle]{钒酸铵} 3HOOC—(CH_2)_4—COOH + 8NO + 7H_2O$$
$$\downarrow NO_2$$

脂环醇氧化生成酮,在强氧化剂硝酸作用下,继续氧化,碳环断裂,生成含相同碳原子数的二元羧酸。

【试剂与规格】

环己醇 C.P.　　　　　　　　硝酸 C.P.

钒酸铵 C.P.　　　　　　　　氢氧化钠 C.P.

【物理常数及化学性质】

环己醇(见实验"环己酮的制备")

【操作步骤】

在 50 mL 圆底烧瓶中放一只温度计,其水银球要尽量接近瓶底。用有直沟的单孔软木塞将温度计夹在铁架上。

在烧瓶中加 5 mL 水,再加 5 mL 硝酸(0.08 mol)。将溶液混合均匀,在水浴上加热到80℃(水浴沸腾时),然后一边摇动烧瓶一边用滴管加 1 滴环己醇,反应立即开始,温度随即上升到 85~90℃。停止水浴加热,小心地一边摇动烧瓶一边逐滴加完 2.1 mL(2 g,0.02 mol)环己醇,一定要使温度维持在这个范围内,必要时用冷水冷却。当醇全部加入而且溶液温度降低到80℃以下时,将混合物在 85~90℃下加热 2~3 min。

在冰浴中冷却,析出的晶体在布氏漏斗上进行抽滤。用滤液洗出烧瓶中剩余的晶体。用 3 mL 冰水洗涤己二酸晶体,抽滤。晶体再用 3 mL 冰水洗涤一次,再抽滤。取出产物,晾干。称重,产量约 1.5 g。

【实验重点】

1. 掌握环己醇氧化制备己二酸的原理方法。

2. 复习抽滤、洗涤操作：滤纸的大小要恰好盖住布氏漏斗，用两张滤纸以免滤纸被抽穿。洗涤时，先关闭抽滤泵，充分浸泡再抽滤，尽量用少量冰水来洗，因己二酸在水中有较大的溶解度。

3. 重结晶操作：根据溶解度算出溶剂量再多加 30%。如果无太深的颜色，可直接加热溶解后，冷却结晶，然后再抽滤就可；若颜色很深，必须加活性炭脱色。〔己二酸在水中溶解度(g/100 mL 水)为 1.44(15℃)、3.08(34℃)、8.46(50℃)、34.1(70℃)、94.8(80℃)、100(100℃)〕

【实验注意点】

1. 加料：① 量硝酸的量筒和量环己醇的量筒必须分开，否则会在量筒中发生剧烈的反应，易出事故；② 环己醇熔点 25.1℃，在较低温度下为针状晶体，熔化时为黏稠液体，不易倒净。因此量取后可用少量水荡洗量筒，一并加入滴液漏斗，既可减少环己醇黏附器壁损失，也因少量水的存在而降低环己醇的熔点，避免滴加过程中结晶堵塞滴液漏斗，也避免反应过剧；③ 钒酸铵为催化剂，不可多加，否则，产品发黄。

2. 装置注意点：(1) 吸收剂：5% NaOH；(2) 防倒吸：漏斗一端浸入液面一端露出；回流结束后，先撤漏斗再关电炉；(3) 电动搅拌改为手摇动。反应过程中，要不时摇动。

3. 控制环己醇滴加速度：滴加前先用 80℃的水浴加热到近沸，然后停止加热，再滴加 1 滴环己醇进行诱导反应，充分振荡至反应发生(反应发生现象：有红棕色气体出现，液体处于微沸状态)，然后再匀速滴加，滴加速度是否适当的标准是始终保持适当的沸腾状态，温度控制在 85～90℃之间，处于经常的回流状态(在滴加时一般不用电炉加热，因本身是放热反应)；出现过于剧烈的回流时，可用冰浴冷却。本反应剧烈放热，环己醇不可一次大量加入，否则反应太剧烈，可能引起爆炸。

4. 反应结束的标志：没有红棕色气体再产生。这时应放在通风管下，趁热把反应液倒入烧杯里，冰水浴冷却，结晶。

5. NO、NO_2 为有毒致癌物质，注意有毒气体的吸收和装置的气密性。

【思考题】

1. 做本实验时，为什么必须严格控制滴加环己醇的速度和反应物的温度？
2. 本实验为什么必须在通风橱里进行？

实验十四　对甲苯磺酸的制备

【目的与要求】

1. 通过对甲苯磺酸的制备，加深对磺化反应的理解。
2. 掌握回流分水装置的操作。
3. 熟悉加热回流、抽滤、结晶等操作技术。

【基本原理】

芳香族磺酸一般是用芳烃直接磺化的方法制得的。常用的磺化剂是浓硫酸、发烟硫酸、氯磺酸等。

磺化反应的难易与芳香族化合物的结构、磺化剂的种类和浓度以及反应温度有关。例如,甲苯较苯易于磺化,甲苯在一磺化时,低温下邻位产物比例增加,而高温下则主要得到对位产物。

以浓硫酸为磺化剂时,磺化反应是一个可逆反应,随着反应的进行,水量逐渐增加,硫酸浓度逐渐降低,这不利于磺酸的生成。通常采取增加浓硫酸用量的方法,以抑制逆反应,增加磺酸的产率。以发烟硫酸作磺化剂,其磺化能力较强,反应速率较大,磺化反应可在较低的温度下进行。提高反应温度,固然可以增加磺化反应的速率,但温度过高有利于二磺化反应和砜的生成。因此,一磺化反应有时宁可采用较浓的酸而在较低的温度下进行。对甲苯的一磺化来说,在回流温度及在甲苯大大过量的条件下反应有利于对甲苯磺酸的生成。若把磺化反应中生成的水和甲苯形成的恒沸混合物从反应系统中除去,还能加速反应的进行。

主反应:

$$CH_3-\!\!\!\!\bigcirc\!\!\!\!- + HOSO_3H \rightleftharpoons CH_3-\!\!\!\!\bigcirc\!\!\!\!-SO_3H + H_2O$$

副反应:

$$CH_3-\!\!\!\!\bigcirc\!\!\!\!- + HOSO_3H \rightleftharpoons CH_3-\!\!\!\!\bigcirc\!\!\!\!-SO_3H + H_2O$$

【仪器与规格】

甲苯 C. P.

硫酸 C. P. (98%)

盐酸 C. P.

精盐

【物理常数及化学性质】

甲苯:无色易挥发的液体,气味类似苯。分子式为 C_7H_8。相对分子质量是 92.130。 $d_4^{20}0.866$。熔点 $-95 \sim -94.5℃$。沸点 $110.4℃$。

【操作步骤】

按图 2-8 回流分水装置安装好仪器。

在 50 mL 圆底烧瓶内放入 12.5 mL(0.12 mol)甲苯,一边缓慢地加入 2.75 mL (0.05 mol)浓硫酸,投入几根上端封闭的毛细管,毛细管的长度应能使其斜靠在烧瓶颈内壁。在石棉网上用小火加热回流 2 h 或至分水器中积存 1 mL 水为止。

静置,冷却反应物。将反应物倒入 60 mL 锥形瓶内,加入 1~2 滴水,此时有晶体析出。用玻璃棒慢慢搅动,反应物逐渐变成固体。用布氏漏斗抽滤,用玻璃瓶塞挤压以除去甲苯和邻甲苯磺酸,得粗产物约 7 g。(实验到此约需 3 h)

若欲获得较纯的对甲苯磺酸,可进行重结晶。在 50 mL 烧杯(或大试管)里,将 12 g 粗产物溶于约 6 mL 水里。往此溶液里通入氯化氢气体,直到有晶体析出。在通氯化氢气体时,要采取措施,防止"倒吸"。析出的晶体用布氏漏斗快速抽滤。晶体用少量浓盐酸洗涤。用玻璃瓶塞挤压去水分,取出后保存在干燥器里。

纯对甲苯磺酸水合物为无色单斜晶体,熔点 96℃。对甲苯磺酸熔点 104～105℃。

【提示与参考】

1. 此操作必须在通风橱内进行。产生氯化氢气体最常用的方法是:在广口圆底烧瓶里放入精盐,加入浓盐酸至浓盐酸的液面盖住食盐表面。配个一橡胶塞,钻三个孔,一个孔插滴液漏斗;一个孔插压力平衡管;一个孔插氯化氢气体导出管。滴液漏斗上口与玻璃平衡管通过橡胶塞紧密相连接(不能漏气)。在滴液漏斗中放入浓硫酸。滴加浓硫酸,就产生氯化氢气体。

2. 为了防止"倒吸",可不用插入溶液中的玻璃管来引入氯化氢气体,而是使气体通过一略微倾斜的倒悬漏斗让溶液吸收,漏斗的边缘有一半浸入溶液中,另一半在液面之上。

3. 回流分水操作,在进行某些可逆平衡反应时,为了使正向反应进行到底,可将反应产物之一不断从反应混合物体系中除去,常用与图 2-8 类似的反应装置来进行此种操作。在图 2-8 的装置中,反应产物可单独或形成恒沸混合物,不断在反应过程中蒸馏出去,并可通过滴液漏斗将一种试剂逐渐滴加进去以控制反应速率或使这种试剂消耗完全。在图 2-8 的装置中,有一个分水器,回流下来的蒸汽冷凝液进入分水器,分层后,有机层自动被送回烧瓶,而生成的水可从分水器中放出去。这样可使某些生成水的可逆反应进行到底。

【思考题】

1. 按本实验的方法,计算对甲苯磺酸的产率时应以何原料为基准,为什么?
2. 利用什么性质除去对甲苯磺酸的邻位衍生物?
3. 在本实验条件下,会不会生成相当量的甲苯二磺酸? 为什么?

实验十五　苯甲酸与苯甲醇的制备

【目的与要求】

1. 学习以苯甲醛制备苯甲酸和苯甲醇的原理和方法。
2. 掌握液体有机化合物分离纯化的操作方法。
3. 掌握固体有机化合物分离纯化的操作方法。

【基本原理】

$$2C_6H_5CHO + NaOH \longrightarrow C_6H_5COONa + C_6H_5CH_2OH$$

$$C_6H_5COONa + HCl \longrightarrow C_6H_5COOH + NaCl$$

【实验步骤】

在 50 mL 圆底烧瓶中加入 6.4 g NaOH 和 20 mL 水,冷却至室温后,在不断搅拌[注1]下,分次将 6.3 mL 苯甲醛加入到瓶中,投入沸石,搭成回流装置,回流 1.5 h,至反应物透明。

向反应混合物中逐渐加入足够量的水(20～25 mL),不断搅拌使其中的苯甲酸盐全部溶解,冷却后将溶液倒入分液漏斗中,15 mL 乙醚分 3 次萃取苯甲醇,将用乙醚萃取过的水溶液保存好。

合并乙醚萃取液,依次用 3 mL 饱和亚硫酸氢钠溶液、5 mL 10%碳酸钠溶液和 5 mL 冷水洗涤。分离出乙醚溶液,用无水硫酸镁干燥 20～30 min。

将干燥后的乙醚溶液倒入 25 mL 圆底烧瓶中,加热蒸出乙醚(乙醚回收)。

蒸完乙醚后,改用空气冷凝管,在电热套中继续加热,蒸馏苯甲醇,收集 198～204℃ 的馏分,纯苯甲醇为无色液体。称重,计算产率。

在不断搅拌下,向前面保存的乙醚萃取过的水溶液中,慢慢滴加 20 mL 浓盐酸[注2]、20 mL 水和 12.5 g 碎冰的混合物。充分冷却使苯甲酸完全析出,抽滤,用少量冷水洗涤,尽量抽干水分,取出粗产物,称量。粗苯甲酸可用水重结晶得到纯苯甲酸。

【附注】

[1] 充分搅拌是反应的关键。
[2] 酸化时一定要充分,使苯甲酸完全析出。

【思考题】

1. 苯甲醛长期放置后含有什么杂质?如果实验前不除去,对本实验会有什么影响?
2. 用饱和亚硫酸氢钠溶液洗涤乙醚萃取液的目的是什么?

实验十六 呋喃甲酸和呋喃甲醇的制备

【目的与要求】

1. 熟悉呋喃甲酸和呋喃甲醇的制备原理。
2. 掌握液体有机化合物分离纯化的操作方法。
3. 掌握固体有机化合物分离纯化的操作方法。

【基本原理】

呋喃甲酸和呋喃甲醇是以呋喃甲醛(糠醛)和氢氧化钠的作用制备而成的。

【实验步骤】

在 100 mL 烧杯中加入 4.3 g(0.107 5 mol)氢氧化钠,溶于 5.7 g 水中,溶解后,将小烧杯置于冰水浴中冷却至约 5℃,不断搅拌[注1]下滴加 8.4 mL(0.1 mol)新蒸馏的呋喃甲醛[注2],把反应温度控制在 10~12℃[注3]。滴加完毕,继续于冰水浴中搅拌约 40 min,反应即可完成,得奶黄色浆状物。

在搅拌下约加入 10 mL 水至固体全溶,将溶液转入分液漏斗中用 30 mL 乙醚分三次(15 mL、10 mL、5 mL)萃取,合并有机层(保留水层进行后续步骤),加无水碳酸钾干燥后,用电热套低温蒸馏乙醚,蒸完乙醚后,升温蒸馏呋喃甲醇,收集 169~172℃的馏分。

样品称量,计算产率,测定呋喃甲醇的折射率。

经乙醚萃取后的水溶液用浓盐酸酸化至 pH 为 2~3[注4],则析出晶体,充分冷却后抽滤结晶,并用少量水洗涤晶体 1~2 次得粗产品。

粗产品用 20 mL 水重结晶,抽滤,干燥(<85℃)得纯呋喃甲酸。

纯呋喃甲酸的熔点为 133~134℃。

【附注】

[1] 由于反应在两相中进行,反应中必须充分搅拌。

[2] 呋喃甲醛放置过久会变成棕褐色甚至黑色,同时往往含有水分。因此,使用前需蒸馏提纯,收集 155~162℃的馏分。新蒸馏呋喃甲醛为无色或淡黄色液体。

[3] 反应开始后很剧烈,同时大量放热,溶液颜色变暗。若温度高于 12℃时,则反应温度易升高,难以控制,致使反应物呈深红色。若温度低于 8℃时,则反应速率过慢,可能部分呋喃甲醛积聚,一旦发生反应,反应就过于猛烈而使温度升高,最终也使反应物变成深红色。

[4] 酸量要加足,保证 pH 为 2~3,使呋喃甲酸充分游离出来,这是影响呋喃甲酸收率的关键步骤。

【思考题】

1. 长期放置的呋喃甲醛含什么杂质? 若不先除去,对实验有何影响?
2. 应如何保证完成酸化这一关键性的步骤,以提高呋喃甲酸的收率?

实验十七　糖的化学性质

【目的与要求】

1. 验证和巩固糖类化合物的主要化学性质。
2. 熟悉糖类化合物的某些鉴定方法。

【基本原理】

糖类化合物是指多羟基醛和多羟基酮以及它们的缩合物,通常分为单糖(如葡萄糖、果糖)、双糖(如蔗糖、麦芽糖)和多糖(如淀粉、纤维素)。糖类化合物的鉴定反应是 Molish 反应。

单糖都具有还原性,能还原 Fehling 试剂和 Tollen's 试剂,并能与过量苯肼生成脎,糖脎有良好的晶形和一定的熔点,根据糖脎的晶形和不同的熔点可鉴别不同的糖。葡萄糖和果糖与过量的苯肼能生成相同的脎,但反应速度不同,利用成脎的时间不同可区别之。

双糖由于结构的不同,有的具有还原性(如麦芽糖、纤维二糖、乳糖等),分子中还有一个半缩醛羟基,能与 Fehling 试剂和 Tollen's 试剂等反应,并能成脎。非还原性糖(如蔗糖),分子中没有半缩醛羟基,所以没有还原性,也不能成脎。

淀粉和纤维素都是葡萄糖的高聚体。淀粉是 α-D-葡萄糖以 α-苷键连接而成,纤维素是由 β-D-葡萄糖以 β-苷键连接而成。它们没有还原性,但水解后的产物具有还原性。淀粉遇碘变蓝色,在酸作用下水解生成葡萄糖。

【操作步骤】

1. Molish 试验(与 α-萘酚的反应)[注1]

取五支试管,编号后,分别加入 1 mL 2% 的葡萄糖、果糖、麦芽糖、蔗糖和 1% 淀粉溶液,再分别滴加 4 滴新配制的 α-萘酚试剂[注2],混合均匀,将试管倾斜 45°,沿管壁慢慢加入 1 mL 浓硫酸,切勿摇动,然后小心竖起试管,硫酸和糖液之间明显分为两层,静置 10~15 min,观察两层之间有无紫色环出现! 若无紫色环,可将试管在热水浴中温热 3~5 min,再观察现象。

2. 氧化反应(糖的还原性实验)

(1) Fehling 实验

取五支试管,在每支试管中各加 0.5 mL Fehling 试剂(A)和 Fehling 试剂(B)[注3],混合均匀。在水浴中微热后,再分别加入 0.5 mL 2% 葡萄糖、果糖、麦芽糖、蔗糖和 1% 淀粉溶液,振荡,再用水浴加热,观察颜色的变化及沉淀的生成。

(2) Tollen's 实验

取五支洁净试管,各加入 1 mL Tollen's 试剂(取一支洁净的大试管,加 3 mL 2% 硝酸银溶液,再加 2~3 滴 5% 氢氧化钠溶液,在振荡下滴加稀氨水,直至沉淀刚好溶解为止,即得 Tollen's 试剂)。再各加入 0.5 mL 2% 葡萄糖、果糖、麦芽糖、蔗糖和 1% 淀粉溶液,在 50℃ 水浴中温热,观察有无银镜生成。

3. 成脎反应[注4]

取 4 试管,各加入 1 mL 2% 葡萄糖、果糖、麦芽糖、蔗糖溶液[注5],再加入 0.5 mL 苯肼试剂[注6],在沸水浴中加热并不断振摇。比较各试管中成脎的速度和脎的颜色。注意,有的需冷却后,才析出黄色针状结晶。取各种脎少许,在显微镜下观察糖脎的晶形。

4. 淀粉的性质

(1) 淀粉与碘的作用[注7]

取 1 支试管,加入 0.5 mL 1% 淀粉溶液,再加 1 滴 0.1% 碘液。溶液是否呈现蓝色? 将试管在沸水浴中加热 5~10 min,观察有何变化? 放置冷却,又有何变化?

(2) 淀粉的水解[注8]

在 100 mL 小烧杯中加入 30 mL 1% 可溶性淀粉,再加 0.5 mL 浓盐酸,在水浴中加热,每隔 5 min 取少量反应液做碘试验,直至不再与碘反应为止。用 5％氢氧化钠溶液中和至中性,做 Fehling 试验。观察有何现象,并解释之。

【附注】

[1] 糖类化合物与浓硫酸作用生成糠醛及其衍生物(如羟甲基糠醛)等,糠醛及其衍生物与 α-萘酚起缩合作用,生成紫色的物质。

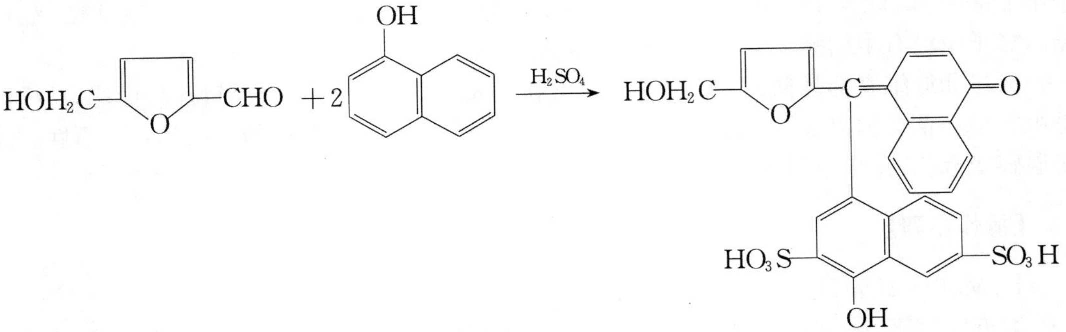

[2] α-萘酚试剂的配制

将 2 g α-萘酚溶于 20 mL 95％乙醇中,用 95％乙醇稀释至 100 mL,贮存在棕色瓶中。一般是用前才配。

[3] Fehling 试剂的配制

Fehling 试剂 A:将 3.5 g 含有五结晶水的硫酸铜溶于 100 mL 的水中得淡蓝色溶液。

Fehling 试剂 B:将 17 g 含五结晶水的酒石酸钾钠溶于 20 mL 热水中,然后加入含有 5 g 氢氧化钠的 20 mL 水溶液中,再稀释至 100 mL,即得无色清亮溶液。两种溶液分别保存,使用时取等体积混合。

[4] 几种糖脎析出的时间、颜色、熔点和比旋光度如下:

糖的名称	析出糖脎所用时间/min	颜　　色	熔点/℃	比旋光度 $[\alpha]_D^{20}$
果糖	2	深黄色针状结晶	204	−92
葡萄糖	4～5	深黄色针状结晶	204	＋47.7
麦芽糖	冷后析出	黄色针状结晶		＋129.0
蔗糖				
半乳糖	15～19	橙黄色针状结晶	196	＋80.2

[5] 蔗糖不与苯肼作用生成脎,但经长时间加热,可水解成葡萄糖和果糖,因而也有少量糖脎生成。

[6] 苯肼试剂有三种配制方法:

(1) 将 5 mL 苯肼溶于 50 mL 10％醋酸溶液中,加 0.5 g 活性炭。搅拌,过滤,将滤液保存在棕色瓶中备用。苯肼有毒! 操作时应小心,勿触及皮肤,如不慎触及,应先用 5％醋酸冲洗后再用大量水冲洗。

(2) 称取 2 g 苯肼盐酸盐和 3 g 醋酸钠混合均匀,在研钵上研细。用时取 0.5 g 苯肼盐酸盐-醋酸钠混合物与糖液作用。

（3）取 0.5 mL 10％盐酸苯肼溶液和 0.5 mL 15％醋酸钠溶液于 2 mL 的糖液中。

［7］淀粉与碘的作用是一个复杂的过程。主要是碘分子和淀粉之间借范德华力联系在一起，形成一种配合物，加热时分子配合物不易形成而使蓝色褪掉，这是一个可逆过程，是淀粉的一种鉴定方法。

［8］淀粉在酸性水溶液中受热分解，随着水解程度的增大，淀粉就分解为较小的分子，生成糊精混合物。糊精的颗粒随着水解的继续进行而不断变小，它们与碘液的颜色反应也由蓝色经紫色、红棕色而变成黄色。淀粉水解为麦芽糖后，对碘液则不起显色反应。而对 Fehling 试剂、Tollen's 试剂显还原性。

【思考题】

1. 糖类化合物有哪些特性？为什么非还原性糖长时间加热也具有还原性？
2. 如何用化学方法区别葡萄糖、果糖、蔗糖和淀粉？

实验十八　从茶叶中提取咖啡碱

【目的与要求】

1. 学习索氏提取器的操作。
2. 认识咖啡碱的结构和提取方法。

【基本原理】

咖啡碱（又称咖啡因，Caffeine）具有刺激心脏、兴奋大脑神经和利尿等作用。主要用作中枢神经兴奋药。它也是复方阿司匹林等药物的组分之一。现代制药工业多用合成方法来制得咖啡碱。

茶叶中含有多种生物碱，其中咖啡碱含量约 1％～5％，丹宁酸（或称鞣酸）约占 11％～12％，色素、纤维素、蛋白质等约占 0.6％。咖啡碱是弱碱性化合物，易溶于氯仿（12.5％）、水（2％）、乙醇（2％）、热苯（5％）等。丹宁酸易溶于水和乙醇，但不溶于苯。

咖啡碱为嘌呤的衍生物，化学名称是三甲基二氧嘌呤，其结构式为

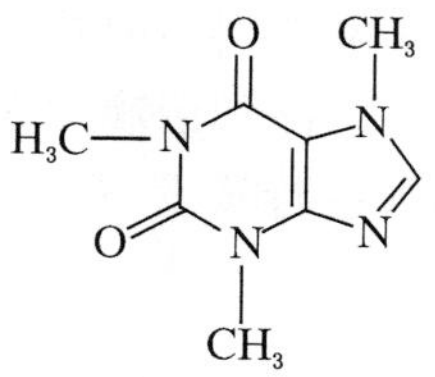

含结晶水的咖啡碱为白色针状结晶粉末，味苦。能溶于水、乙醇、丙酮、氯仿等。微溶于石油醚，在 100℃时失去结晶水开始升华，120℃时升华相当显著，170℃以上升华加快。无水咖啡碱的熔点为 238℃。

从茶叶中提取咖啡碱，是用适当的溶剂（氯仿、乙醇、苯等）在脂肪提取器中连续抽提，然后浓缩而得到粗咖啡碱。粗咖啡碱中还含有一些其他的生物碱和杂质，可利用升华进一

步提纯。

【试剂与规格】

茶叶(市售)　　　　　　　　乙醇(95%)C. P.

生石灰粉 C. P.　　　　　　　盐酸 C. P.

氯仿 C. P.　　　　　　　　　氨水 C. P.

【操作步骤】

方法一(连续萃取法)

称取茶叶末 10 g,装入索氏提取器的滤纸套筒内[注1],在烧瓶中加入 120 mL 95%的乙醇,用电热套加热。连续提取 2~3 h[注2],待冷凝液刚刚虹吸下去时,立即停止加热。将提取液转入 250 mL 蒸馏瓶内,蒸馏回收大部分乙醇。然后把残液倾入蒸发皿中,加入 3~4 g生石灰粉[注3],在电热套上蒸干。最后焙炒片刻,使水分全部除去[注4],冷却后,擦去沾在边上的粉末,以免升华时污染产物。

取一只合适的玻璃漏斗,罩在隔以刺有许多小孔的滤纸的蒸发皿上,用电热套小心加热升华[注5]。当纸上出现白色针状结晶时,要适当控制电压或暂时关闭电源,尽可能使升华速度放慢,提高结晶纯度,如发现有棕色烟雾时,即升华完毕,停止加热。冷却后,揭开漏斗和滤纸,仔细地把附在纸上及器皿周围的咖啡碱结晶用小刀刮下,残渣经拌和后,再加热升华一次。合并两次升华收集的咖啡因,测定熔点。如产品中带有颜色和含有杂质,也可用热水重结晶提纯。产品约 45~65 mg。实测熔点 236~238℃(文献为 238℃)。

方法二(浸取法)

在 250 mL 烧杯中加入 100 mL 水和粉末碳酸钙 3~4 g。称取 10 g 茶叶,用纱布包好后放入烧杯中煮沸 30 min,取出茶叶,压干,趁热抽滤,滤液冷却后用 15 mL 氯仿分两次萃取,萃取液合并(萃取液若浑浊,色较浅,则加少量蒸馏水洗涤至澄清),留作升华用。

(1) 提取液的定性检验

取样品液滴于干燥的白色磁板(或白色点滴板)上,喷上酸性碘-碘化钾试剂,可见到棕色、红紫色、蓝紫色化合物生成。棕色表示有咖啡因存在,红紫色表示有茶碱存在,蓝紫色表示有可可豆碱存在。

(2) 咖啡因的定性检验

取上述任一样品液 2~4 mL 置于瓷皿中,加热蒸去溶剂,加盐酸 1 mL 溶解,加入 $KClO_3$ 0.1 g,在通风橱内加热蒸发,待干,冷却后滴加氨水数滴,残渣即变为紫色。

用方法二得到的提取液在通风橱内进行蒸发、升华实验,其步骤同方法一。

本实验约需 5 h。

【附注】

[1] 滤纸套大小既要紧贴器壁又要能方便放置,其高度不得超过虹吸管,滤纸包茶叶末时要严防漏出而堵塞虹吸管,纸套上面盖一层滤纸,以保证回流液均匀浸透被萃取物。

[2] 若提取液颜色很淡,即可停止提取。

[3] 生石灰起中和作用,以除去部分杂质。

[4] 如留有少量水分,会在下一步升华开始时带来一些烟雾。

　[5] 升华操作是实验成功的关键,升华过程中始终都应严格控制加热温度,温度太高,会炭化,从而将一些有色物带入产品。再升华时,也要严格控制加热温度。

实验十九　生物碱的提取

【目的与要求】

　1. 学习生物碱提取的原理和方法。
　2. 掌握升华的操作方法。

【基本原理】

　茶叶中含有多种生物碱,其中主要成分为咖啡碱(又名咖啡因,Caffeine,约占 1%～5%)、少量的茶碱和可可豆碱,它们的结构如下:

咖啡因　　　　　　　　可可豆碱　　　　　　　　茶碱

此外含有丹宁、色素、纤维素和蛋白质等。

　咖啡因的学名为 1,3,7 -三甲基- 2,6 -二氧嘌呤,它是具有绢丝光泽的无色针状结晶,含有一个结晶水,在 100℃时失去结晶水开始升华,在 178℃可升华为针状晶体,无水物的熔点为 235℃,是弱碱性物质,味苦。易溶于热水(约 80℃)、乙醇、丙酮、二氯甲烷、氯仿,难溶于石油醚。

　可可豆碱学名为 3,7 -二甲基- 2,6 -二氧嘌呤,在茶叶中约含 0.05%,无色针状晶体,味苦。熔点 342～343℃,能溶于热水,难溶于冷水、乙醇,不溶于醚。

　茶碱的学名为 1,3 -二甲基- 2,6 -二氧嘌呤,是可可豆碱的同分异构体,白色微小粉末结晶,味苦。熔点 273℃,易溶于沸水,微溶于冷水、乙醇。

　茶叶中的生物碱对人体具有一定程度的药理作用。咖啡因具有强心作用,可兴奋神经中枢。咖啡因、茶碱和可可豆碱可用提取法或合成法获得。

【操作步骤】

　称取 10 g 红茶[注1]的茶叶末放入 150 mL Soxhlet 提取器的滤纸筒中[注2],在圆底烧瓶中加入 80～100 mL 95%乙醇,加热回流提取,直到提取液颜色较浅为止(约 2～3 h),待冷却液刚刚虹吸下去时即可停止加热。稍冷后,改成蒸馏装置,把提取液中的大部分乙醇蒸出(回收),趁热把瓶中剩余液倒入蒸发皿中。

　往蒸发皿中加入 4 g 生石灰粉[注3],搅成浆状,在水浴上蒸干,除去水分,使成粉状(不断搅拌,压碎块状物),然后用酒精灯小火加热,焙炒片刻,除去水分[注4]。在蒸发皿上盖一张刺有许多小孔且孔刺朝上的滤纸,再在滤纸上罩一个大小合适的漏斗,漏斗颈部塞一小团疏松的棉花,用酒精灯小心加热,适当控制温度,尽可能使升华速度放慢[注5],当发现有棕色烟雾时,即升华完毕,停止加热。冷却后,取下漏斗,轻轻揭开滤纸,用小刀将附在滤纸上下的两面的咖啡因刮下,残渣经搅拌后,用较大的火再加热片刻,使升华完全,合并几次升华的咖啡因,称量。

【附注】

[1] 红茶中含咖啡因约 3.2%,绿茶中含咖啡因约 2.5%,实验选择红茶。

[2] Soxhlet 中的滤纸筒的大小要紧贴器壁,既能取放方便,其高度又不得超过虹吸管;滤纸包茶叶时要严密,纸套上面要折成凹形。

[3] 生石灰起中和作用,以除去丹宁等酸性的物质。

[4] 如水分未能除净,将会在下一步加热升华开始时在漏斗内出现水珠。若遇此情况,则用滤纸迅速擦干漏斗内的水珠并继续升华。

[5] 升华操作是实验成败的关键。在升华过程中始终都必须严格控制温度,温度太高会使被烘物冒烟炭化,导致产品不纯和损失。

【思考题】

除了用升华法提纯咖啡因外,还可用何种方法? 试写出实验方案。

实验二十　透明皂的制备

【目的与要求】

1. 了解透明皂的性能、特点和用途。
2. 熟悉配方中各原料的作用。
3. 掌握透明皂的配制操作技巧。

【基本原理】

透明皂以牛油、椰子油、蓖麻油等含不饱和脂肪酸较多的油脂为原料,与氢氧化钠溶液发生皂化反应,反应式如下:

$$\begin{array}{l} CH_2OOCR_1 \\ | \\ CHOOCR_2 \\ | \\ CH_2OOCR_3 \end{array} +3NaOH \longrightarrow \begin{array}{l} CH_2OH \\ | \\ CHOH \\ | \\ CH_2OH \end{array} +R_1COONa+R_2COONa+R_3COONa$$

反应后不用盐析,将生成的甘油留在体系中增加透明度。然后加入乙醇、蔗糖作透明剂促使肥皂透明,并加入结晶阻化剂,有效提高透明度,这样可制得透明、光滑的透明皂作为皮肤清洁用品。

配方：

组分	质量分数/%	组分	质量分数/%
牛油	13	结晶阻化剂	2
椰子油	13	30% NaOH 溶液	20
蓖麻油	10	95%乙醇	6
蔗糖	10	甘油	3.5
蒸馏水	10	香蕉香精	少许

【操作步骤】

（1）用托盘天平在 250 mL 烧杯中称入 30%NaOH 溶液 20 g,95%乙醇 6 g,混匀备用。

（2）在 400 mL 烧杯中依次称入牛油 13 g、椰子油 13 g,放入 75℃热水浴混合融化,如有杂质,应用漏斗配加热过滤套趁热过滤,保持油脂澄清。然后加入蓖麻油 10 g(长时间加热易使颜色变深),混溶。快速将步骤(1)烧杯中物料加入到步骤(2)烧杯中,匀速搅拌 1.5 h,完成皂化反应(取少许样品溶解在蒸馏水中呈清晰状)。停止加热。

（3）同样,另取一个 50 mL 烧杯,称入甘油 3.5 g、蔗糖 10 mL、蒸馏水 10 mL,搅拌均匀,预热至 80℃,呈透明状,备用。

（4）将步骤(3)中物料加入反应完的步骤(2)烧杯,搅匀,降温至 60℃,加入香蕉香精,继续搅匀后,出料,倒入冷水冷却的冷模或大烧杯中,迅速凝固,得透明、光滑的透明皂。

【思考题】

1. 为什么制备透明皂不用盐析,反而加入甘油?
2. 为什么蓖麻油不与其他油脂一起加入,而在加碱前才加入?
3. 制透明皂若油脂不干净怎样处理?

物理化学实验

实验一　恒温槽的装配与性能测试

【目的与要求】

1. 掌握恒温槽的基本原理及恒温槽的构造。
2. 初步掌握恒温槽的装配和调节使用技术。
3. 绘制恒温槽的灵敏度曲线。
4. 熟悉贝克曼温度计的构造、原理、调节及使用方法。

【实验原理】

许多物理化学实验及一些数据的测定都要求在恒温的条件下进行,欲达此目的,常要使用恒温槽。恒温槽的种类很多,物理化学实验常用水浴恒温槽,其原理是靠温度的敏感元件来控制恒温槽的热平衡,即当恒温槽因向外散热而使水温低于指定温度时,由于敏感元件的作用使电加热器回路接通,待加热到指定温度时,它又使电加热器回路断开而停止加热。周而复始,达到恒温目的。其原理可以用右图表示。

恒温槽由浴槽、温度计、感温元件、加热器、恒温控制器(电子继电器)、搅拌器等组成,其装置如图 3-1 所示。

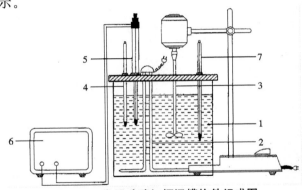

图 3-1　常用玻璃缸恒温槽构件组成图

1—浴槽　2—加热器　3—搅拌器　4—精密温度计　5—电接点温度计　6—恒温控制器　7—贝克曼温度计或数字温差仪

现将各组成部分简述如下：

1. 浴槽　浴槽是一个圆形玻璃缸，容积一般为 10 L，内装水（超过 100℃ 则装油类）。

2. 温度计　用精密（1/10℃）温度计观察温度。用专门测量温差的贝克曼温度计来测定恒温槽的灵敏度。

3. 感温元件　它是恒温槽的感觉中枢。感温元件的种类有很多，但多为应用物体热胀冷缩的原理而制成的。实验室最常用的是电接点温度计，现以此为例说明感温元件的作用。

电接点温度计的构造如图 3-2 所示。它的下半部与普通温度计完全一样，上半部则有所区别，当旋转图中的调节帽 1 时就带动内部的调节螺杆 6 转动，进而使得指示铁 4 沿螺杆上下移动，而指示铁下端又连有一根钨丝 5，故旋转 1 的结果会使得钨丝上下移动，指示铁上边缘所指示的温度与钨丝最下端所指示的温度大体相同。图中钨丝接点 10、7 分别与电接点温度计下半部的水银和上半部的螺杆相连，由此二点引出导线接恒温控制器。

现调节指示铁至指定温度（高于水温），当槽温升高到此温度时，因水银膨胀与钨丝下端接触，立即发出信号给控制器使加热器停止加热；当槽温下降，水银收缩使水银面与钨丝断开，则发出信号给控制器使加热器重新加热，周而复始。

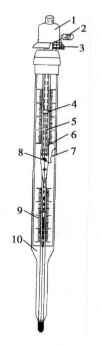

图 3-2　电接点温度计

1—调节帽　2—固定螺丝　3—磁钢　4—指示铁
5—钨丝　6—调节螺杆　7—钨丝接点
8—铂弹簧　9—水银柱　10—钨丝接点

4. 电子继电器　它用于恒温槽的控制线路，与电接点温度计和加热器配合使用，见图 3-3。

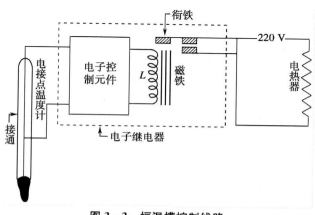

图 3-3　恒温槽控制线路

电子继电器是由电子控制元件和继电器组成。在恒温过程中，由于温度不断波动，电接点温度计时而接通时而断开，引起电子控制元件内的电子管栅极电位发生变化，栅极电位变化的结果,就影响流过线圈 L 电流的变化。电流大时,电磁铁磁性加大,吸引衔铁,使加热回路接通;电流小时,衔铁自动弹开,停止加热。

当电接点温度计断路时,栅压偏正,流过线圈的电流较大,衔铁吸下,加热回路接通,开始加热。

当电接点温度计通路时,栅压偏负,流过线圈的电流较小,衔铁弹开,加热器断路,停止加热。反复进行上述过程达到恒温的目的。

衡量一个恒温槽好坏的主要标志是恒温槽的灵敏度,它是在指定温度下,恒温槽温度波动的大小。其定义为:

$$t_F = \pm \frac{t_1 - t_2}{2}$$

式中,t_1—— 温度达到指定温度停止加热后,恒温槽达到的最高温度的平均值;t_2—— 恒温槽达到指定温度后,因散热而降至最低的温度平均值。

灵敏度取决于电接点温度计、电子继电器的灵敏度,搅拌器的效率以及加热器的功率。搅拌应均匀,加热器的功率应适当,对要求较高的恒温槽应备有不同功率的加热器,当槽温与指定温度相差较多时,用大功率加热器快速升温;接近指定温度时,改换小功率加热器,这样可减少加热器余热的影响。

装配一个优良的恒温槽,除对元器件择优选用外,各部件的布局也应重视,布局的原则是搅拌器应装在靠近加热器处,且搅拌方向要使加热后的液体及时混合均匀再流至恒温槽各部分;电接点温度计应安装在加热器液流下方,因为这一区域温度变化幅度最大,可使电接点温度计灵敏度得到相对的提高;测温用的 $1/10℃$ 温度计应紧靠电接点温度计。

安装时先开动搅拌器,顺水流方向,依次安装好各元器件。

恒温槽灵敏度的测定,是在指定温度下用较灵敏的温度计记录温度随时间的变化,每隔半分钟记录一次温度计读数,测定 30 分钟。然后以温度为纵坐标、时间为横坐标绘制成温度-时间曲线。如图 3-4 所示。

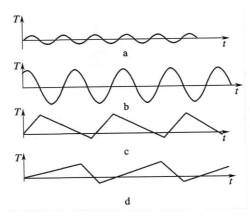

图 3-4　灵敏度曲线

图中(a)表示恒温槽灵敏度较高;(b)表示灵敏度较差;(c)表示加热器功率太大;(d)表示加热器功率太小或散热太快。

【实验仪器】

仪器：玻璃缸(1 只)、搅拌器(1 台)、电加热器（1 000 W,1 只)、精密温度计(1/10℃、1支)、电接点温度计(1 支)、贝克曼温度计或电子温差仪(1 台)、电子继电器(1 台)。

【实验步骤】

1. 恒温槽的装配与调节

（1）将水注至玻璃缸中约 3/4 处,开动一下搅拌器,顺着水流方向依次装上电加热器、电接点温度计及 1/10℃温度计。

（2）按电子继电器接线柱上的标示将电加热器及电接点温度计与电子继电器连接好,经老师检查后便可接通电源。

（3）旋转电接点温度计的调节帽,使指示铁的上边缘所示温度比指定温度稍低后,稍微拧紧固定螺丝。

（4）注意观察 1/10℃温度计,当温度计升到比指定温度低 0.2～0.4℃（具体数值视电加热器功率大小而定）时,迅速旋转调节帽,使钨丝恰好与汞柱相接（可从继电器的声音或指示灯颜色的变换辨知）,利用电加热器的余热,视能否将温度升到指定值,如若不能,将钨丝与汞柱断离少许待温度上升,即汞柱升高再与钨丝相接,这样反复几次便可达到满意的结果。注意,此间应时刻观察 1/10℃温度计的读数。

（5）利用升温的空隙将贝克曼温度计调好（指定值时贝克曼温度计水银柱是 2.5℃范围）。用温差仪则不需要调整。

2. 灵敏度的测定

恒温槽灵敏度的测定,是在指定温度下观测温度的波动情况,做法是：

（1）将温差仪的探头置于恒温槽中,达到设定温度时采零并按下锁定键,调好时间。

（2）用 1 000 W 及 500 W（利用变压器得到）电加热器分别测恒温槽灵敏度曲线：每隔半分钟记录一次温差仪上的温度,每条灵敏度曲线至少作三个峰,测量时间不少于 30 分钟。

3. 为了熟练掌握恒温槽的调节,本次实验在电加热器功率不变（1 000 W）的情况下选定 25℃、30℃两个温度进行训练。

实验中应注意：在转动电接点温度计上端的调节帽时必须缓慢,观察旋转方向与指示铁上、下的关系,千万勿使铂丝接点脱出毛细管。

数字温差仪器的使用详见实验十四附录。

【数据记录及处理】

灵敏度曲线的绘制：

温度：25℃；电加热器功率：1 000 W。

时　　　间/min	0.5	1.0	1.5	2.0	2.5	……
贝克曼温度计或电子温差仪读数						

温度：30℃；电加热器功率：1 000 W。

时　　间/min	0.5	1.0	1.5	2.0	2.5	……
贝克曼温度计或电子温差仪读数						

以时间为横坐标，贝克曼温度计读数为纵坐标，在坐标纸上以相同比例绘制温度-时间曲线（灵敏度曲线）进行比较，并求出恒温槽的灵敏度。

【思考题】

1. 恒温槽的恒温原理是什么？
2. 将恒温槽调节至指定值时，应以哪支温度计为准？
3. 如何提高恒温槽的灵敏度？

附：贝克曼温度计的使用

1. 特点

贝克曼温度计是水银温度计的一种，用于精密测量温度差值的场合中，其特点是：测量精密度高，刻度精细，每度分为 100 等份，借助放大镜可估计到 0.002℃；量程较短，整个温度范围只有 5℃或 6℃。在毛细管上端有一水银贮槽，可借助它调节下端汞球中的水银量，因此，贝克曼温度计可测－20～＋155℃范围内不超过 5℃或 6℃的温差；汞球与汞贮槽由均匀的毛细管连通，其中除水银外是真空；由于汞球内水银量可调，量程可变，故从刻度上所读的温度值并不是绝对值。

2. 调节

因为我们是利用贝克曼温度计测量温差，在调节前最好应明确反应是放热还是吸热，以及温差的范围，这样才好选择一个合适的位置。所谓合适的位置是指在所测量的起始温度时，毛细管中的水银柱最高点应在刻度尺的什么位置才能达到实验的要求。

例如，有一物质溶于水（水温已用普通温度计测出为 20℃），且已知是一吸热反应，反应完毕温度约下降 1℃左右，又知从刻度尺最高刻度"5"到毛细管和贮槽接口处（图 3-5 中 AB 段）这一段约相当于 2.5°，那么我们应如何调节呢？

首先我们把水银球与水银贮槽连接起来，以调节水银球中水银量，使适合我们所需的测温范围，然后再将水银在连接处断开。具体方法是：

① 用手握住贝克曼温度计水银球，利用体温使水银上升，然后将温度计倒置，使贮槽中水银与毛细管的水银相连接，再小心地倒回温度计至垂直位置。

② 因反应是某物质溶于水，水温为 20℃，那么在 20℃时水银柱最高点如在刻度"3"处，下降 1℃左右从温度计刻度尺就能清楚地读出（当然水银柱最高点选在"4"也可以，可是选在"1"处就不合适了，因为若下降 1℃多则无法读数）。实验中当选定 20℃水银柱最高点在刻度

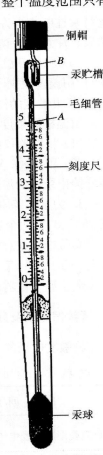

图 3-5　贝克曼温度计

"3"处时,我们便把由第一步已连接好的温度计轻轻地放在24.5℃(20+2+2.5=24.5)的恒温浴中,恒温5分钟。

③ 取出温度计,右手握其中节(图3-6),温度计垂直,水银球向下。用左手掌拍右手腕(注意:应离开桌子,以免碰坏温度计)靠振动的力量使水银柱在 B 处断开。这一步的动作应迅速,防止由于温度的差异水银体积迅速变化而使调节失败,但也不得过于紧张而损坏温度计。这样当水银球处在20℃时水银柱最高点应在刻度"3"左右,如若相差很多需重新调节。

图3-6 调节方法

3. 注意事项

① 贝克曼温度计是一精密贵重的温度计,应轻拿轻放,必须握其中部(即重心处)才安全不致折断。

② 用左手掌拍右手腕时,温度计一定要垂直,否则毛细管易折断。

③ 调节好的温度计一定要插在温度计架上,不能横放桌上,否则贮槽中水银和毛细管中的水银又会连接而要重新调节。

④ 不能骤冷骤热,以防温度计炸裂。

实验二 汽化法测定相对分子质量

【目的与要求】

1. 用汽化法(Victer Meyer 法)测定易挥发液态物质的相对分子质量。
2. 熟悉量气技术。

【实验原理】

有些易挥发性液态物质受热汽化时并不分解。取一定量的这种物质,放入相对分子质量测定仪内(又称之为迈耶氏仪,如图3-7),加热汽化。

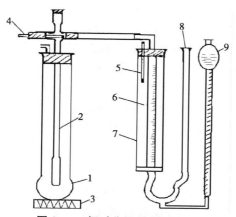

图3-7 相对分子质量测定仪
1—汽化管外管 2—汽化管 3—加热电炉 4—玻璃泡控制杆
5—温度计 6—量气管 7—保温套管 8—水准管 9—水准瓶

在温度不太低、压力不太高的条件下,可近似地把该物质的蒸汽看做是理想气体,其状态方程式为

$$pV = nRT \qquad pV = \frac{W}{M}RT \qquad (1)$$

式中,p、V、T、W 和 M 分别为气体的压力、体积、热力学温度、质量和相对分子质量;R 为气体常数。

将一定质量的易挥发液态物质在保持温度(通常较该物质沸点高 20～30℃)及压力(通常为大气压力)恒定的汽化器底部汽化,此蒸汽将把容器中与蒸汽同温、同压力和同体积的空气排挤出来,排出的空气在常温常压下不会液化,容易测出它的 p、V、T,从而可算出其物质的量,其值应与液体蒸气物质的量相等。已知液体的质量 W,即可算出被测物质的相对分子质量 M:

$$M = \frac{W}{n} \qquad (2)$$

物质在汽化时,需防止蒸汽扩散至汽化管上部低温区域冷凝而使排出空气的体积减小。同理,实验前汽化管中不应含有易凝结的蒸汽。

【仪器与试剂】

仪器:迈耶氏仪(包括外夹套管、汽化管、量气管和水准瓶等,1 套)、电炉(300 W,1 只)、温度计(0～100℃,1 支)、三通玻璃活塞(1 只)、小玻璃泡(数只)、酒精灯(公用)、电子分析天平(公用)。

试剂:乙酸乙酯(A.R.)、食盐水(25%)。

【实验步骤】

1. 安装仪器

按图 3-7 装好仪器,加 25% 食盐水于外管球形部分,注意液面大约和汽化管相距 3～4 cm。

2. 取试样

取一干净小玻璃泡(直径应小于 8 mm),在分析天平上准确称出其重量。然后把小玻璃泡的球形部分在酒精灯上烘热(不可放在火焰上加热,加热时需迅速转动使受热均匀),以便驱赶出部分空气,再迅速把小玻璃泡的毛细管尖端插入乙酸乙酯中,小玻璃泡冷却后,液体即被吸入,这时可先粗略称量一下吸入乙酸乙酯的重量,看其重量是否在 0.10～0.14 g 之间,过多过少都不适宜。如过多,可把小玻璃泡稍微加热,赶出一些。如过少则应再加热后重装,直至重量合适为止。然后在酒精灯火焰的边缘将毛细管端熔封,再准确称量。

3. 检漏

将小玻璃泡轻轻沿已洗净烘干的汽化管管壁放入,置于横插在内汽化管的玻璃棒 4 上,然后把汽化管 2 插入外管 1 中。用橡皮管将汽化管与量气管连接好,并用橡皮塞将汽化管管口塞紧,使其不漏气。转动三通活塞使汽化管与量气管相通,将水准瓶降下一段高度后保持恒定不动,如果此时量气管中水面下降一点以后立即停止,即表示全套仪器各部均已

不漏气。否则需检查仪器各连接处,确认不漏气才能进行实验。

4. 调节温度

旋转三通活塞,使汽化管与大气相通,并开始接通电源加热。当外管中食盐水沸腾5分钟以后,转动三通活塞,使汽化管与量气管相通,检查管内温度是否稳定。方法是移动水准瓶,使水准瓶中液面与量气管内液面相平,若水准管内液面不上下移动,即表示温度已经稳定,否则需重新使汽化管连通大气,再检查,直到管内温度稳定为止。

5. 测量

旋转三通活塞,使量气管与大气相通,把水准瓶慢慢提高,使量气管中水面升到零点,再旋转三通活塞,使汽化管与量气管相通,慢慢移动水准瓶,使三个水平面(量气管、水准管、水准瓶)等高,记下此时量气管的读数,即为初始体积。轻轻抽拉汽化管顶部玻璃棒,使玻璃棒向外移动,则小玻璃泡向下跌落。小玻璃泡落到管底与管底相碰并立即破碎,泡内液体即汽化而将汽化管上部空气排入量气管中,这时需移动水准瓶,随时维持三个水平面等高,直到量气管中水面不再下降为止,记下该处读数作为终了体积。读取量气管外夹套中的温度及室内大气压(在大气压力计上读取)。

旋转三通活塞,使汽化管、量气管均与大气相通,然后切断电源,停止加热。取出汽化管,拿下橡皮塞,倒出碎玻璃,趁热用吹气球吹干,排尽存于管内的乙酸乙酯蒸汽,按上述方法再做第二次实验。

【数据处理】

1. 记录实验数据。

室温: _____ ；　　　　　　大气压: _____ 。

实验编号	玻璃泡重量/g	玻璃泡加乙酸乙酯重量/g	乙酸乙酯重量/g	量气管初始体积/mL	量气管终了体积/mL	排出空气体积/mL	量气管内温度/℃	饱和水蒸气压/mmHg
1								
2								

2. 根据表中数据代入式(2)即可计算出乙酸乙酯的相对分子质量。
3. 计算实验测定值对按化学式计算值的相对分子质量的误差。

【思考题】

1. 汽化管与量气管的温度不同,为什么可用在量气管中测得的被排出空气的 p、V、T 来计算汽化管内乙酸乙酯的相对分子质量?
2. 如何检查漏气和汽化管温度是否恒定? 为什么要保持温度恒定?
3. 称量的乙酸乙酯太多或太少,会引起什么后果?
4. 为什么在测量排出空气体积时,要始终保持水准瓶液面与量气管液面平齐?
5. 每次实验完毕,为什么要把汽化管中样品蒸汽排出来?

附：气压计的使用

测量大气压强的仪器称为气压计。实验室常用的有动槽式气压计、固定槽式气压计等类型。这里只介绍动槽式气压计。

1. 动槽气压计结构

动槽式气压计是用一根一端封闭的玻璃管，盛水银后倒置在水银槽内，外套是一根黄铜管，玻璃管顶为真空，水银槽底部为一鞣性羚羊皮囊封袋，皮囊下部由调节螺丝支撑，转动螺丝可调节水银槽面的高低。水银槽上部有一倒置的固定象牙针，针尖处于黄铜管标尺的零点，称为基准点。黄铜标尺上附有游标尺。结构见图 3－8。

2. 动槽式气压计使用步骤

首先旋转底部调节螺丝，仔细调节水银槽内水银面恰好与象牙针尖接触（利用水银槽反面的白色板反光，仔细观察）。然后转动气压计旁的游标尺调节螺丝，调节游标尺，直至游标尺两边的边缘与水银面凸面相切，切点的两侧露出三角形的小孔隙，这时游标尺零分度线对应的黄铜标尺的分度即为大气压强的整数部分。其小数部分借助于游标尺，从游标尺上找出一根恰好与黄铜标尺上某一分度线吻合的分度线，则该游标尺上的分度线即为小数部分的读数。

游标尺上共有 20 个分度，相当于标尺上 19 个分度。因此除游标尺零分度线外只可能有一条分度线与标尺分度线吻合，游标尺上的一个分度为 0.1 hPa。

记下读数后旋转底部螺丝，使水银面与象牙针脱离接触，同时记录温度和气压计仪器校正值。

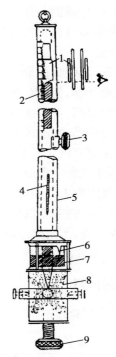

图 3－8　动槽式气压计
1—游标尺　2—黄铜管标尺　3—游标尺调节螺丝
4—温度计　5—黄铜管　6—象牙针　7—水银槽
8—羚羊皮囊　9—调节螺丝

3. 动槽式气压计读数校正

人们规定温度为 0℃，纬度为 45°的海平面上同 760 mm 水银柱高相平衡的大气压强为标准大气压（760 mmHg，SI 单位为 $1.013\,25\times10^5$ Pa）。然而实际测量的条件不尽符合上述规定，因此实际测得的值除应校正仪器误差外，还需进行温度、纬度和海拔高度的校正。

（1）仪器校正　气压计本身不够精确，在出厂时都附有仪器误差校正卡。每次观察气压读数，应根据该卡首先进行校正。若仪器校正值为正值，则将气压计读数加校正值，若校正值为负值，则将气压计读数减去校正值的绝对值。气压计每隔几年应由计量单位进行校正，重新确定仪器的校正值。

（2）温度校正　温度的变化引起水银密度的变化和黄铜管本身长度的变化，由于水银的密度随温度的变化大于黄铜管长度随温度的变化，因此当温度高于 0℃时，气压计读数要减去温度校正值，而当温度低于 0℃时，气压计读数要加上温度校正值。

温度校正值按下式计算：

$$p_0 = p - \frac{(\alpha - \beta)pt}{1 + \alpha t} = p - \frac{0.000\,163\,pt}{1 + 0.000\,181\,8\,t}$$

式中，p 为气压计读数；t 为测量时温度（℃）；α 为水银在 0～35℃之间的平均体膨胀系数，为 0.000 181 8 K^{-1}；β 为黄铜的线膨胀系数，为 0.000 018 4 K^{-1}；p_0 为读数校正到 0℃时的数值。

为了使用方便，常将温度校正值列成表（见表 3-1），如果测量温度 t 及气压 p 不是整数，使用该表时可采用内插法，也可用上面公式计算。

表 3-1　气压计温度校正值

温度/℃	986 hPa	100 hPa	1 013 hPa	1 026 hPa	1 040 hPa
0	0.00	0.00	0.00	0.00	0.00
1	0.12	0.12	0.12	0.13	0.13
2	0.24	0.25	0.25	0.25	0.15
3	0.36	0.37	0.37	0.38	0.38
4	0.48	0.49	0.50	0.50	0.51
5	0.60	0.61	0.62	0.63	0.64
6	0.72	0.73	0.74	0.75	0.76
7	0.85	0.86	0.87	0.88	0.89
8	0.97	0.98	0.99	1.01	1.02
9	1.09	1.10	1.12	1.13	1.15
10	1.21	1.22	1.24	1.26	1.27
11	1.33	1.35	1.36	1.38	1.40
12	1.45	1.47	1.49	1.51	1.53
13	1.57	1.59	1.61	1.63	1.65
14	1.69	1.71	1.73	1.76	1.78
15	1.81	1.83	1.86	1.88	1.91
16	1.93	1.96	1.98	2.01	2.03
17	2.05	2.08	2.10	2.13	2.16
18	2.17	2.20	2.23	2.26	2.29
19	2.29	2.32	2.35	2.38	2.41
20	2.41	2.44	2.47	2.51	2.54
21	2.53	2.56	2.60	2.63	2.67
22	2.65	2.69	2.72	2.76	2.79
23	2.77	2.81	2.84	2.88	2.92
24	2.89	2.93	2.97	3.01	3.05
25	3.01	3.05	3.09	3.13	3.17
26	3.13	3.17	3.21	3.26	3.30
27	3.25	3.29	3.34	3.38	3.42
28	3.37	3.41	3.46	3.51	3.55
29	3.49	3.54	3.58	3.63	3.68
30	3.61	3.66	3.71	3.75	3.80
31	3.73	3.78	3.83	3.88	3.93
32	3.85	3.90	3.95	4.00	4.05
33	3.97	4.02	4.07	4.13	4.18
34	4.09	4.14	4.20	4.25	4.31
35	4.21	4.26	4.32	4.38	4.43

实验三　燃烧热的测定

【目的与要求】

1. 通过测定固体有机物的燃烧热,掌握有关热化学实验的一般知识和技术。
2. 掌握氧弹式量热计的原理、构造及其使用方法。
3. 掌握高压钢瓶的有关知识,并能正确使用。

【实验原理】

燃烧热是指 1 mol 物质完全燃烧时的热效应,是热化学中重要的基本数据。一般化学反应的热效应,往往因反应太慢或反应不完全,而难以直接测定。但是,通过盖斯定律可用燃烧热数据间接求算。因此燃烧热广泛地用在各种热化学计算中。许多物质的燃烧热和反应热已经精确测定。测定燃烧热的氧弹式量热计是重要的热化学仪器,在热化学、生物化学以及某些工业部门中广泛应用。

燃烧热可在恒容或恒压情况下测定。由热力学第一定律可知,在不做非膨胀功情况下,恒容反应热 $Q_V = \Delta U$,恒压反应热 $Q_p = \Delta H$。在氧弹式量热计中所测燃烧热为 Q_V,而一般热化学计算用的值为 Q_p,这两者可通过下式进行换算:

$$Q_p = Q_V + \Delta nRT \tag{1}$$

式中,Δn 为反应前后生成物与反应物中气体的摩尔数之差;R 为摩尔气体常数;T 为反应温度(K)。

在盛有定量水的容器中,放入内装有一定量的样品和氧气的密闭氧弹,然后使样品完全燃烧,放出的热量传给水及仪器,引起温度上升。若已知水量为 W 克,仪器的水当量 W'(量热计每升高 1℃所需的热量)。而燃烧前、后的温度为 t_0 和 t_n。则 m 克物质的燃烧热是:

$$Q_V' = (cW + W')(t_n - t_0) \tag{2}$$

若水的比热容为 1 cal·g⁻¹·℃⁻¹($c = 1$ cal·g⁻¹·℃⁻¹),摩尔质量为 M 的物质,其摩尔燃烧热为:

$$Q_V = \frac{M}{m}(W + W')(t_n - t_0) \tag{3}$$

水当量 W' 的求法是用已知燃烧热的物质(如本实验用苯甲酸)放在量热计中燃烧,测其开始和结束的温度,用上式求 W'。一般因每次的水量相同,$(W + W')$ 可作为一个定值 $(\overline{W})$ 来处理(室温 25℃时约为 14.53 kJ/℃)。故

$$Q_V = \frac{M\overline{W}}{m}(t_n - t_0) \tag{4}$$

在较精确的实验中,辐射热和点火丝的燃烧热、温度计的校正都应予以考虑。

热化学实验常用的量热计有环境恒温式量热计和绝热式量热计两种。环境恒温式量热计的构造如图 3-9 所示。

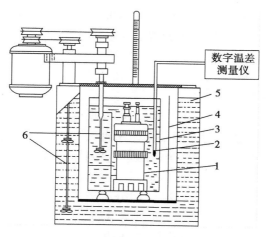

图 3－9　环境恒温式氧弹量热计

1—氧弹　2—温度传感器　3—内筒　4—空气隔层　5—外筒　6—搅拌器

由图可知,环境恒温式量热计的最外层是储满水的外筒(图中5),当氧弹中的样品开始燃烧时,内筒与外筒之间有少许热交换,因此不能准确测出初温和最高温度,需要由温度－时间曲线(即雷诺曲线)进行确定,详细步骤如下:

将样品燃烧前后历次观察的水温对时间作图,连成 $FHIDG$ 折线,如图 3－10 所示。图中 H 相当于开始燃烧之点, D 为观察到的最高温度读数点,作相当于环境温度之平行线 JI 交折线于 I,过 I 点作 ab 垂线,然后将 FH 线和 GD 线外延交 ab 线于 A、C 两点,A、C 线段所代表的温度差即为所求的 ΔT。图中 AA' 为开始燃烧到温度上升至环境温度这一段时间 Δt_1 内,由环境辐射进来和搅拌引进的能量而造成体系温度的升高值,故必须扣除,CC' 为温度由环境温度升高到最高点 D 这一段时间 Δt_2 内,体系向环境辐射出能量而造成体系温度的降低,因此需要添加上。由此可见 AC 两点的温差是较客观地表示了由于样品燃烧致使量热计温度升高的数值。

有时量热计的绝热情况良好,但搅拌器功率大,不断稍微引进能量使得燃烧后的最高点不出现,如图 3－11 所示。这种情况下 ΔT 仍然可以按照同样方法校正。

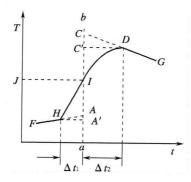

图 3－10　绝热较差时的雷诺校正图

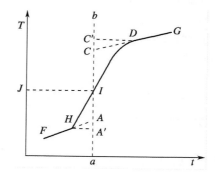

图 3－11　绝热良好时的雷诺校正图

【仪器与试剂】

仪器:GR－3500 型氧弹式热量计(图 3－9,1 台)、数字式精密温差测量仪(1 台)、氧气钢瓶及减压阀(公用)、压片机(公用)、电子天平(0.000 1 g,公用)、万用表(公用)。

试剂:苯甲酸(A.R.)、萘(A.R.)、蔗糖。

【实验步骤】

1. 量热计水当量的测定

(1)样品压片:压片前,先检查压片钢模,如发现有铁锈、油污、灰尘等,必须先清除后才能使用。用台天平粗称约0.8 g苯甲酸,将其倒入钢模,缓慢压紧,直到样品压成片状(不宜过松导致无法操作,但也不宜过紧而燃烧不完全)。将压好的样品准确称量后(用分析天平称准至0.1 mg,样品量0.7~0.8 g),放入燃烧坩埚中,即可供实验用。剪取约15 cm长的点火丝,在分析天平上准确称量。

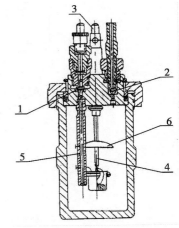

图3-12 氧弹的构造
1—充氧阀门 2—放气阀门 3—点火电极
4—坩埚架 5—充气管 6—燃烧挡板

(2)装置氧弹:氧弹装置如图3-12。擦干净氧弹内壁,将氧弹盖放在氧弹盖架上,将盛有样品的燃烧坩埚放在氧弹的坩埚架上,再将称好的点火丝在细圆柱体上绕成螺旋状,并接在氧弹的电极两端(小心不要断路,点火丝不能靠到金属物体),使点火丝螺旋部位紧靠在样片上,如图3-13。用万用电表检查两极是否通路(电阻约为2~5 Ω),检查完毕后旋上氧弹盖,再次用万用电表检查,若通路,则旋紧氧弹出气口后可以充氧气。

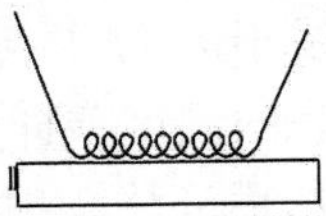

(3)充氧气:使用高压钢瓶时必须严格遵守操作规程。开始先充少量氧气(约0.5 MPa),然后慢慢开启出口阀(过快可能冲翻样片),再放气借以赶出氧弹中的空气。然后充入氧气(1.5~2.0 MPa)。氧弹结构见图3-13。充好氧气后,将氧弹轻轻放入内筒。

图3-13 压好的样品

(4)调节水温:将电子温差测量仪探头放入外筒水中(环境),测量出温度并作记录,取3 000 mL以上自来水,将电子温差测量仪探头放入水中,调节水温,使其低于外筒水温1~2℃,用量筒量取3 000 mL已调好温度的水注入内筒,水面刚好盖过氧弹(两极应保持干燥),如有气泡逸出,说明氧弹漏气,需寻找原因并排除。装好搅拌头(搅拌时不可有金属摩擦声),把电极插头插到两电极上,盖好盖子,将电子温差测量仪探头插入内筒水中,探头不能碰到氧弹。

(5)点火:打开总电源开关,启动搅拌开关,待电动搅拌器运转以后,每间隔1 min读取水温一次,直至连续五次水温呈有规律微小变化(约10 min),启动点火开关。样品一经燃烧,水温很快上升,每0.5 min记录温度一次,当温度升到最高点后,再记录10次,停止实验。

实验停止后,取出氧弹,打开氧弹出气阀,放出余气,旋下氧弹盖,检查样品燃烧结果。若氧弹内没有什么燃烧残渣,表示燃烧完全,若留有许多黑色残渣则表示燃烧不完全,说明实验失败。

用水冲洗氧弹及坩埚,倒去内筒中的水,将其倒扣于台面,待用。

2. 测定萘的燃烧热

称取 0.4～0.5 g 萘代替苯甲酸,重复上述实验。

3. 测定蔗糖的燃烧热

称取 1.2～1.3 g 蔗糖代替苯甲酸,重复上述实验。

【数据处理】

1. 用雷诺图解法求出苯甲酸、萘、蔗糖燃烧前后的温度差 ΔT。
2. 计算量热计的水当量。苯甲酸在 298.15 K 的燃烧热:$Q_p = -3\ 226.8\ \text{kJ/mol}$。则水当量为:14 533。
3. 求出萘和蔗糖的燃烧热。

【思考题】

1. 加入内筒中的水温为什么要选择比外筒水温低? 低多少为合适? 为什么?
2. 实验测得的温度差,为什么要经雷诺图校正?
3. 实验中,哪些因素容易造成误差? 如果要提高实验的准确度,应从哪几方面考虑?
4. 如果测定液体样品的燃烧热,你能想出测定方法吗?

实验四　液体饱和蒸气压的测定

【目的与要求】

1. 明确液体饱和蒸气压的定义及气液两相平衡的概念。了解纯液体饱和蒸气压与温度的关系——克劳修斯-克拉贝龙方程式。
2. 测定不同温度下液体的蒸气压,掌握一种测定液体饱和蒸气压的方法。了解蒸气压与温度的关系,并由作图法求其平均摩尔汽化热。
3. 熟悉真空泵及动槽式水银压力计的使用。

【实验原理】

通常温度下(距离临界温度较远时),纯液体与其蒸汽达平衡时的蒸气压称为该温度下液体的饱和蒸气压,简称为蒸气压。蒸发 1 mol 液体所吸收的热量称为该温度下液体的摩尔汽化热。液体的蒸气压随温度而变化,温度升高时,蒸气压增大;温度降低时,蒸气压减小。这主要与分子的动能有关。当蒸气压等于外界压力时,液体便沸腾,此时的温度称为沸点。外压不同时,液体沸点将相应改变,当外压为 101.325 kPa 时,液体的沸点称为该液体的正常沸点。

液体的饱和蒸气压与温度的关系用克劳修斯-克拉贝龙方程式表示:

$$\frac{\text{dln}p}{\text{d}T} = \frac{\Delta_{\text{vap}}H_{\text{m}}}{RT^2} \tag{1}$$

式中,R 为摩尔气体常数;T 为热力学温度;$\Delta_{\text{vap}}H_{\text{m}}$ 为在温度 T 时纯液体的摩尔汽化热。

假定 $\Delta_{\text{vap}}H_{\text{m}}$ 与温度无关,或因温度范围较小,$\Delta_{\text{vap}}H_{\text{m}}$ 可以近似作为常数,积分(1)式得:

$$\ln p = -\frac{\Delta_{vap}Hm}{R} \cdot \frac{1}{T} + C \qquad (2)$$

式中,C 为积分常数。由此式可以看出,以 $\ln p$ 对 $1/T$ 作图,应为一直线,直线的斜率 k 为 $-\frac{\Delta_{vap}H_m}{R}$,由斜率 k 可求算液体的 $\Delta_{vap}H_m$。

测定饱和蒸气压的方法主要有以下两类:

1. 静态法

把待测物质放在一个封闭物系中,直接测量不同温度下液体的蒸气压,或测定不同外压下的液体沸点。此法一般适用于蒸气压较大的液体。

2. 动态法

其中常用的有饱和气流法。此法是使干燥惰性气流通过被测物质,并使其为被测物质所饱和,然后测定所通过的气体中被测物质蒸汽的含量,便可根据分压定律算出此被测物质的饱和蒸气压。此法一般适用于蒸气压较小的液体。

本实验采用的是静态法,静态法测量不同温度下纯液体饱和蒸气压,有升温法和降温法两种。本实验采用降温法测定不同温度下纯液体的饱和蒸气压,实验装置如图 3-14 所示。

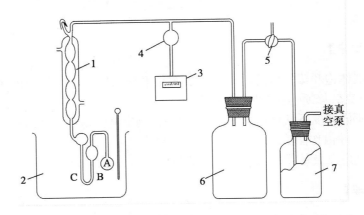

图 3-14 饱和蒸气压测定装置图

1—等位仪　2—恒温槽　3—数字压力计　4—连接导管　5—三通活塞　6—缓冲瓶　7—干燥瓶

【仪器与试剂】

仪器:真空泵(1 台)、饱和蒸气压测定仪(1 套)。

试剂:四氯化碳或无水乙醇(A. R.)。

【实验步骤】

于等位仪的 A 球内储以待测液体,在用以指示两侧等压的 U 形管 B 中,可以放置待测液体,亦可放置其他蒸气压很小的液体(如纯净的汞),将等位仪置于温度一定的恒温槽内(或其他加热器皿内),把 T 形管分别与压力计及缓冲瓶相连接,缓冲瓶上有一个三通活塞分别通大气和通真空泵。

等位仪 A 球内液面上空平衡时压力即为液体的蒸气压。当活塞与大气相通，U 形管 C 管液面上所受的压力即为大气压。关上通大气的活塞转为通真空泵，开启真空泵，则体系压力减小，压力计 Δp 值必然升高，U 形管 C 管的液面也同时升高，并慢慢沸腾。停止抽气，并缓缓开启通大气的活塞，让空气慢慢进入体系，或通过搅拌让温度缓慢下降，则压力计 Δp 值及 U 形管 C 管的液面便逐渐下降，如此直至 U 形管的两液面等高为止（即表示两液面所受的压力相等），读取压力计中的数值，即可求取该液体于该温度时的蒸气压。

1. 检查系统是否漏气（此步骤可以不做）

开启真空泵，再缓缓开启通体系的活塞，直到压力计上的压力差约为 40 kPa 时，关闭活塞，如果在 5 分钟内压力差无大的变化，则表示系统不漏气，否则应检查原因并进行排除。

2. 大气压下气液平衡温度的测定

先读取实验室的大气压力数值（大气压力计的使用见实验二附录），接着进行实验操作：将平衡管全部浸入水浴中，开启通大气的活塞，使系统与大气相通，开供冷凝器冷却水阀门，开始加热水浴，平衡管中有气泡产生，即是空气开始被排出。直到水浴温度达 80℃ 时，停止加热，不断搅拌，当温度下降到一定程度，B 管中气泡开始消失，C 管液面就开始下降，同时 B 管液面上升。此时要特别注意 B、C 两管的液面一旦达到同一水平时，应立即记下此时的温度和大气压力。重复测定三次，因为在平衡管 B 液面上的气相压力包括 CCl_4 的蒸气压和剩余空气的分压力，故必须将其中空气赶净，才能保证测定的压力是平衡管 B 液面上纯 CCl_4 的饱和蒸气压，否则测得的压力是两者分压之和。

重复测定三次大气压下的平衡温度，若三次结果基本一致（≤0.5℃），则说明测定的压力是平衡管 B 液面上纯 CCl_4 的饱和蒸气压，就可进行下面的实验。若不一致，则应找出原因。空气是否赶净或再次进入是使结果不一致的主要原因。

3. 不同压力下气液平衡温度的测定

大气压下的实验完成后，应立即关闭通大气的活塞，防止空气倒灌入 A 管（这一点非常重要）。

开真空泵并将系统和真空泵相通，抽真空，首次使数字压差仪示数为 7 kPa 左右，此时液体重又沸腾，停止抽真空，不断搅拌，让水浴温度不断下降。当 B、C 管中液面达到同一水平时，记录下数字压差仪上的压差（注意："－"表示系统为负压不用记）。

按照以上实验步骤，每次递减压力为 7 kPa 左右，直到数字压差仪上的压差数值达到 50 kPa 左右时，完成 6 个以上实验点数据的测定即可停止实验。最后仍须再读一次实验室的大气压力，并和开始时读取的大气压力进行平均。

4. 注意事项

（1）实验进行中，勿使空气倒灌入压力平衡管内。为此，待 B、C 管中液面等高时，记录温度及数字压差仪上的读数后，立即再减压继续进行实验，若时间拖长，CCl_4 液体温度下降，会使 C 管中液面降低过多，导致空气倒灌入 A 管，则必须重做实验。

（2）注意保护真空泵，防止泵油倒吸入体系。为此，在实验进行中，当开停泵前，都应使体系与大气接通。

（3）若真空泵是共用的，在实验进行中应互相关照。

实验完毕，在真空泵停泵时，应特别注意使真空泵两端（进出口）与大气相通，然后再切断电源,从而避免损坏真空泵。

在本实验中,要求熟练掌握每一步操作,动作要迅速、正确,观察水浴温度、读取压力计中的数值既要快还要准。

【数据记录及处理】

室温:_____℃;被测液体:_____。
实验开始时大气压力计上的读数:_____ kPa。
实验结束时大气压力计上的读数:_____ kPa。
实验时大气压力平均值:$p_{大气}=$_____ kPa。

1. 大气压下平衡温度测定记录

№	平衡温度/℃	平均温度/℃
1		
2		
3		

2. 饱和蒸气压测定记录

平衡温度			数字压差仪上压差值 Δp/kPa	CCl₄ 的饱和蒸气压	
t/℃	T/K	$1/T$		p/kPa	$\ln p$

表中 CCl₄ 的饱和蒸气压 $p=p_{大气}-\Delta p$。(注意单位必须统一)

3. 处理步骤

(1) 计算不同温度的 CCl₄ 的饱和蒸气压。

(2) 作蒸气压-温度图(p-T 光滑曲线)。

(3) 作 $\ln p$-$1/T$ 图,由此图求出外压为 101.325 kPa 时的沸点,与 CCl₄ 正常沸点进行比较(试剂瓶上一般标有 76~77.5℃,可取平均值为 76.8℃),并计算相对误差。

(4) 由 $\ln p$-$1/T$ 图直线的斜率(k)计算 CCl₄ 的平均摩尔汽化热($\Delta_{vap}H_m=-k\cdot R$),与文献值比较,求出相对误差。

文献值:$\Delta_{vap}H_m=32$ kJ·mol^{-1}

【思考题】

1. 必须保证仪器各部分绝对不漏气,如何检查?

2. 赶净溶解在待测液中的气体这一步骤极为重要。若某温度下的测定有必要重复进行,应当怎样赶净空气?

3. 说明饱和蒸气压、正常沸点和气液平衡温度的含义,本实验采用了什么方法测定

CCl$_4$ 的饱和蒸气压？

4. 何时读取数字压差仪上的压差值？所读取的数值是否就是 CCl$_4$ 的饱和蒸气压？

5. 为何要赶净平衡管液体中的空气？如何判断空气已被赶净？

实验五　凝固点降低法测定相对分子质量

【目的与要求】

1. 用凝固点降低法测定脲的相对分子质量。
2. 掌握溶液凝固点的测定技术。
3. 掌握贝克曼温度计的使用方法。

【实验原理】

当溶质与溶剂不生成固溶体，而且浓度很稀时，溶液的凝固点降低与溶质的质量摩尔浓度成正比：

$$\Delta T = T_0 - T = K_f b_B \tag{1}$$

式中，T_0 为纯溶剂的凝固点；T 为溶液的凝固点；b_B 为溶液的质量摩尔浓度；K_f 为凝固点降低常数，它取决于溶剂的性质，如以水作溶剂时，其值是 1.858 kg·K·mol^{-1}。

若称取一定量的溶质 W 和溶剂 W_0，配成一稀溶液，则此溶液的质量摩尔浓度为 b_B（每千克溶剂中所含溶质 B 的摩尔数）：

$$b_B = \frac{W}{W_0 \times M} \times 1\,000 \tag{2}$$

式中，M 为溶质的摩尔质量，将式(2)代入式(1)则有：

$$M = \frac{K_f}{T_0 - T} \times \frac{1\,000 \times W}{W_0} \tag{3}$$

因此，精确称量 W 和 W_0，并测出 ΔT，代入式(3)，即可求出溶质的相对分子质量。

纯溶剂的凝固点是它的液相和固相共存的平衡温度，若将纯溶剂逐步冷却，其冷却曲线见图 3-15 中(a)。但实际过程中往往发生过冷现象，即在过冷而开始析出固体后，温度才回升到稳定的平衡温度，待液体全部凝固后，温度再逐渐下降，其冷却曲线呈图 3-15 中(b)的形状。

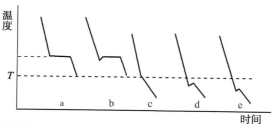

图 3-15　冷却曲线

溶液的凝固点是该溶液的液相与溶剂的固相共存的平衡温度,若将溶液逐步冷却,其冷却曲线与纯溶剂不同,见图 3-15 中(c)、(d)。由于部分溶剂凝固而析出,使剩余溶液的浓度逐渐增大,因而剩余溶液与溶剂固相的平衡温度也在逐渐下降。本实验所要测定的是浓度为已知的溶液的凝固点。因此,所析出的溶剂固相量不能太多,否则要影响原溶液的浓度。如稍有过冷现象如图 3-15 中(d),则对相对分子质量的测定无显著影响;若过冷严重,如图 3-15 中(e),则所测得的凝固点将偏低,影响相对分子质量的测定结果。

【仪器与试剂】

仪器:贝克曼温度计(1 支)、凝固点测定仪(1 套)、压片机(1 台)、温度计(1/10℃刻度,1 支)、移液吸管(25 mL,1 支)、烧杯(1 只)。

试剂:脲(AR)、冰、食盐。

【实验步骤】

1. 调节贝克曼温度计

在一烧杯中置放碎冰及少量的水,其温度约为 0℃左右,用以调节贝克曼温度计(调节方法详见实验一附录"贝克曼温度计的使用")。

2. 准备冷浴

取适量的食盐,与碎冰混合后置于广口保温瓶中,使冷浴温度约为 -2～-3℃。

3. 样品的称重

用分析天平称取脲两份,其重量以第一份能使冰点下降 0.15℃左右,第二份与第一份的总和能使冰点下降 0.3℃左右为宜(第一份样品脲约为 0.1 g,第二份样品脲约为 0.14 g)。用压片机压成片状,再用分析天平称准至 0.1 mg。

4. 测定水的凝固点

用移液管准确移取 25 mL 蒸馏水,注入干燥清洁的凝固点测定管内,插入调节好的贝克曼温度计,使水银球全部浸入水中。将凝固点测定管放入冷浴,用置于冰点管内的搅拌器不断搅动溶液(勿与温度计相摩擦),当贝克曼温度计上水银柱下降到一定数值并在一定时间内保持不变,此温度即可视为水的近似凝固点。

从冷浴中取出凝固点测定管,用手将其温热,促使管内冰融化,注意不要使系统温度升得过高(不超过近似凝固点 1℃为宜)。然后,再把凝固点管直接插入冷浴中,并充分搅动,当水的温度降低到近似凝固点以上 0.3℃时,迅速取出凝固点管,擦干后插入空气套管中。缓慢搅动使水温逐渐均匀下降,当温度降低到近似凝固点以上 0.2℃左右时,应加快搅动,同时注意贝克曼

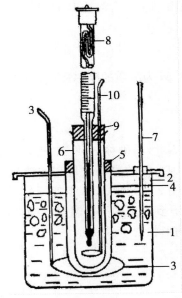

图 3-16 凝固点测定装置
1—冰浴槽 2—杜瓦瓶 3—搅拌器 4—保护套管
5—保护套管盖 6—凝固点测定管 7—温度计
8—贝克曼温度计 9—凝固点测定管盖 10—搅拌器

温度计的水银柱,当水银柱数值在一定时间内保持稳定不变,则此时为水的凝固点,记录贝克曼温度计上的数值。如此重复测定三次,并要求平均绝对误差不大于±0.003℃。

5. 测定溶液的凝固点

如上述操作,把凝固点管中的冰融化,将第一份样品加入凝固点测定管中,待其溶解后,按上面方法测定其凝固点。然后再加入第二份样品,测定其凝固点。重复测定三次,要求平均绝对误差不大于±0.003℃。

【数据处理】

1. 按下表记录实验数据。

蒸馏水体积:_____mL;蒸馏水温度:_____℃;蒸馏水密度:_____g/mL。

物质		质量/g	凝固点/℃		凝固点降低值(Δt)	相对分子质量	
			测量值	平均值			
蒸馏水			1 2 3	$t_0 =$			
脲	第一份		1 2 3	$t_1 =$	$\Delta t_1 = t_0 - t_1 =$	$M_1 =$	$M =$
脲	第二份		1 2 3	$t_2 =$	$\Delta t_2 = t_0 - t_2 =$	$M_2 =$	

2. 由所测得的实验数据计算脲的相对分子质量,并与按分子式计算得到的相对分子质量(NH_2CONH_2)进行比较。

3. 计算实验值与理论值的相对误差。

【思考题】

1. 在冷却过程中,凝固点管内溶液有哪些热交换存在? 它们对凝固点的测定有何影响?

2. 在实验中,搅拌速度应如何控制? 若控制不当,有何不良影响?

3. 根据什么原则考虑加入溶质的量,太多太少影响如何?

4. 用凝固点降低法测定相对分子质量,在选择溶剂时应考虑哪些问题?

附表:几种溶剂的 K_f 值:

溶 剂	凝固点/℃	$K_f/kg \cdot K \cdot mol^{-1}$
水	0	1.858
醋酸	16.6	3.9
苯	5.45	5.07
萘	80.1	6.9

实验六　二元液系的气液平衡相图

【目的与要求】

1. 用沸点仪测定在定压下的乙醇-环己烷的气液平衡数据，并绘出气液平衡相图。找出恒沸混合物的组成及恒沸温度。

2. 了解沸点的测定方法。

3. 了解阿贝折射仪的构造原理。掌握阿贝折射仪的使用。

【实验原理】

当两种液体能无限互溶形成一溶液时，称此溶液为完全互溶的双液体系（二元液系）。在恒压下二元液系气液平衡时表示溶液的沸点与组成关系的相图称为沸点-组成图，或叫蒸馏曲线。

蒸馏曲线可分为三类：

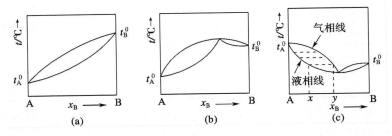

图 3 - 17　　完全互溶双液系的 t - x 图

1. 液体与拉乌尔定律的偏差不大，在蒸馏曲线上溶液的沸点介于 A、B 两纯物质沸点之间，如图 3 - 17(a)所示，用普通蒸馏方法即可将组成该溶液的两纯物质分开。如苯-甲苯体系。

2. 实际溶液由于 A、B 两组分相互影响，常与拉乌尔定律有较大负偏差，如图 3 - 17(b)所示，用普通蒸馏方法只可能从该溶液中分离出一种纯物质和恒沸混合物。如盐酸-水、丙酮-氯仿体系等。

3. A、B 两组分混合后与拉乌尔定律有较大的正偏差，如图 3 - 17(c)所示，用普通蒸馏方法也只可能从该溶液中分离出一种纯物质和恒沸混合物。如乙醇-环己烷、苯-乙醇等体系。

若测绘相图时，需同时测定三个数据，即沸点及此温度下的液相及气相组成。本实验是测定整个浓度范围内，不同组成溶液的气、液相平衡组成和沸点，以绘制蒸馏曲线。

分析溶液组成的方法可用物理方法和化学方法。物理方法是通过测定与物系浓度有一定关系的某一物理性质（如电导、折射率、旋光度、吸收光谱、体积、压力等）而求出物系浓度的方法。物理方法的优点是快速、简便而且准确，但对物理性质有以下要求：

1. 物理性质和反应物质的浓度要有简单的线性关系，最好是正比关系。

2. 在反应过程中反应物系的物理性质要有明显的变化。

3. 不能有干扰因素。

本实验采用的是测定乙醇-环己烷溶液的折射率的办法，采用此法是因为溶液的折射率与其浓度有线性关系,而且乙醇与环己烷的折射率相差较大,测折射率时需要样品又不多。不过此法需预先测定一定温度下一系列已知组成的二组分混合溶液的折射率,绘出折射率-组成图,称为工作曲线。

若需确定同一物系待测样品的组成,可在测定其折射率后,从工作曲线上找出。有关阿贝折射仪的构造、原理和使用方法见本实验附录"阿贝折射仪的使用"。

测定不同组成溶液的沸点的方法有多种,本实验是在简单蒸馏瓶中进行,在瓶中装入一定量的待测溶液,用电热丝加热,需减少过热和暴沸现象。蒸馏瓶上的冷凝器可使平衡气相样品冷凝并收集,从中取样分析气相组成。

【仪器与试剂】

仪器:蒸馏仪(1 套)、阿贝折射仪(1 台)、调压变压器(1 台)、温度计(50~100℃,1/10℃,1 支)、超级恒温槽(1 台)、滴管(20 支)。

试剂:环己烷(A. R.)、乙醇(A. R.)。

【实验步骤】

自蒸馏仪(见图 3-18)的侧管加入乙醇,开启冷凝水后,使用调压变压器控制电热丝将液体加热至缓缓沸腾,待温度恒定后,记下乙醇的沸点及室内的大气压力。

停止加热,由侧管加入环己烷,控制加入量使沸点降至 75℃ 左右。待温度相对稳定,气相冷凝液承接处的液体已经充分回流,记下沸点,停止加热,立即用滴管分别吸取蒸出液(约 0.5 mL)及蒸馏液(约 1 mL)。将蒸馏液暂置于磨口小样品管内,然后先测定蒸出液的折射率(测定时弃去滴管中的第一滴样液),接着再测定蒸馏液的折射率。

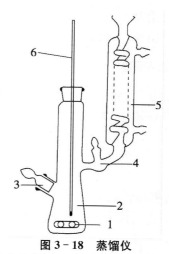

图 3-18 蒸馏仪
1—加热电阻丝　2—蒸馏瓶　3—加料口
4—气相冷凝液取样口　5—冷凝管　6—温度计

如上述方法,再加入环己烷,将溶液的沸点调节为 72℃、68℃ 和 65℃ 左右,重复进行操作,并在取样前将蒸馏仪倾侧数次,以使气相冷凝液承接处的液体充分回流,完全达到气、液平衡,然后分别测定蒸出液和蒸馏液样液的折射率。

将蒸馏仪中的溶液倾出,用洗耳球把仪器吹干后注入环己烷,测定其沸点。再逐次滴加少量乙醇,测定沸点为 76℃、72℃、68℃ 和 65℃ 左右的蒸出液及蒸馏液的折射率。

【数据处理】

1. 记录实验数据。

序号	t(沸点)/℃	液　相			气　相		
		n_D(室温)	n_D(15℃)	w(环己烷)	n_D(室温)	n_D(15℃)	w(环己烷)

2. 温度每升高 1℃,折射率下降 0.000 55。将室温下各蒸出液及蒸馏液的折射率换算成 15℃时的数值。

3. 由 15℃的折射率在工作曲线上推定各气相及液相的成分(环己烷的摩尔分数),并将结果列成一个表(见表 3-2)。

表 3-2 乙醇-环己烷体系于 15℃时的折射率

环己烷的摩尔分数/%	n_D^{15}	环己烷的质量百分数/%	环己烷的摩尔分数/%	n_D^{15}	环己烷的质量分数/%
0.00	1.363 0	0.00	36.67	1.393 0	51.40
5.43	1.368 1	9.49	67.35	1.412 6	79.03
9.29	1.371 8	15.76	87.42	1.422 3	92.70
17.26	1.378 8	27.60	100.00	1.428 2	100.00

4. 绘制乙醇-环己烷体系的沸点-成分图。

5. 由沸点-成分图求出最低恒沸点及相应的恒沸混合物的成分。

【思考题】

1. 如何判断气、液两相已达平衡?

2. 回流时,如果冷却效果不好,对相图的绘制会产生什么影响?

3. t-x 图上为什么要标明系统的压力数值?

附:阿贝折射仪的使用

折射率是物质的重要物理常数之一,借助它可鉴定物质的种类。实验室常用阿贝(Abbe)折射仪来测定物质的折射率。其结构外形如图 3-19 所示。

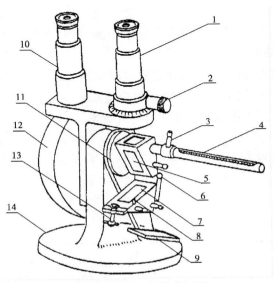

图 3-19 阿贝折射仪外形图

1—测量望远镜 2—消色散手柄 3—恒温水入口 4—温度计 5—测量棱镜 6—铰链 7—辅助棱镜
8—加液槽 9—反射镜 10—读数望远镜 11—转轴 12—刻度盘罩 13—闭合旋钮 14—底座

1. 阿贝折射仪的结构原理

当一束单色光从介质 1 进入介质 2（两种介质的密度不同）时，光线在通过界面时改变了方向，这一现象称为光的折射，如图 3-20 所示。

根据折射率定律，入射角 i 和折射角 r 的关系为：

$$\frac{\sin i}{\sin r} = \frac{n_1}{n_2} = n_{1,2}$$

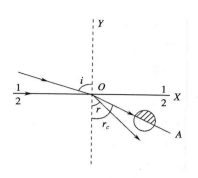

图 3-20　光的折射

式中，n_1、n_2 分别为介质 1 和介质 2 的折射率；$n_{1,2}$ 为介质 2 对介质 1 的相对折射率。

若介质 1 为真空，因规定其 $n=1.0000$，故 $n_{1,2}=n_2$，为绝对折射率。但介质 1 通常用空气，空气的绝对折射率为 1.00029，这样得到的各物质的折射率称为常用折射率，也可称为对空气的相对折射率。同一种物质的两种折射率表示法之间的关系为：

$$绝对折射率 ＝ 常用折射率 \times 1.00029$$

由折射率定律入射角 i 和折射角 r 的关系可知，当 $n_1 < n_2$ 时，折射角 r 则恒小于入射角 i。当入射角增大到 90°时，折射角也相应增大到最大值 r_c，r_c 称为临界角。此时介质 2 中从 OY 到 OA 之间有光线通过，为明亮区，而 OA 到 OX 之间无光线通过，为暗区，临界角 r_c 决定了半明半暗分界线的位置。当入射角 i 为 90°时，由折射率定律入射角 i 和折射角 r 的关系可改写为：

$$n_2 = n_1 \sin r_c$$

因而在固定一种介质时，临界折射角 r_c 的大小与被测物质的折射率呈简单的函数关系，阿贝折射仪就是根据这个原理而设计的。图 3-21 是阿贝折射仪光学系统的示意图。

它的主要部分是由两块折射率为 1.75 的玻璃直角棱镜构成。辅助棱镜的斜面是粗糙的毛玻璃，测量棱镜是光学平面镜。两者之间约有 0.1～0.15 mm 厚度空隙，用于装待测液体，并使液体展开成一薄层。当光线经过反光镜反射至辅助棱镜的粗糙表面时，发生漫散射，以各种角度透过待测液体，因而从各个方向进入测量棱镜而发生折射。其折射角都落在临界角 r_c 之内，因为棱镜的折射率大于待测液体的折射率，因此入射角从 0°～90°的光线都通过测量棱镜发生折射。具有临界角 r_c 的光线从测量棱镜出来反射到目镜上，此时若将目镜十字线调节到适当位置，则会看到目镜上呈半明半暗状态。折射光都应落在临界角 r_c 内，成为亮区，其他为暗区，构成了明暗分界线。

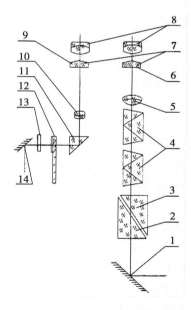

图 3-21　光学系统示意图

1—反光镜　2—辅助棱镜　3—测量棱镜
4—消色散棱镜　5—物镜　6—分划板
7、8—目镜　9—分划板　10—物镜　11—转向棱镜
12—照明度盘　13—毛玻璃　14—小反光镜

由入射角 i 和折射角 r 的关系式可知,若棱镜的折射率 $r_{棱}$ 为已知,只要测定待测液体的临界角 r_c,就能求得待测液体的折射率 $r_{液}$。事实上测定 r_c 值很不方便,当折射光从棱镜出来进入空气又产生折射,折射角为 $r_c{}'$。$n_{液}$ 与 $r_c{}'$ 间有如下关系:

$$n_{液} = \sin \beta \sqrt{n_{棱}^2 - \sin^2 r_c{}'} - \cos \beta \sin r_c{}'$$

式中,β 为常数;$n_{棱} = 1.75$。测出 $r_c{}'$ 即可求出 $n_{液}$。由于设计折射仪时已经把读数 $r_c{}'$ 换算成 $n_{液}$ 值,只要找到明暗分界线使其与目镜中的十字线吻合,就可以从标尺上直接读出液体的折射率。

阿贝折射仪的标尺上除标有 1.300～1.700 折射率数值外,在标尺旁边还标有 20℃糖溶液的百分浓度的读数,可以直接测定糖溶液的浓度。

在一定的条件下,液体的折射率因所用单色光的波长不同而不同。若用普通白光作光源(波长 4 000 Å～7 000 Å),由于发生色散而在明暗分界线处呈现彩色光带,使明暗交界不清楚,故在阿贝折射仪中还装有两个各由三块棱镜组成的阿密西(Amici)棱镜作为消色散棱镜(又称补偿棱镜)。通过调节消色散棱镜,使折射棱镜出来的色散光线消失,使明暗分界线完全清楚,这时所测的液体折射率相当于用钠光 D 线(5 890 Å)所测得的折射率 n_D。

2. 阿贝折射仪的使用方法

将阿贝折射仪放在光亮处,但避免阳光直接曝晒。用超级恒温槽将恒温水通入棱镜夹套内,其温度以折射仪上温度计读数为准。

扭开测量棱镜和辅助棱镜的闭合旋钮,并转动镜筒,使辅助棱镜斜面向上,若测量棱镜和辅助棱镜表面不清洁,可滴几滴丙酮,用擦镜纸顺单一方向轻擦镜面(不能来回擦)。

用滴管滴入 2～3 滴待测液体于辅助棱镜的毛玻璃面上(滴管切勿触及镜面),合上棱镜,扭紧闭合旋钮。若液体样品易挥发,动作要迅速,或将两棱镜闭合,从两棱镜合缝处的一个加液小孔中注入样品(特别注意不能使滴管折断在孔内,以免损伤棱镜镜面)。

转动镜筒使之垂直,调节反射镜使入射光进入棱镜,同时调节目镜的焦距,使目镜中十字线清晰明亮。再调节读数旋钮,使目镜中呈半明半暗状态。

调节消色散棱镜至目镜中彩色光带消失,再调节读数旋钮,使明暗界面恰好落在十字线的交叉处。如此时又呈现微色散,必须重调消色散棱镜,直到明暗界面清晰为止。

从望远镜中读出标尺的数值即 n_D,同时记下温度,则 n_D^t 为该温度下待测液体的折射率。每一个样品需重测 3 次,3 次误差不超过 0.000 2,然后取平均值。

测试完后,在棱镜面上滴几滴丙酮,并用擦镜纸擦干。最后用两层擦镜纸夹在两镜面间,以防镜面损坏。

对有腐蚀性的液体如强酸、强碱以及氟化物,不能使用阿贝折射仪测定。

3. 阿贝折射仪的校正

折射仪的标尺零点有时会发生移动,因而在使用阿贝折射仪前需用标准物质校正其零点。

折射仪出厂时附有一已知折射率的"玻块"和一小瓶 α-溴萘。滴 1 滴 α-溴萘在玻块的光面上,然后把玻块的光面附着在测量棱镜上,不需合上辅助棱镜,但要打开测量棱镜背面的小窗,使光线从小窗口射入,就可进行测定。如果测得的值与玻块的折射率值有差异,此差值为校正值,也可以用钟表螺丝刀旋动镜筒上的校正螺丝进行,使测得值与玻块的折射率相等。

这种校正零点的方法,也是使用该仪器测定固体折射率的方法,只要将被测固体代替玻块进行测定。

在实验室中一般用纯水($n_D^{25} = 1.332\,5$)作标准物质来校正零点。在精密测量中,须在所测量的范围内用几种不同折射率的标准物质进行校正,考察标尺刻度间距是否正确,把一系列的校正值画成校正曲线,以供测量对照校正。

4. 温度和压力对折射率的影响

液体的折射率是随温度变化而变化的,多数液态的有机化合物当温度每增高 1℃ 时,其折射率下降 $3.5 \times 10^{-4} \sim 5.5 \times 10^{-4}$。在 15~30℃ 之间,温度每增高1℃,纯水的折射率下降 1×10^{-4}。若测量时要求准确度为 $\pm 1 \times 10^{-4}$,测温度应控制在 $t℃ \pm 0.1℃$,此时阿贝折射仪需要有超级恒温槽配套使用。

压力对折射率有影响,但不明显,只有在很精密的测量中,才考虑压力的影响。

5. 阿贝折射仪的保养

仪器应放置在干燥、空气流通的室内,防止受潮后光学零件发霉。

仪器使用完毕后要做好清洁工作,并将仪器放入箱内,箱内放有干燥剂硅胶。

经常保持仪器清洁,严禁油手或汗手触及光学零件。如光学零件表面有灰尘,可用高级麂皮或脱脂棉轻擦后,再用洗耳球吹去。如光学零件表面有油垢,可用脱脂棉蘸少许汽油轻擦后再用二甲苯或乙醚擦干净。

仪器应避免强烈振动或撞击,以防止光学零件损伤而影响精度。

实验七　二组分金属固-液平衡相图

【目的与要求】

1. 掌握热分析法测绘相图的基本方法。
2. 绘制 Sn - Bi 二组分金属固-液平衡相图。
3. 掌握热电偶的基本原理。

【实验原理】

二组分凝聚物系的 $T - X$ 图是根据组成不同合金的步冷曲线来绘制的。将一种金属或合金熔融后,让其缓慢冷却,每隔一定时间记录一次温度,得到表示温度与时间关系的曲线——冷却曲线(步冷曲线)。当熔融物均匀冷却而无相变化时,则其温度连续均匀下降,为一平滑的冷却曲线;若冷却过程发生了相变,则有凝固热放出,从而补偿了向外散失的热量,使冷却曲线出现转折或水平线段。转折点或水平线段所对应的温度即为该组成合金的相变温度,据此可绘制出相图(见图 3 - 22)。

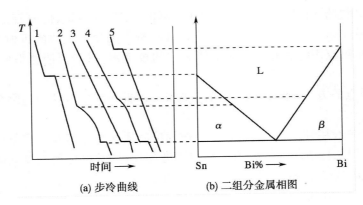

(a) 步冷曲线   (b) 二组分金属相图

图 3 - 22 Sn - Bi 合金的步冷曲线与相图

【仪器与试剂】

仪器：金属相图测定装置一套、金属试管(5 支)、试管架(1 只)。

试剂：锡粒(A. R.)、铋粒(A. R.)。

【实验步骤】

1. 称量(为了节约试剂一般由教师进行)

用感量为 0.1 g 的台天平分别称取配制含铋量 30％、58％、80％的锡铋混合物各 50 g (亦可少于 50 g)，另外取适量的纯铋、纯锡，分别放入 5 支试管中(注意贴好标签)，上层加少许硅油以防止金属氧化。

2. 测绘步冷曲线

依次测定纯 Bi、80％Bi、58％Bi、30％Bi、纯 Sn 的步冷曲线，方法是把装有样品的试管放入立式电炉内，加热到样品熔融，主要注意观察温度是否已超过其凝固点。样品温度不宜升得太高，一般在熔化完全后(测量温度的上限)，即开始降温。当温度下降到测量温度的上限时则开始记录，每隔 30 秒记录温度一次，直到样品完全凝固(测量温度的下限)则完成该样品的测量。

用同样方法测定其余样品的数据。

3. 不同组分的温度测量范围如下：

(1) 含 Sn 100％   测量温度为 260～200℃

(2) 含 Bi 30％   测量温度为 200～110℃

(3) 含 Bi 58％   测量温度为 160～110℃

(4) 含 Bi 80％   测量温度为 240～110℃

(5) 含 Bi 100％   测量温度为 300～240℃

4. 注意事项

(1) 加热时要小心地控制好温度，不可过高或过低，严格按实验要求去做。

(2) 为了更好地利用时间，可以在第一份样品的步冷曲线测好时，直接将第二份样品放入立式电炉中，但须提前把加热器的电压值调至 0 V。

(3) 冷却过程中，一个新的固相出现以前，常常发生过冷现象，轻微过冷则有利于测量相变温度;但严重过冷现象,却会使转折点发生起伏,使相变温度的确定产生困难。见图 3－23。遇此情况是合金的轻微过冷,可延长 dc 线与 ab 线相交,交点 e 即为转折点。如果是纯金属的过冷则过 c 点作横坐标的平等线即可。

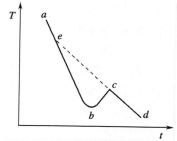

图 3－23　有过冷现象时的步冷曲

【数据处理】

1. 以温度为纵坐标(标准坐标纸每一小格为 2℃),时间为横坐标(每一小格为 30 秒),绘出各组样品的步冷曲线,并从步冷曲线上找出转折点温度。

2. 根据纯金属及不同组分合金的步冷曲线转折点的温度,绘制出 Sn－Bi 二元物系的合金相图。并指出图中各点、线、面所代表的意义。

【思考题】

1. 步冷曲线上为什么会出现转折点?
2. 为什么要缓慢冷却熔融金属作步冷曲线?
3. 根据实验测定结果,低共熔点是否是唯一的? 为什么?
4. 实验过程中为什么会出现过冷现象? 作图时应怎样处理?

实验八　差热分析

【目的与要求】

1. 用差热仪绘制 $CuSO_4 \cdot 5H_2O$ 等样品的差热图。
2. 了解差热分析仪的工作原理及使用方法。
3. 了解热电偶的测温原理和如何利用热电偶绘制差热图。

【实验原理】

物质在受热或冷却过程中,当达到某一温度时,往往会发生熔化、凝固、晶型转变、分解、化合、吸附、脱附等物理或化学变化,并伴随着有焓的改变,因而产生热效应,其表现为物质与环境(样品与参比物)之间有温度差。差热分析(Differential Thermal Analysis,简称 DTA)就是通过温差测量来确定物质的物理化学性质的一种热分析方法。

差热分析仪的结构如图 3－24 所示。它包括带有控温装置的加热炉、放置样品和参比物的坩埚、用以盛放坩埚并使其温度均匀的保持器、测温热电偶、

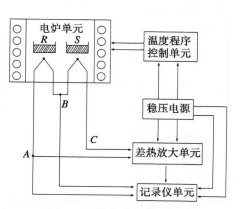

图 3－24　差热分析原理图

差热信号放大器和信号接收系统(记录仪或微机等)。差热图的绘制是通过两支型号相同的热电偶,分别插入样品和参比物中,并将其相同端连接在一起(即并联,见图 3-24)。A、B 两端引入记录笔 1,记录炉温信号。若炉子等速升温,则笔 1 记录下一条倾斜直线,如图 3-25 中 MN;A、C 端引入记录笔 2,记录差热信号。若样品不发生任何变化,样品和参比物的温度相同,两支热电偶产生的热电势大小相等,方向相反,所以 $\Delta U_{AC} = 0$,笔 2 画出一条垂直直线,如图 3-25 中 ab、de、gh 段,是平直的基线。反之,样品发生物理、化学变化时,$\Delta U_{AC} \neq 0$,笔 2 发生左右偏移(视热效应正负而异),记录下差热峰如图 3-25 中 bcd、efg 所示。两支笔记录的时间-温度(温差)图就称为差热图,或称为热谱图。

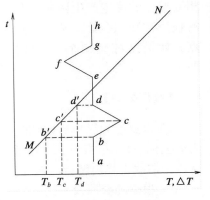

图 3-25 典型的差热图

从差热图上可清晰地看到差热峰的数目、位置、方向、宽度、高度、对称性以及峰面积等。峰的数目表示物质发生物理、化学变化的次数;峰的位置表示物质发生变化的转化温度(如图 3-25 中 T_b);峰的方向表明体系发生热效应的正负性;峰面积说明热效应的大小:相同条件下,峰面积大的表示热效应也大。在相同的测定条件下,许多物质的热谱图具有特征性:即一定的物质就有一定的差热峰的数目、位置、方向、峰温等,所以,可通过与已知的热谱图的比较来鉴别样品的种类、相变温度、热效应等物理化学性质。因此,差热分析广泛应用于化学、化工、冶金、陶瓷、地质和金属材料等领域的科研和生产部门。理论上讲,可通过峰面积的测量对物质进行定量分析。

样品的相变热 ΔH 可按下式计算:

$$\Delta H = \frac{K}{m} \int_b^d \Delta T \mathrm{d}\tau$$

式中,m 为样品质量;b、d 分别为峰的起始、终止时刻;ΔT 为时间 τ 内样品与参比物的温差;$\int_b^d \Delta T \mathrm{d}\tau$ 代表峰面积;K 为仪器常数,可用数学方法推导,但较麻烦,本实验用已知热效应的物质进行标定。已知纯锡的熔化热为 59.36×10^{-3} J·mg^{-1},可由锡的差热峰面积求得 K 值。

【仪器与试剂】

仪器:差热分析仪(CDR 型或自装差热分析仪等)1 套。
试剂:$BaCl_2 \cdot 2H_2O$(A. R.)、$CuSO_4 \cdot 5H_2O$(A. R.)、$NaHCO_3$(A. R.)、Sn(A. R.)。

【实验步骤】

方法一　CDR 系列差热仪

1. 准备工作

(1) 取两只空坩埚放在样品杆上部的两只托盘上。

(2) 通水和通气　接通冷却水,开启水源使水流畅通,保持冷却水流量约 200～

$300 \text{ mL} \cdot \text{min}^{-1}$;根据需要在通气口通入一定流量的保护气体。

（3）开启仪器电源开关,然后开启计算机和打印机电源开关。

（4）零位调整　将差热放大器单元的量程选择开关置于"短路"位置,转动"调零"旋钮,使"差热指示"表头指在"0"位。

（5）将升温速度设定为 $5\text{℃} \cdot \text{min}^{-1}$ 或 $10\text{℃} \cdot \text{min}^{-1}$。

（6）斜率调整　将差热放大单元量程选择开关置于 $\pm 50\ \mu\text{V}$ 或 $\pm 100\ \mu\text{V}$ 挡,然后开始升温,同时记录温差曲线,该曲线应为一条直线,称为"基线"。如发现基线漂移,则可用"斜率调整"旋钮来进行校正。基线调好后,一般不再调整。

2. 差热测量

（1）将待测样品放入一只坩埚中精确称重(约 5 mg),在另一只坩埚中放入重量基本相等的参比物,如 $\alpha\text{-Al}_2\text{O}_3$。然后将其分别放在样品托的两个托盘上,盖好保温盖。

（2）微伏放大器量程开关置于适当位置,如 $\pm 50\ \mu\text{V}$ 或 $\pm 100\ \mu\text{V}$。

（3）在一定的气氛下,将升温速度设定为 $5\text{℃} \cdot \text{min}^{-1}$ 或 $10\text{℃} \cdot \text{min}^{-1}$,开始升温。

（4）记录升温曲线和差热曲线,直至温度升至发生要求的相变且基线变平后,停止记录。

（5）打开炉盖,取出坩埚,待炉温降至 50℃ 以下时,换上另一样品,按上述步骤操作。

方法二　自装差热仪

1. 仪器预热　放大器(微瓦功率计)放大倍数选择 $300\ \mu\text{W}$;记录仪走纸速度为 $300\ \text{mm} \cdot \text{h}^{-1}$。待仪器预热 20 min 后,调节放大器粗调旋钮,使记录笔 2(蓝笔)处于记录纸左边适当位置。

2. 装样品　在干净的坩埚内装入约 $1/2 \sim 2/3$ 坩埚高度的 $CuSO_4 \cdot 5H_2O$ 粉末,并将其颠实。放入保持器的样品孔中;另一装 Al_2O_3 的坩埚放入保持器的参比物孔中。盖上保持器盖,套上炉体,盖好炉盖。

3. 测量　开启程序升温仪,开始测量。待硫酸铜的三个脱水峰记录完毕,关闭程序升温仪,取下加热炉;待保持器温度降至 50℃ 时,将装有纯 Sn 样品的坩埚放入样品孔中。另换一台加热炉(冷的),同法测锡熔化的差热图。实验完毕关闭仪器电源。

4. 换用微机记录显示重复做 $CuSO_4 \cdot 5H_2O$ 的差热图。详见讨论 2。

【注意事项】

1. 坩埚一定要清理干净,否则埚垢不仅影响导热,杂质在受热过程中也会发生物理化学变化,影响实验结果的准确性。

2. 样品必须研磨得很细,否则差热峰不明显;但也不宜太细。一般差热分析样品研磨到 200 目为宜。

3. 双笔记录仪的两支笔并非平行排列,为防两者在运动中相碰,制作仪器时,两者位置上下平移一段距离,称为笔距差。因此,在差热图上求转折温度时应加以校正。

【数据处理】

1. 由所测样品的差热图,求出各峰的起始温度和峰温,将数据列表记录。

2. 求出所测样品的热效应值。

3. 样品 $CuSO_4 \cdot 5H_2O$ 的三个峰各代表什么变化,写出反应方程式。根据实验结果,结合无机化学知识,推测 $CuSO_4 \cdot 5H_2O$ 中 5 个 H_2O 的结构状态。

【思考题】

1. DTA 实验中如何选择参比物? 常用的参比物有哪些?

2. 差热曲线的形状与哪些因素有关? 影响差热分析结果的主要因素是什么?

3. DTA 和简单热分析(步冷曲线法)有何异同?

【讨论】

1. 从理论上讲,差热曲线峰面积(S)的大小与试样所产生的热效应(ΔH)大小呈正比,即 $\Delta H = KS$,K 为比例常数。将未知试样与已知热效应物质的差热峰面积相比,就可求出未知试样的热效应。实际上,由于样品和参比物之间往往存在着比热容、导热系数、粒度、装填紧密程度等方面不同,在测定过程中又由于熔化、分解、转晶等物理、化学性质的改变,未知物试样和参比物的比例常数 K 并不相同,所以用它来进行定量计算误差较大。但差热分析可用于鉴别物质,与 X 射线衍射、质谱、色谱、热重法等方法配合可确定物质的组成、结构及动力学等方面的研究。

2. 在自装差热仪上,信号记录部分可用微机接收。加热炉部分在保持器中添加一根热电偶,接上专用 K 型热偶温度放大器将微弱的电信号放大,由采集数据程序接收,在微机屏幕上显示出差热图。

在微机屏幕上,时间为横坐标,温度和温差为纵坐标,差热图上出现三条不同颜色的线: 其中两条线与双笔记录仪的两条线相同;第三条线是样品温度线(在一般双笔记录仪上见不到这一条线),它显示了样品在实验过程中的实际温度,样品发生脱水反应时温度比参比物温度略低,其差值可从右边纵坐标上读出;有热效应时的温差也可以从右边纵坐标上读出(左边纵坐标上显示的为温度)。

实验九　三组分体系等温相图的绘制

【目的与要求】

1. 熟悉相律,掌握用三角形坐标表示三组分体系相图。

2. 掌握用溶解度法绘制相图的基本原理。

【实验原理】

对于三组分体系,当处于恒温恒压条件时,根据相律,其自由度 f^* 为:

$$f^* = 3 - \Phi$$

式中,Φ 为体系的相数。体系最大条件自由度 $f_{max}^* = 3 - 1 = 2$,因此,浓度变量最多只有两个,可用平面图表示体系状态和组成间的关系,通常是用等边三角形坐标表示,称之为三元相图。如图 3-26 所示。

等边三角形的三个顶点分别表示纯物 A、B、C，三条边 AB、BC、CA 分别表示 A 和 B、B 和 C、C 和 A 所组成的二组分体系的组成，三角形内任何一点都表示三组分体系的组成。图 3-26 中，P 点的组成表示如下：

经 P 点作平行于三角形三边的直线，并交三边于 a、b、c 三点。若将三边均分成 100 等份，则 P 点的 A、B、C 组成分别为：$A\% = Pa = Cb$，$B\% = Pb = Ac$，$C\% = Pc = Ba$。

苯-醋酸-水是属于具有一对共轭溶液的三液体体系，即三组分中两对液体 A 和 B，A 和 C 完全互溶，而另一对液体 B 和 C 只能有限度地混溶，其相图如图 3-26 所示。

图 3-27 中，E、K_2、K_1、P、L_1、L_2、F 点构成溶解度曲线，$K_1 L_1$ 和 $K_2 L_2$ 是连结线。溶解度曲线内是两相区，即一层是苯在水中的饱和溶液，另一层是水在苯中的饱和溶液。曲线外是单相区。因此，利用体系在相变化时出现的清浊现象，可以判断体系中各组分间互溶度的大小。一般来说，溶液由清变浑时，肉眼较易分辨。所以本实验是用向均相的苯-醋酸体系中滴加水使之变成二相混合物的方法，确定二相间的相互溶解度。

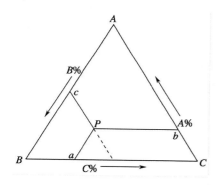

图 3-26 等边三角形法表示三元相图

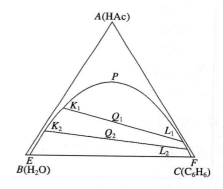

图 3-27 共轭溶液的三元相图

【仪器与试剂】

仪器：具塞锥形瓶（100 mL，2 只）、具塞锥形瓶（25 mL，4 只）、酸式滴定管（20 mL，1 支）、碱式滴定管（50 mL，1 支）、移液管（1 mL，1 支）、移液管（2 mL，1 支）、刻度移液管（10 mL，1 支）、刻度移液管（20 mL，1 支）、锥形瓶（150 mL，2 只）。

试剂：冰醋酸（A.R.）、苯（A.R.）、NaOH（$0.200\,0\ \mathrm{mol \cdot L^{-1}}$）、酚酞指示剂。

【实验步骤】

1. 测定互溶度曲线

在洁净的酸式滴定管内装水。

用移液管移取 10.00 mL 苯及 4.00 mL 醋酸，置于干燥的 100 mL 具塞锥形瓶中，然后在不停地摇动下慢慢地滴加水，至溶液由清变浑时，即为终点，记下水的体积。向此瓶中再加入 5.00 mL 醋酸，使体系成为均相，继续用水滴定至终点。然后依次用同样方法加入 8.00 mL、8.00 mL 醋酸，分别再用水滴至终点，记录每次各组分的用量。最后一次加入 10.00 mL 苯和 20.00 mL 水，加塞摇动，并每间隔 5 min 摇动一次，30 min 后用此溶液测连结线。

另取一只干燥的 100 mL 具塞锥形瓶,用移液管移入 1.00 mL 苯及 2.00 mL 醋酸,用水滴至终点。之后依次加入 1.00 mL、1.00 mL、1.00 mL、1.00 mL、2.00 mL、10.00 mL 醋酸,分别用水滴定至终点,并记录每次各组分的用量。最后加入 15.00 mL 苯和 20.00 mL 水,加塞摇动,每隔 5 min 摇一次,30 min 后用于测定另一条连结线。

2. 连结线的测定

上面所得的两份溶液,经半小时后,待二层液分清,用干燥的移液管(或滴管)分别吸取上层液约 5 mL,下层液约 1 mL 于已称重的 4 个 25 mL 具塞锥形瓶中,再称其质量,然后用水洗入 150 mL 锥形瓶中,以酚酞为指示剂,用 0.200 0 mol·L^{-1} 标准氢氧化钠溶液滴定各层溶液中醋酸的含量。

【注意事项】

1. 因所测体系含有水的成分,故玻璃器皿均需干燥。

2. 在滴加水的过程中须一滴一滴地加入,且需不停地摇动锥形瓶,由于分散的"油珠"颗粒能散射光线,所以体系出现浑浊,如在 2~3 min 内仍不消失,即到终点。当体系醋酸含量少时要特别注意慢滴,含量多时开始可快些,接近终点时仍然要逐滴加入。

3. 在实验过程中注意防止或尽可能减少苯和醋酸的挥发,测定连结线时取样要迅速。

4. 用水滴定如超过终点,可加入 1.00 mL 醋酸,使体系由浑变清,再用水继续滴定。

【数据处理】

1. 查得实验温度时苯、醋酸和水的密度。

2. 溶解度曲线的绘制

根据实验数据及试剂的密度,算出各组分的质量百分含量。图 3 - 27 中 E、F 两点数据如下:

体 系		w_A				
A	B	10℃	20℃	25℃	30℃	40℃
C_6H_6	H_2O	0.163	0.175	0.180	0.190	0.206
H_2O	C_6H_6	0.036	0.050	0.060	0.072	0.102

将以上组成数据在三角形坐标纸上作图,即得溶解度曲线。

3. 连结线的绘制

(1) 计算两瓶中最后醋酸、苯、水的质量百分数,标在三角形坐标纸上,即得相应的物系点 Q_1 和 Q_2。

(2) 将标出的各相醋酸含量点画在溶解度曲线上,上层醋酸含量画在含苯较多的一边,下层画在含水较多的一边,即可作出 K_1L_1 和 K_2L_2 两条连结线,它们应分别通过物系点 Q_1 和 Q_2。

【思考题】

1. 为什么根据体系由清变浑的现象即可测定相界?

2. 如连结线不通过物系点,其原因可能是什么?

3. 本实验中根据什么原理求出苯-醋酸-水体系的连结线？

【讨论】

1. 该相图的另一种测绘方法是：在两相区内以任一比例将此三种液体混合置于一定的温度下，使之平衡，然后分析互成平衡的二共轭相的组成，在三角坐标纸上标出这些点，且连成线。此法较为繁琐。

2. 含有两固体(盐)和一液体(水)的三组分体系相图的绘制常用湿渣法。原理是平衡的固、液分离后，其滤渣总带有部分液体(饱和溶液)，但它的总组成必定是在饱和溶液和纯固相组成的连结线上。因此，在定温下配制一系列不同相对比例的过饱和溶液，然后过滤，分别分析溶液和滤渣的组成，并把它们一一连成直线，这些直线的交点即为纯固相的成分，由此亦可知该固体是纯物质还是复盐。

实验十　氨基甲酸铵分解反应平衡常数的测定

【目的与要求】

1. 测定不同温度下氨基甲酸铵的分解压力，计算各温度下分解反应的平衡常数 $K_p^\ominus$ 及有关的热力学函数。
2. 熟悉用等压计测定平衡压力的方法。
3. 掌握氨基甲酸铵分解反应平衡常数的计算及其与热力学函数间的关系。

【实验原理】

氨基甲酸铵是合成尿素的中间产物，为白色固体，很不稳定，其分解反应式为：

$$NH_2COONH_4(s) \Longrightarrow 2NH_3(g) + CO_2(g)$$

该反应为复相反应，在封闭体系中很容易达到平衡，在常压下其平衡常数可近似表示为：

$$K_p^\ominus = \left[\frac{p_{NH_3}}{p^\ominus}\right]^2 \left[\frac{p_{CO_2}}{p^\ominus}\right] \tag{1}$$

式中，p_{NH_3}、p_{CO_2} 分别表示反应温度下 NH_3 和 CO_2 平衡时的分压；$p^\ominus$ 为标准压力。在压力不大时，气体的逸度近似为1，且纯固态物质的活度为1，体系的总压 $p = p_{NH_3} + p_{CO_2}$。从化学反应计量方程式可知：

$$p_{NH_3} = \frac{2}{3}p, \quad p_{CO_2} = \frac{1}{3}p \tag{2}$$

将式(2)代入式(1)得：

$$K_p^\ominus = \left(\frac{2p}{3p^\ominus}\right)^2 \left(\frac{p}{3p^\ominus}\right) = \frac{4}{27}\left(\frac{p}{p^\ominus}\right)^3 \tag{3}$$

因此，当体系达平衡后，测量其总压 p，即可计算出平衡常数 $K_p^\ominus$。

温度对平衡常数的影响可用下式表示：

$$\frac{\mathrm{d}\ln K_p^{\ominus}}{\mathrm{d}T}=\frac{\Delta_r H_m^{\ominus}}{RT^2} \tag{4}$$

式中，T 为热力学温度；$\Delta_r H_m^{\ominus}$ 为标准反应热效应。氨基甲酸铵分解反应是一个热效应很大的吸热反应，温度对平衡常数的影响比较灵敏。当温度在不大的范围内变化时，$\Delta_r H_m^{\ominus}$ 可视为常数，由(4)式积分得：

$$\ln K_p^{\ominus}=-\frac{\Delta_r H_m^{\ominus}}{RT}+C' \qquad (C' \text{为积分常数}) \tag{5}$$

若以 $\ln K_p^{\ominus}$ 对 $1/T$ 作图，得一直线，其斜率为 $-\dfrac{\Delta_r H_m^{\ominus}}{R}$，由此可求出 $\Delta_r H_m^{\ominus}$。并按下式计算 T 温度下反应的标准吉布斯自由能变化 $\Delta_r G_m^{\ominus}$。

$$\Delta_r G_m^{\ominus}=-RT\ln K_p^{\ominus} \tag{6}$$

利用实验温度范围内反应的平均等压热效应 $\Delta_r H_m^{\ominus}$ 和 T 温度下的标准吉布斯自由能变化 $\Delta_r G_m^{\ominus}$，可近似计算出该温度下的熵变 $\Delta_r S_m^{\ominus}$。

$$\Delta_r S_m^{\ominus}=\frac{\Delta_r H_m^{\ominus}-\Delta_r G_m^{\ominus}}{T} \tag{7}$$

因此通过测定一定温度范围内某温度的氨基甲酸铵的分解压(平衡总压)，就可以利用上述公式分别求出 $K_p^{\ominus}$，$\Delta_r H_m^{\ominus}$，$\Delta_r G_m^{\ominus}(T)$，$\Delta_r S_m^{\ominus}(T)$。

【仪器与试剂】

仪器：氨基甲酸铵分解实验装置(1 套)、真空泵(1 台)、低真空测压仪(1 台)。
试剂：新制备的氨基甲酸铵、硅油或邻苯二甲酸二壬酯。

【实验步骤】

1. 检漏　按图 3-28 所示安装仪器。将烘干的小球和玻璃等压计相连，将活塞 5、6 放在合适位置，开动真空泵，当测压仪读数约为 53 kPa，关闭三通活塞。检查系统是否漏气，待 10 min 后，若测压仪读数没有变化，则表示系统不漏气，否则说明漏气，应仔细检查各接口处，直到不漏气为止。

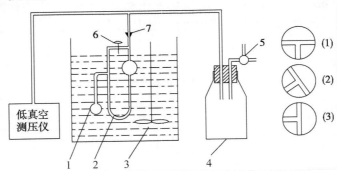

图 3-28　实验装置图

1—装样品的小球　2—玻璃等压计　3—玻璃恒温槽　4—缓冲瓶　5—三通活塞　6—二通活塞　7—磨口接头

2. 装样品　确定系统不漏气后,使系统与大气相通,然后取下小球装入氨基甲酸铵,再用吸管吸取纯净的硅油或邻苯二甲酸二壬酯放入已干燥好的等压计中,使之形成液封,再按图示装好。

3. 测量　调节恒温槽温度为$(25.0\pm0.1)℃$。开启真空泵,将系统中的空气排出,约15 min后,关闭二通活塞,然后缓缓开启三通活塞,将空气慢慢分次放入系统,直至等压计两边液面处于水平时,立即关闭三通活塞,若5 min内两液面保持不变,即可读取测压仪的读数。

4. 重复测量　为了检查小球内的空气是否已完全排净,可重复步骤3操作,如果两次测定结果差值小于270 Pa,方可进行下一步实验。

5. 升温测量　调节恒温槽温度为$(27.0\pm0.1)℃$,在升温过程中小心地调节三通活塞,缓缓放入空气,使等压计两边液面水平,保持5 min不变,即可读取测压仪读数,然后用同样的方法继续测定$30.0℃$、$32.0℃$、$35.0℃$、$37.0℃$时的压力差。

6. 复原　实验完毕,将空气放入系统中至测压仪读数为零,切断电源、水源。

【注意事项】

1. 在实验开始前,务必掌握图中两个活塞(5和6)的正确操作。
2. 必须充分排除净小球内的空气。
3. 体系必须达平衡后,才能读取测压仪读数。

【数据处理】

1. 计算各温度下氨基甲酸铵的分解压。
2. 计算各温度下氨基甲酸铵分解反应的平衡常数$K_p^{\ominus}$。
3. 根据实验数据,以$\ln K_p^{\ominus}$对$1/T$作图,并由直线斜率计算氨基甲酸铵分解反应的$\Delta_r H_m^{\ominus}$。
4. 计算$25℃$时氨基甲酸铵分解反应的$\Delta_r G_m^{\ominus}$及$\Delta_r S_m^{\ominus}$。

【思考题】

1. 测压仪读数是否是体系的压力? 是否代表分解压?
2. 为什么一定要排净小球中的空气,若体系有少量空气对实验有何影响?
3. 如何判断氨基甲酸铵分解已达平衡,未平衡测数据将有何影响?
4. 在实验装置中安装缓冲瓶的作用是什么?
5. 玻璃等压计中的封闭液如何选择?
6. $K_p = p_{NH_3}^2 \cdot p_{CO_2}$和$K_p^{\ominus} = \left[\dfrac{p_{NH_3}}{p^{\ominus}}\right]^2 \left[\dfrac{p_{CO_2}}{p^{\ominus}}\right]$两者有何不同?

【讨论】

氨基甲酸铵极不稳定,需自制。其制备方法为:氨和二氧化碳接触后,即能生成氨基甲酸铵。其反应式为:

$$2NH_3(g) + CO_2(g) = NH_2COONH_4(s)$$

如果氨和二氧化碳都是干燥的,则生成氨基甲酸铵;若有水存在时,则还会生成

$(NH_4)_2CO_3$ 或 NH_4HCO_3,因此在制备时必须保持氨、CO_2 及容器都是干燥的,制备氨基甲酸铵的具体操作如下:

1. 制备氨气。氨气可由蒸发氨水或将 NH_4Cl 和 NaOH 溶液加热得到,这样制得的氨气含有大量水蒸气,应依次经 CaO、固体 NaOH 脱水。也可用钢瓶里的氨气经 CaO 干燥。

2. 制备 CO_2。CO_2 可由大理石($CaCO_3$)与工业浓 HCl 在启普发生器中反应制得,或用钢瓶里的 CO_2 气体依次经 $CaCl_2$、浓硫酸脱水。

3. 合成反应在双层塑料袋中进行,在塑料袋一端插入 1 支进氨气管、1 支进二氧化碳气管,另一端有 1 支废气导管通向室外。

4. 合成反应开始时先通入 CO_2 气体于塑料袋中,约 10 min 后再通入氨气,用流量计或气体在干燥塔中的冒泡速度控制 NH_3 流速为 CO_2 两倍,通气 2 h,可在塑料袋内壁上生成固体氨基甲酸铵。

5. 反应完毕,在通风橱里将塑料袋一头橡皮塞松开,将固体氨基甲酸铵从塑料袋中倒出研细,放入密封容器内于冰箱中保存备用。

实验十一　液相反应平衡常数

【目的与要求】

1. 用分光光度法测定弱电解质的电离常数。
2. 掌握分光光度法测定甲基红电离常数的基本原理。
3. 掌握分光光度计及 pH 计的正确使用方法。

【实验原理】

弱电解质的电离常数测定方法很多,如电导法、电位法、分光光度法等。本实验测定电解质(甲基红)的电离常数,是根据甲基红在电离前后具有不同颜色和对单色光的吸收特性,借助于分光光度法的原理,测定其电离常数,甲基红在溶液中的电离可表示为:

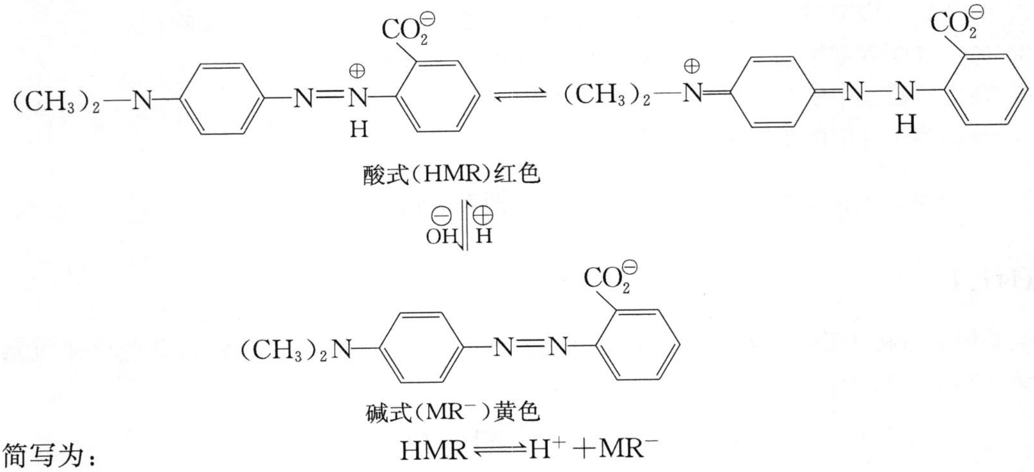

酸式(HMR)红色

碱式(MR^-)黄色

简写为:

$$HMR \Longrightarrow H^+ + MR^-$$

酸式　　　　碱式

则其电离平衡常数 K 表示为：

$$K_c = \frac{[H^+][MR^-]}{[HMR]} \tag{1}$$

或

$$pK = pH - \log\frac{[MR^-]}{[HMR]} \tag{2}$$

由(2)式可知,通过测定甲基红溶液的 pH,再根据分光光度法(多组分测定方法)测得 $[MR^-]$ 和 $[HMR]$ 值,即可求得 pK 值。

根据朗伯-比耳(Lanbert-Beer)定律,溶液对单色光的吸收遵守下列关系式：

$$A = -\lg\frac{I}{I_0} = \lg\frac{1}{T} = kcl \tag{3}$$

式中,A 为吸光度;I/I_0 为透光率 T;c 为溶液浓度;l 为溶液的厚度;k 为消光系数。溶液中如含有一种组分,其对不同波长的单色光的吸收程度,如以波长(λ)为横坐标、吸光度(A)为纵坐标可得一条曲线,如图 3-29 中单组分 a 和单组分 b 的曲线均称为吸收曲线,亦称吸收光谱曲线。根据公式(3),当吸收槽长度一定时,则：

$$A^a = k^a c^a \tag{4}$$

$$A^b = k^b c^b \tag{5}$$

如在该波长时,溶液遵守朗伯-比耳定律,可选用此波长进行单组分的测定。溶液中如含有两种组分(或两种组分以上)的溶液,又具有特征的光吸收曲线,并在各组分的吸收曲线互不干扰时,可在不同波长下,对各组分进行吸光度测定。

当溶液中两种组分 a、b 各具有特征的光吸收曲线,且均遵守朗伯-比耳定律,但吸收曲线部分重合,如图 3-29 所示,则两组分(a+b)溶液的吸光度应等于各组分吸光度之和,即吸光度具有加和性。当吸收槽长度一定时,则混合溶液在波长分别为 λ_a 和 λ_b 时的吸光度 $A^{a+b}_{\lambda_a}$ 和 $A^{a+b}_{\lambda_b}$ 可表示为：

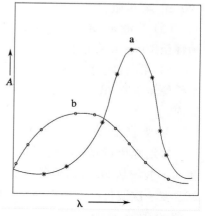

图 3-29　部分重合的光吸收曲线

$$A^{a+b}_{\lambda_a} = A^a_{\lambda_a} + A^b_{\lambda_a} = k^a_{\lambda_a} c_a + k^b_{\lambda_a} c_b \tag{6}$$

$$A^{a+b}_{\lambda_b} = A^a_{\lambda_b} + A^b_{\lambda_b} = k^a_{\lambda_b} c_a + k^b_{\lambda_b} c_b \tag{7}$$

由光谱曲线可知,组分 a 代表 $[HMR]$,组分 b 代表 $[MR^-]$,根据(6)式可得到 $[MR^-]$,即：

$$c_b = \frac{A^{a+b}_{\lambda_a} - k^a_{\lambda_a} c_a}{k^b_{\lambda_a}} \tag{8}$$

将式(8)代入式(7)则可得 $[HMR]$,即：

$$c_a = \frac{A^{a+b}_{\lambda_b} k^b_{\lambda_a} - A^{a+b}_{\lambda_a} k^b_{\lambda_b}}{k^a_{\lambda_b} k^b_{\lambda_a} - k^b_{\lambda_b} k^a_{\lambda_a}} \tag{9}$$

式中,$k_{\lambda_a}^a$,$k_{\lambda_a}^b$,$k_{\lambda_b}^a$ 和 $k_{\lambda_b}^b$ 分别表示单组分在波长为 λ_a 和 λ_b 时的 k 值。而 λ_a 和 λ_b 可以通过测定单组分的光吸收曲线,分别求得其最大吸收波长。如在该波长下,各组分均遵守朗伯-比耳定律,则其测得的吸光度与单组分浓度应为线性关系,直线的斜率即为 k 值,再通过两组分的混合溶液可以测得 $A_{\lambda_a}^{a+b}$ 和 $A_{\lambda_b}^{a+b}$,根据(8)、(9)两式可以求出 $[MR^-]$ 和 $[HMR]$ 值。

【仪器与试剂】

仪器:分光光度计(1 台)、酸度计(1 台)、饱和甘汞电极(217 型,1 支)、玻璃电极(1 支)、容量瓶(100 mL,5 只)、容量瓶(50 mL,2 只)、容量瓶(25 mL,6 只)、量筒(50 mL,1 只)、烧杯(50 mL,4 只)、移液管(10 mL,1 支)、移液管(5 mL,1 支)。

试剂:95%乙醇(A. R.)、HCl(0.1 mol·L⁻¹)、甲基红(A. R.)、醋酸钠(0.05 mol·L⁻¹、0.01 mol·L⁻¹)、醋酸(0.02 mol·L⁻¹)。

【实验步骤】

1. 制备溶液

(1) 甲基红溶液　称取 0.400 g 甲基红,加入 300 mL 95%的乙醇,待溶后,用蒸馏水稀释至 500 mL 容量瓶中。

(2) 甲基红标准溶液　取 10.00 mL 上述溶液,加入 50 mL 95%乙醇,用蒸馏水稀释至 100 mL 容量瓶中。

(3) 溶液 a　取 10.00 mL 甲基红标准溶液,加入 0.1 mol·L⁻¹ 盐酸 10 mL,用蒸馏水稀释至 100 mL 容量瓶中。

(4) 溶液 b　取 10.00 mL 甲基红标准溶液,加入 0.05 mol·L⁻¹ 醋酸钠 20 mL,用蒸馏水稀释至 100 mL 容量瓶中。将溶液 a、b 和空白液(蒸馏水)分别放入三个洁净的比色皿内。

2. 吸收光谱曲线的测定

接通电压,预热仪器。测定溶液 a 和溶液 b 的吸收光谱曲线,求出最大吸收峰的波长 λ_a 和 λ_b。波长从 380 nm 开始,每隔 20 nm 测定一次,在吸收高峰附近,每隔 5 nm 测定一次,每改变一次波长都要用空白溶液校正,直至波长为 600 nm 为止。作 $A-\lambda$ 曲线。求出波长 λ_a 和 λ_b 值。

3. 验证朗伯-比耳定律,并求出 $k_{\lambda_a}^a$、$k_{\lambda_a}^b$、$k_{\lambda_b}^a$ 和 $k_{\lambda_b}^b$

(1) 分别移取溶液 a 5.00 mL、10.00 mL、15.00 mL、20.00 mL 分别于四个 25 mL 容量瓶中,然后用 0.01 mol·L⁻¹ 盐酸稀释至刻度,此时甲基红主要以 $[HMR]$ 形式存在。

(2) 分别移取溶液 b 5.00 mL、10.00 mL、15.00 mL、20.00 mL 分别于四个 25 mL 容量瓶中,用 0.01 mol·L⁻¹ 醋酸钠稀释至刻度,此时甲基红主要以 $[MR^-]$ 形式存在。

(3) 在波长为 λ_a、λ_b 处分别测定上述各溶液的吸光度 A。如果在 λ_a、λ_b 处,上述溶液符合朗伯-比耳定律,则可得四条 $A-c$ 直线,由此可求出 $k_{\lambda_a}^a$、$k_{\lambda_a}^b$、$k_{\lambda_b}^a$ 和 $k_{\lambda_b}^b$。

4. 测定混合溶液的总吸光度及其 pH

(1) 取 4 个 100 mL 容量瓶,分别配制含甲基红标准液、醋酸钠溶液和醋酸溶液的四种混合溶液,四种溶液的 pH 约为 2、4、8 和 10,先计算所需的各溶液体积数。并列表。

编号	试剂用量/mL		
	甲基红标准液	醋酸钠溶液($0.05\ mol \cdot L^{-1}$)	醋酸溶液($0.02\ mol \cdot L^{-1}$)

（2）分别用 λ_a 和 λ_b 波长测定上述四个溶液的总吸光度。

（3）测定上述四个溶液的 pH。

【注意事项】

1. 使用分光光度计时，先接通电源，预热 20 min。为了延长光电管的寿命，在不测定时，应将暗盒盖打开。

2. 使用酸度计前应预热半小时，使仪器稳定。

3. 玻璃电极使用前需在蒸馏水中浸泡一昼夜。

4. 使用饱和甘汞电极时应将上面的小橡皮塞及下端橡皮套取下来，以保持液位压差。

【数据处理】

1. 将实验步骤 3 和 4 中的数据分别列入以下两个表中：

溶液相对浓度	$A_{\lambda_a}^a$	$A_{\lambda_b}^a$	$A_{\lambda_a}^b$	$A_{\lambda_b}^b$

编号	$A_{\lambda_a}^{a+b}$	$A_{\lambda_b}^{a+b}$	pH

2. 根据实验步骤 2 测得的数据作 $A-\lambda$ 图，绘制溶液 a 和溶液 b 的吸收光谱曲线，求出最大吸收峰的波长 λ_a 和 λ_b。

3. 实验步骤 3 中得到四组 $A-c$ 关系图，从图上可求得单组分溶液 a 和溶液 b 在波长各为 λ_a 和 λ_b 时的四个吸光系数 $k_{\lambda_a}^a$、$k_{\lambda_b}^a$、$k_{\lambda_a}^b$ 和 $k_{\lambda_b}^b$。

4. 由实验步骤 4 所测得的混合溶液的总吸光度，根据(8)、(9)两式，求出各混合溶液中 [MR$^-$]、[HMR] 值。

5. 根据测得的 pH，按(2)式求出各混合溶液中甲基红的电离平衡常数。

【思考题】

1. 测定的溶液中为什么要加入盐酸、醋酸钠和醋酸？

2. 在测定吸光度时，为什么每个波长都要用空白液校正零点？理论上应该用什么溶液作为空白溶液？本实验用的是什么溶液？

3. 本实验应怎样选择比色皿？

【讨论】

1. 分光光度法是建立在物质对辐射的选择性吸收的基础上，基于电子跃迁而产生的特征吸收光谱,因此在实际测定中,须将每一种单色光分别、依次地通过某一溶液,作出吸收光谱曲线图,从图上找出对应于某波长的最大吸收峰,用该波长的入射光通过该溶液不仅有着最佳的灵敏度,而且在该波长附近测定的吸光度有最小的误差,这是因为在该波长的最大吸收峰附近 $\mathrm{d}A/\mathrm{d}\lambda=0$,而在其他波长时 $\mathrm{d}A/\mathrm{d}\lambda$ 数据很大,波长稍有改变,会引入很大的误差。

2. 本实验是利用分光光度法来研究溶液中的化学反应平衡问题,较传统的化学法、电动势法研究化学平衡更为简便。它的应用不局限于可见光区,也可以扩大到紫外和红外区,所以对于一系列没有颜色的物质也可以应用。此外,也可以在同一样品中对两种以上的物质同时进行测定,而不需要预先进行分离。故在化学中得到广泛的应用,不仅可测定解离常数、缔合常数、配合物组成及稳定常数,还可研究化学动力学中的反应速率和机理。

实验十二　溶液偏摩尔体积的测定

【目的与要求】

1. 掌握用比重瓶测定溶液密度的方法。
2. 测定指定组成的乙醇-水溶液中各组分的偏摩尔体积。
3. 理解偏摩尔量的物理意义。

【实验原理】

在多组分体系中,某组分 i 的偏摩尔体积定义为

$$V_{i,\mathrm{m}} = \left(\frac{\partial V}{\partial n_i}\right)_{T,p,n_j(i\neq j)} \tag{1}$$

若是二组分体系,则有

$$V_{1,\mathrm{m}} = \left(\frac{\partial V}{\partial n_1}\right)_{T,p,n_2} \tag{2}$$

$$V_{2,\mathrm{m}} = \left(\frac{\partial V}{\partial n_2}\right)_{T,p,n_1} \tag{3}$$

体系总体积:

$$V_{总} = n_1 V_{1,\mathrm{m}} + n_2 V_{2,\mathrm{m}} \tag{4}$$

将式(4)两边同除以溶液质量 W:

$$\frac{V}{W} = \frac{W_1}{M_1} \cdot \frac{V_{1,\mathrm{m}}}{W} + \frac{W_2}{M_2} \cdot \frac{V_{2,\mathrm{m}}}{W} \tag{5}$$

令

$$\frac{V}{W} = \alpha, \ \frac{V_{1,\mathrm{m}}}{M_1} = \alpha_1, \ \frac{V_{2,\mathrm{m}}}{M_2} = \alpha_2 \tag{6}$$

式中,α 是溶液的比容;α_1,α_2 分别为组分 1、2 的偏质量体积。将(6)式代入(5)式可得

$$\alpha = w_1\alpha_1 + w_2\alpha_2 = (1-w_2)\alpha_1 + w_2\alpha_2 \tag{7}$$

将式(7)对 w_2 微分：$\dfrac{\partial\alpha}{\partial w_2} = -\alpha_1 + \alpha_2$，即 $\quad \alpha_2 = \alpha_1 + \dfrac{\partial\alpha}{\partial w_2}$。 $\tag{8}$

将式(8)代回式(7)，整理得

$$\alpha = \alpha_1 + w_2 \cdot \frac{\partial\alpha}{\partial w_2} \tag{9}$$

和

$$\alpha = \alpha_2 - w_1 \cdot \frac{\partial\alpha}{\partial w_2} \tag{10}$$

所以，实验求出不同浓度溶液的比容 α（即密度的倒数），作 α-w_2 关系图，得曲线 CC'（见图 3-30）。如欲求 M 浓度溶液中各组分的偏摩尔体积，可在 M 点作切线，此切线在两边的截距 AB 和 $A'B'$ 即为 α_1 和 α_2，再由关系式(6)就可求出 $V_{1,\mathrm{m}}$ 和 $V_{2,\mathrm{m}}$。

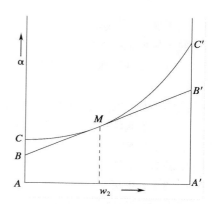

图 3-30　比容-质量百分比浓度关系图

【仪器与试剂】

仪器：恒温槽(1 台)、电子天平(1 台)、比重瓶(5 mL 或 10 mL,1 只)、磨口三角瓶(50 mL,4 只)。

试剂：无水乙醇(A. R.)、蒸馏水。

【实验步骤】

1. 调节恒温槽温度为(25.0±0.1)℃。

2. 配制溶液　以无水乙醇及蒸馏水为原液,在磨口三角瓶中用电子天平称重,配制含乙醇质量百分数为 0%、20%、40%、60%、80%、100% 的乙醇水溶液,每份溶液的总质量控制在 15 g(10 mL 比重瓶可配制 25 g)左右。配好后盖紧塞子,以防挥发。

3. 比重瓶体积的标定　用电子天平精确称量洁净、干燥的比重瓶,然后盛满蒸馏水置于恒温槽中恒温 10 min。用滤纸迅速擦去毛细管膨胀出来的水。取出比重瓶,擦干外壁,迅速称重。平行测量两次。

4. 溶液比容的测定　按上法测定每份乙醇-水溶液的比容。

【注意事项】

1. 拿比重瓶时应手持其颈部。

2. 实验过程中毛细管里始终要充满液体,注意不得存留气泡。

【数据处理】

1. 根据 25℃时水的密度和称重结果,求出比重瓶的容积。

2. 计算所配溶液中乙醇的准确质量百分比。

3. 计算实验条件下各溶液的比容。

4. 以比容为纵轴、乙醇的质量百分浓度为横轴作曲线,并在 30% 乙醇处作切线与两侧纵轴相交,即可求得 α_1 和 α_2。

5. 求算含乙醇 30% 的溶液中各组分的偏摩尔体积及 100 g 该溶液的总体积。

【思考题】

1. 使用比重瓶应注意哪些问题?

2. 如何使用比重瓶测量粒状固体的密度?

3. 为提高溶液密度测量的精度,可作哪些改进?

【讨论】

密度(ρ)是物质的基本特性常数,其单位为 $kg \cdot m^{-3}$。它可用于鉴定化合物纯度和区别组成相似而密度不同的化合物。常用的方法有以下几种:

(1) 比重计法　市售的成套比重计是在一定温度下标度的,根据液体相对密度的大小,选择一支比重计,在比重计所示的温度下插入待测液体中,从液面处的刻度可以直接读出该液体的相对密度。比重计测定液体的相对密度操作简单、方便,但不够精确。

(2) 落滴法　此法对于测定量很少的液体的密度特别有用,准确度比较高,可用来测定溶液中浓度微小变化,在医院中可用于测定血液组成的改变,在同位素重水分析中是一很有用的方法,它的缺点是液滴滴下来的介质难于选择,因此影响它的应用范围。

(3) 比重天平法　比重天平有一个标准体积及质量一定的测重锤,浸没于液体之中获得浮力而使横梁失去平衡。然后在横梁的 V 形槽里置相应质量的骑码,使梁恢复平衡,从而能迅速测得液体的比重。

(4) 比重瓶法　取一洁净干燥的比重瓶,在分析天平上称重为 W_0,然后用已知密度为 ρ_1 的液体(一般为蒸馏水)充满比重瓶,盖上带有毛细管的磨口塞,置于恒温槽恒温 10 min 后,用滤纸吸去塞子上毛细管口溢出的液体,取出小瓶擦干外臂,再称重得 W_1。

同样,按上述方法测定待测液体的质量 W_2,然后用下式计算待测液体的密度。

$$\rho = \frac{W_2 - W_0}{W_1 - W_2} \cdot \rho_1 \tag{11}$$

对固体密度的测定也可用比重瓶法。其方法是首先称出空比重瓶的质量为 W_0,再向瓶内注入已知密度的液体(该液体不能溶解待测固体,但能润湿待测固体),盖上瓶塞。置于恒温槽中恒温 10 min,用滤纸小心吸去比重瓶塞上毛细管口溢出的液体,取出比重瓶擦干,称出质量为 W_1。倒去液体,吹干比重瓶,将待测固体放入瓶内,恒温后称得质量为 W_2。然后向瓶内注入一定量上述已知密度的液体。将瓶放在真空干燥器内,用油泵抽气约 3～5 min,使吸附在固体表面的空气全部抽走,再往瓶中注入上述液体,并充满。将瓶放入恒温槽,然后称得质量为 W_3,则固体的密度可由式(12)计算:

$$\rho_s = \frac{W_2 - W_0}{(W_1 - W_2) - (W_3 - W_2)} \cdot \rho \tag{12}$$

实验十三　气相色谱法测定无限稀溶液的活度系数

【目的与要求】

1. 了解气相色谱法测定无限稀溶液活度系数的基本原理。
2. 用气相色谱法测定待测物质的无限稀溶液的活度系数,并求出其偏摩尔混合热。
3. 了解气相色谱仪的基本构造及原理,并初步掌握色谱仪的使用方法。

【实验原理】

气相色谱法的简单流程如图 3-31 所示。

气相色谱仪主要由分析单元、显示记录单元和数据处理系统组成。分析单元包括气路系统、进样系统、色谱炉、色谱柱、检测器。显示记录单元包括温度控制系统、讯号放大系统和讯号显示记录系统。数据处理系统包括计算机控制及数据处理系统。其中色谱柱、检测器是气相色谱仪的关键部分,而色谱法的核心是样品的分离和鉴定。

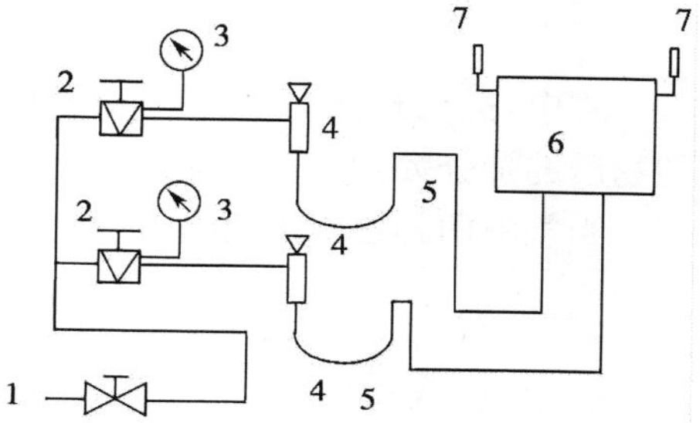

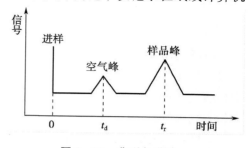

图 3-31　气相色谱仪的简单流程
1—载气输入　2—载气针形阀　3—压力表
4—进样器　5—色谱柱　6—检测器　7—放空阀

（1）流动相:即载气(H_2、N_2 等)。其作用是把样品输送到色谱柱和鉴定器。

（2）固定相:即色谱中所填充的吸附剂(如 Al_2O_3、SiO_2、分子筛、高分子微球等)或涂有一层高沸点有机物固定液(如甘油、液体石蜡、硅油等)的担体。它的作用是把混合物分离成单组分。

（3）进样器:即把样品送进色谱柱的设备(通常用微量注射器)。

（4）检测器:用以检出从色谱柱流出的组分,并以电信号显示出来(例如热导池鉴定器、氢火焰鉴定器、放射性离子化鉴定器等)。将电信号放大并由记录仪记录在纸或计算机上,成为多峰形的色谱图。在气-液色谱中固定相是涂渍在固体载体上的液体,流动相是气体,将固定相填充在色谱柱中。当载气(H_2 或 N_2)将样品的气态组分带进色谱柱时,由于气体组分与固定液的相互作用,分离后的组分经过一定时间而流出色谱柱,进入检测器而产生电讯号,经放大后由记录仪记录其色谱图,如图 3-32 所示。

设样品的保留时间为 t_r(从进样到样品峰顶的时间),死时间为 t_d(惰性气体从进样到空气峰顶的时间),则样品的校正保留时间为:

$$t_r' = t_r - t_d \tag{1}$$

样品的校正保留体积:

$$V_r^i = t_r^i \overline{F}_c \tag{2}$$

图 3-32　典型色谱图

式中，$\bar{F}_c$ 为校正到柱温、柱压下的载气平均流速。

样品校正保留体积 V_r^i，与液相体积 V_1 的关系是：

$$V_1 c_i^1 = V_r^i c_i^g \tag{3}$$

式中，c_i^1 为样品 i 在液相中的浓度；c_i^g 为样品在气相中的浓度。

设气相符合理想气体，则：

$$c_i^g = \frac{p_i}{RT_c} \tag{4}$$

而且，

$$c_i^1 = \frac{\rho\, x_i}{M} \tag{5}$$

式中，p_i 为样品 i 的分压；ρ 为纯液体的密度，M 为纯液体的相对分子质量；x_i 为样品 i 的物质的量分数；T_c 为柱温。

当气液两相达到平衡时，有：

$$p_i = p_s \gamma_i x_i \tag{6}$$

式中，p_s 为样品 i 的蒸气压，γ_i 为样品 i 的活度系数。将(4)、(5)、(6)式代入(3)式得：

$$V_r^i = \frac{V_i \rho RT_c}{Mp_s r_i} = \frac{WRT_c}{Mp_s r_i} \tag{7}$$

由(7)式得：

$$r_i = \frac{WRT_c}{Mp_s V_r'} = \frac{WRT_c}{Mp_s t_r' \bar{F}_c} \tag{8}$$

式中，$\bar{F}_c$ 为校正流量：

$$\bar{F}_c = \frac{3}{2}\left[\frac{(p_b - p_0)^2 - 1}{(p_b - p_0)^3 - 1}\right]\left(\frac{p_0 - p_w}{p_0} \cdot \frac{T_c}{T_a} \cdot F_c\right) \tag{9}$$

由(8)、(9)两式可知，为了求得 r_i，需测定下列参数：

载气柱后流速(F_c)，校正保留时间($t_r{}'$)，柱后压力(p_0，通常是大气压)，在室温时水的饱和蒸气压(p_w)，柱前压力(p_b)，柱温(T_c)，环境温度(T_a，通常为室温)，样品 i 在柱温下的饱和蒸气压(p_s)，固定液的准确重量(W)，固定液的相对分子质量(M)。

这样，只要把一定质量的溶剂作为固定液涂渍在载体上，装入色谱柱中，用被测物质作为气相进样，测得上述参数，即可按(8)式计算溶质 i 在溶剂中的活度系数 γ_i。因加入溶质的量很少，与固定液(液相为邻苯二甲酸二壬酯)构成了无限稀溶液，所以测得的 γ_i 为无限稀溶液的活度系数。

固定液在实验中应防止流失，否则必须在实验后进行校正，或采用在柱前装预饱和柱等措施。

比保留体积 $V_{比}$ 是 273.15 K 时每克固定液的校正保留体积，与 $V_r{}'$ 的关系为：

$$V_{比} = \frac{273.15V'_r}{T_cW} \tag{10}$$

将(7)式代入(10)式中,得:

$$V_{比} = \frac{273.15R}{Mp_sr_i} \tag{11}$$

对上式取对数,得:

$$\ln V_{比} = \ln\frac{273.15R}{M} - \ln p_s - \ln r_i \tag{12}$$

上式对 $1/T$ 微分,得:

$$\frac{\mathrm{d}\ln V_{比}}{\mathrm{d}\left(\frac{1}{T}\right)} = -\frac{\mathrm{d}\ln p_s}{\mathrm{d}\left(\frac{1}{T}\right)} - \frac{\mathrm{d}\ln r_i}{\mathrm{d}\left(\frac{1}{T}\right)}$$

由 Clausius-Clapeyron 方程式可写成:

$$\frac{\mathrm{d}\ln V_{比}}{\mathrm{d}\left(\frac{1}{T}\right)} = \frac{\Delta H_V}{R} - \frac{\Delta H_{\mathrm{mix}}}{R} \tag{13}$$

式中,ΔH_V 为样品的汽化热,ΔH_{mix} 为偏摩尔混合热。如为理想溶液,则 $\gamma_i = 1$,这时 ΔH_{mix} 恒定。以 $\ln V_{比}$ 对 $\frac{1}{T}$ 作图,由直线斜率可得摩尔汽化热 ΔH_V。如果是非理想溶液,且 ΔH_V、ΔH_{mix} 随温度变化不大,这时 $\ln V_{比}$ 对 $\frac{1}{T}$ 作图,由直线斜率可得($\Delta H_V - \Delta H_{\mathrm{mix}}$),即为气态溶质在溶剂中的偏摩尔溶解热。

【仪器与试剂】

仪器:气相色谱仪（1 套）、秒表（1 只）、微量注射器（10 μL,3 只）、皂膜流量计（1 只）、精密压力表（1 只）、氮气钢瓶（1 只 ）、

试剂:乙醚（A. R.）、苯（A. R.）、丙酮（A. R.）、邻苯二甲酸二壬酯（G. R.）、氯仿（A. R.）、101 白色担体（80 目～100 目）、环己烷（A. R.）、乙酸乙酯（A. R.）。

【实验步骤】

1. 色谱柱的制备

准确称取一定量的邻苯二甲酸二壬酯固定液于蒸发皿中,加适量的丙酮以稀释溶解固定液,按固定液与担体比为 20∶100 来称取 101 白色担体,倒入蒸发皿中浸泡,在红外灯下慢慢加热,使溶剂挥发。在整个过程中切忌温度过高,以免固定液损失。

将涂好固定液的担体小心装入已洗净干燥的色谱柱中。柱的一端塞以少量玻璃棉,接上真空泵,用小漏斗由柱的另一端加入担体,同时不断振动柱管,填满后同样塞以少量玻璃棉,准确记录装入色谱柱内固定液的重量。柱制备好后,在 110℃通载气老化 4～8 小时。在老化过程中,请勿将色谱柱与检测器相连,以免污染检测器。

2. 检漏

开启气源钢瓶,调节两气路流速相同(约为 15 mL·min^{-1}~20 mL·min^{-1}),然后堵死柱的气体出口处,用肥皂水检查各接头处,直到不漏气为止。

3. 仪器操作

(1) 打开载气钢瓶,调节载气针形阀使两气路流速相同(约为 15 mL·min^{-1}~20 mL·min^{-1}),并保持稳定。

(2) 设定进样口温度为 100℃,柱温为 90℃,检测室温度一般同柱温,热导池电流为 125 mA,衰减为 1。然后打开主机电源开关(必须确认气体通过热导池后才可开机,防止烧坏热导池元件)。

(3) 机器稳定 1 h 后,调节零调开关使输出电平为零,打开积分仪电源开关,调节走纸速度为 5 mm·min^{-1},按下记录键,观察基线是否漂移,待基线稳定后,方可进样测定。

4. 样品测定

在准备进样时应正确记录室温、室压、层析室温度、检测室温度、柱前压力(表压加室压)、柱后载气流速及走纸速度。然后用微量注射器取试样 1 μL 左右,再吸入空气 5 μL 左右,一次注入汽化室。每个样品重复三次,取其平均值。

5. 重复上述操作,测定其他样品。

6. 改变柱温,每次升高 5℃,重复上面的操作,共做 4~5 个温度值。

7. 实验完毕,先关闭电源,待检测室和层析室接近室温时再关闭气源。

【数据处理】

1. 实验数据列表。

室温:____℃,固定液:____g,固定液相对分子质量:_____。

样品	p_b/P_a	p_0/p_a	p_w/p_a	T_c/K	$F_c/mL·s^{-1}$	t'_r/s
1						
2						
3						

2. 计算各柱温下各试样在邻苯二甲酸二壬酯中的 $V_比$ 和 γ_i。

3. 以 $\ln V_比$ 对 $\frac{1}{T}$ 作图,求各试样的 ΔH_{mix} 值。

【注意事项】

1. 在进行色谱实验时,必须按照实验规程操作。实验开始前,首先通入载气,后开启电源开关。实验结束时,先关闭电源,待层析室和检测室温度降至室温时,再关闭载气,以防烧坏热导池元件。

2. 微量注射器使用要谨慎,切忌把针芯拉出筒外。取样时,用待测液洗涤三次,取样后,用滤纸吸去针头外的余样,使用完毕用丙酮洗涤干净。注入样品时,动作要迅速。

3. 用氢气作载气时,色谱柱后排出的尾气必须用导气管排出室外,并保持室内通风良好。

【思考题】

1. 为什么本实验所测得的是组分 B 在无限稀液体混合物中的活度系数?
2. 色谱法测定无限稀溶液的活度系数,是否对一切溶液都适用?

实验十四　溶解热的测定

【目的与要求】

1. 掌握量热装置的基本组合及电热补偿法测定热效应的基本原理。
2. 用电热补偿法测定 KNO_3 在不同浓度水溶液中的积分溶解热。
3. 用作图法求 KNO_3 在水中的微分冲淡热、积分冲淡热和微分溶解热。

【实验原理】

1. 在热化学中,关于溶解过程的热效应,有下列几个基本概念。

溶解热　在恒温恒压下,n_2 mol 溶质溶于 n_1 mol 溶剂(或溶于某浓度溶液)中产生的热效应,用 Q 表示,溶解热可分为积分(或称变浓)溶解热和微分(或称定浓)溶解热。

积分溶解热　在恒温恒压下,1 mol 溶质溶于 n_0 mol 溶剂中产生的热效应,用 Q_s 表示。

微分溶解热　在恒温恒压下,1 mol 溶质溶于某一确定浓度的无限量的溶液中产生的热效应,以 $\left(\dfrac{\partial Q}{\partial n_2}\right)_{T,p,n_1}$ 表示,简写为 $\left(\dfrac{\partial Q}{\partial n_2}\right)_{n_1}$。

冲淡热　在恒温恒压下,1 mol 溶剂加到某浓度的溶液中使之冲淡所产生的热效应。冲淡热也可分为积分(或变浓)冲淡热和微分(或定浓)冲淡热两种。

积分冲淡热　在恒温恒压下,把原含 1 mol 溶质及 n_{01} mol 溶剂的溶液冲淡到含溶剂为 n_{02} 时的热效应,即为某两浓度溶液的积分溶解热之差,以 Q_d 表示。

微分冲淡热　在恒温恒压下,1 mol 溶剂加入某一确定浓度的无限量的溶液中产生的热效应,以表示 $\left(\dfrac{\partial Q}{\partial n_2}\right)_{T,p,n_2}$,简写为 $\left(\dfrac{\partial Q}{\partial n_2}\right)_{n_2}$。

2. 积分溶解热 Q_s 可由实验直接测定,其他三种热效应则通过 Q_s - n_0 曲线求得。

设纯溶剂和纯溶质的摩尔焓分别为 $H_m(1)$ 和 $H_m(2)$,当溶质溶解于溶剂变成溶液后,在溶液中溶剂和溶质的偏摩尔焓分别为 $H_{1,m}$ 和 $H_{2,m}$,对于由 n_1 mol 溶剂和 n_2 mol 溶质组成的体系,在溶解前体系总焓为 H。

$$H = n_1 H_m(1) + n_2 H_m(2) \tag{1}$$

设溶液的焓为 H',

$$H' = n_1 H_{1,m} + n_2 H_{2,m} \tag{2}$$

因此溶解过程热效应 Q 为:

$$Q = \Delta_{mix}H = H' - H = n_1[H_{1,m} - H_m(1)] + n_2[H_{2,m} - H_m(2)] = n_1 \Delta_{mix} H_m(1) + n_2 \Delta_{mix} H_m(2) \tag{3}$$

式中，$\Delta_{\mathrm{mix}} H_{\mathrm{m}}(1)$ 为微分冲淡热；$\Delta_{\mathrm{mix}} H_{\mathrm{m}}(2)$ 为微分溶解热。根据上述定义，积分溶解热 Q_{s} 为

$$Q_{\mathrm{s}} = \frac{Q}{n_2} = \frac{\Delta_{\mathrm{mix}} H}{n_2} = \Delta_{\mathrm{mix}} H_{\mathrm{m}}(2) + \frac{n_1}{n_2} \Delta_{\mathrm{mix}} H_{\mathrm{m}}(1) = \Delta_{\mathrm{mix}} H_{\mathrm{m}}(2) + n_0 \Delta_{\mathrm{mix}} H_{\mathrm{m}}(1) \tag{4}$$

在恒压条件下，$Q = \Delta_{\mathrm{mix}} H$，对 Q 进行全微分：

$$\mathrm{d}Q = \left(\frac{\partial Q}{\partial n_1}\right)_{n_2} \mathrm{d}n_1 + \left(\frac{\partial Q}{\partial n_2}\right)_{n_1} \mathrm{d}n_2 \tag{5}$$

式(5)在比值 n_1/n_2 恒定下积分，得

$$Q = \left(\frac{\partial Q}{\partial n_1}\right)_{n_2} n_1 + \left(\frac{\partial Q}{\partial n_2}\right)_{n_1} n_2 \tag{6}$$

式(6)除以 n_2

$$\frac{Q}{n_2} = \left(\frac{\partial Q}{\partial n_1}\right)_{n_2} \frac{n_1}{n_2} + \left(\frac{\partial Q}{\partial n_2}\right)_{n_1} \tag{7}$$

因

$$\frac{Q}{n_2} = Q_{\mathrm{s}} \qquad \frac{n_1}{n_2} = n_0$$

$$Q = n_2 Q_{\mathrm{s}} \qquad n_1 = n_2 n_0 \tag{8}$$

则

$$\left(\frac{\partial Q}{Q n_1}\right)_{n_2} = \left[\frac{\partial(n_2 Q_{\mathrm{s}})}{\partial(n_2 n_0)}\right]_{n_2} = \left(\frac{\partial Q_{\mathrm{s}}}{\partial n_0}\right)_{n_2} \tag{9}$$

将式(8)、式(9)代入式(7)得：$\qquad Q_{\mathrm{s}} = \left(\frac{\partial Q}{Q n_2}\right)_{n_1} + n_0 \left(\frac{\partial Q}{Q n_0}\right)_{n_2} \tag{10}$

对比式(3)与式(6)或式(4)与式(10)

$$\Delta_{\mathrm{mix}} H_{\mathrm{m}}(1) = \left(\frac{\partial Q}{Q n_1}\right)_{n_2} \qquad \Delta_{\mathrm{mix}} H_{\mathrm{m}}(2) = \left(\frac{\partial Q}{\partial n_2}\right)_{n_1}$$

$$\text{或} \quad \Delta_{\mathrm{mix}} H_{\mathrm{m}}(1) = \left(\frac{\partial Q_{\mathrm{s}}}{Q n_0}\right)_{n_2} \qquad \Delta_{\mathrm{mix}} H_{\mathrm{m}}(2) = \left(\frac{\partial Q}{Q n_2}\right)_{n_1}$$

以 Q_{s} 对 n_0 作图，可得图 3-33 的曲线。在图 3-33 中，AF 与 BG 分别为将 1 mol 溶质溶于 n_{01} 和 n_{02} mol 溶剂时的积分溶解热 Q_{s}，BE 表示在含有 1 mol 溶质的溶液中加入溶剂，使溶剂量由 n_{01} mol 增加到 n_{02} mol 过程的积分冲淡热 Q_{d}。

$$Q_{\mathrm{d}} = (Q_{\mathrm{s}})n_{02} - (Q_{\mathrm{s}})n_{01} = BG - EG \tag{11}$$

图 3-33 中曲线 A 点的切线斜率等于该浓度溶液的微分冲淡热。

$$\Delta_{\mathrm{mix}} H_{\mathrm{m}}(1) = \left(\frac{\partial Q_{\mathrm{s}}}{Q n_0}\right)_{n_2} = \frac{AD}{CD}$$

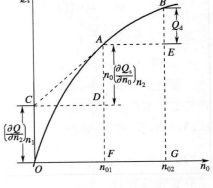

图 3-33　Q_{s} - n_0 关系图

切线在纵轴上的截距等于该浓度的微分溶解热。

$$\Delta_{\mathrm{mix}} H_{\mathrm{m}}(2) = \left(\frac{\partial Q}{Q n_2}\right)_{n_1} = \left[\frac{\partial(n_2 Q_{\mathrm{s}})}{\partial n_2}\right]_{n_1} = Q_{\mathrm{s}} - n_0 \left(\frac{\partial Q_{\mathrm{s}}}{\partial n_0}\right)_{n_2}$$

即
$$\Delta_{\mathrm{mix}}H_{\mathrm{m}}(2) = \left(\frac{\partial Q}{\partial n_2}\right)_{n_1} = OC$$

由图 3-33 可见,欲求溶解过程的各种热效应,首先要测定各种浓度下的积分溶解热,然后作图计算。

3. 本实验采用绝热式测温量热计,它是一个包括杜瓦瓶、搅拌器、电加热器和测温部件等的量热系统。装置及电路如图 3-34 所示。因本实验测定 KNO_3 在水中的溶解热是一个吸热过程,可用电热补偿法,即先测定体系的起始温度 T,溶解过程中体系温度随吸热反应进行而降低,再用电加热法使体系升温至起始温度,根据所消耗电能求出热效应 Q。

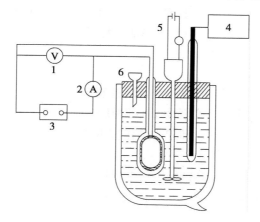

图 3-34 量热计及其电路图
1—伏特计 2—直流毫安表 3—直流稳压电源 4—测温部件 5—搅拌器 6—漏斗

$$Q = I^2 Rt = UIt$$

式中,I 为通过电阻为 R 的电热器的电流强度(A);U 为电阻丝两端所加电压(V);t 为通电时间(s)。

利用电热补偿法,测定 KNO_3 在不同浓度水溶液中的积分溶解热,并通过图解法求出其他三种热效应。

【仪器与试剂】

仪器:实验装置(包括杜瓦瓶、搅拌器、加热器、测温部件、漏斗,1 套)、直流稳压电源(1 台)、干燥器(1 只)、研钵(1 只)、称量瓶(8 个)。

试剂:KNO_3(A.R.,研细,在 110℃烘干,保存于干燥器中)。

【实验步骤】

1. 将 8 个称量瓶编号,在台秤上称量,依次加入干燥好并在研钵中研细的 KNO_3,其重量分别为 2.5 g、1.5 g、2.5 g、2.5 g、3.5 g、4 g、4 g 和 4.5 g,再用分析天平称出准确数据。称量后将称量瓶放入干燥器待用。

2. 在台秤上用杜瓦瓶直接称取 200.0 g 蒸馏水,按图 3-34 装好量热器。连好线路(杜瓦瓶用前需干燥)。

3. 经教师检查无误后接通电源,调节稳压电源,使加热器功率约为 2.5 W,保持电流稳定,开动搅拌器进行搅拌,当水温慢慢上升到比室温高出 1.5℃时读取准确温度,按下秒表开始计时,同时从加样漏斗处加入第一份样品,并将残留在漏斗上的少量 KNO_3 全部掸入杜瓦瓶中,然后用塞子堵住加样口。记录电压和电流值,在实验过程中要一直搅拌液体,加入 KNO_3 后,温度会很快下降,然后再慢慢上升,待上升至起始温度时,记下时间(读准至秒,注意此时切勿把秒表按停),并立即加入第二份样品,按上述步骤继续测定,直至 8 份样品全部加完为止。

4. 测定完毕后,切断电源,打开量热计,检查 KNO_3 是否溶完,如未全溶,则必须重做;溶解完全,可将溶液倒入回收瓶中,把量热计等器皿洗净放回原处。

5. 用分析天平称量已倒出 KNO_3 样品的空称量瓶,求出各次加入 KNO_3 的准确重量。

【注意事项】

1. 实验过程中要求 I、U 值恒定,故应随时注意调节。

2. 实验过程中切勿把秒表按停读数,直到最后方可停表。

3. 固体 KNO_3 易吸水,故称量和加样动作应迅速。为确保 KNO_3 迅速、完全溶解,在实验前务必研磨到 200 目左右,并在 110℃烘干。

4. 整个测量过程要尽可能保持绝热,减少热损失。因量热器绝热性能与盖上各孔隙密封程度有关,实验过程中要注意盖严。

【数据处理】

1. 根据溶剂的质量和加入溶质的质量,求算溶液的浓度,以 n_0 表示:

$$n_0 = \frac{n_{H_2O}}{n_{KNO_3}} = \frac{200.0}{18.02} \div \frac{W_累}{101.1} = \frac{1\ 122}{W_累}$$

2. 按 $Q=IUt$ 公式计算各次溶解过程的热效应。

3. 按每次累积的浓度和累积的热量,求各浓度下溶液的 n_0 和 Q_s。

4. 将以上数据列表并作 Q_s-n_0 图,并从图中求出 $n_0=80,100,200,300$ 和 400 处的积分溶解热和微分冲淡热,以及 n_0 从 $80\rightarrow100,100\rightarrow200,200\rightarrow300,300\rightarrow400$ 的积分冲淡热。

【思考题】

1. 对本实验的装置你有何改进意见?

2. 试设计测定溶解热的其他方法。

3. 试设计一个测定强酸(HCl)与强碱(NaOH)中和反应热的实验方法。如何计算弱酸(HAc)的解离热?

4. 影响本实验结果的因素有哪些?

附:SWC-Ⅱ$_D$ 精密数字温度温差仪的使用

1. 在接通电源前将传感器探头插入后盖板上的传感器接口(槽口对准)。

2. 将电源接入后盖板插座。

3. 将传感器探头插入被测物中(插入深度应大于 50 mm)。

4. 按下电源开关,此时显示屏显示仪表初始状态的实时温度。

5. 当温度显示值稳定后,按一下 采零 键,温差显示窗口显示"0.000"。稍后的变化值为采零后温差的相对变化量。

6. 在一个实验过程中,仪器采零后,当介质温度变化过大时,仪器会自动更换适当的基温,这样,温差的显示值将不能正确反映变化量,故在实验时,按下 采零 键后,应再按一下 锁定 键,这样,仪器将不会改变基温, 采零 键也不起作用,直至重新开机。

7. 需要记录读数时,可按一下 测量/保持 键,使仪器处于保持状态(此时,"保持"指示灯亮)。读数完毕,再按一下 测量/保持 键,即可转换到"测量"状态,进行跟踪测量。

8. 定时读数　按下 △ 或 ▽ 键,设定所需的报时间隔(应大于 5 秒钟,定时读数才会起作用);设定完成后,定时显示将进行倒计时,当一个计数周期完毕时,蜂鸣器鸣叫,且读数保持约 5 秒钟,"保持"指示灯亮,此时可观察和记录数据;若不想报警,只需将定时读数置于 0 即可。

实验十五　醋酸电离常数的测定(电导率法)

【目的与要求】

1. 通过实验了解溶液电导、电导率、摩尔电导率等基本概念及相互关系。
2. 掌握用电导率仪测量溶液电导率的方法和技术。
3. 用电导率法测定醋酸的电离常数。

【实验原理】

醋酸在水中为弱电解质。在一定温度下,醋酸在水溶液中电离达到平衡时其电离平衡常数 $K^{\ominus}$ 与电离度 α 和浓度 c 有如下关系:

$$CH_3COOH \Longrightarrow H^+ + CH_3COO^-$$

平衡时　　$c(1-\alpha)$　　　　$c\alpha$　　　　$c\alpha$

$$K^{\ominus} = \frac{(c/c^{\ominus})\alpha^2}{1-\alpha} \tag{1}$$

在一定温度下 $K^{\ominus}$ 是一常数,因此可以通过测定醋酸在不同浓度下的电离度,代入式(1)即可算出 $K^{\ominus}$ 值,其中 $c^{\ominus}$ 为标准态浓度,等于 1 mol·L^{-1}。

弱电解质的电离度 α 随溶液稀释而增加,即在一定浓度范围内随着溶液的稀释,溶液中离子浓度增大,对于弱电解质可以近似认为,溶液的摩尔电导率 Λ_m 仅与溶液中离子的浓度成正比。当弱电解质溶液在无限稀释时,弱电解质几乎全部电离,α 趋于 1,此时溶液的摩尔电导率为最大值,即无限稀释摩尔电导率 Λ_m^{∞}。在一定温度下,弱电解质溶液在浓度 c 时的电离度 α 与摩尔电导率 Λ_m 的关系为:

$$\alpha = \frac{\Lambda_m}{\Lambda_m^\infty} \tag{2}$$

$$K^\ominus = \frac{(c/c^\ominus)\Lambda_m^2}{\Lambda_m^\infty(\Lambda_m^\infty - \Lambda_m)} \tag{3}$$

$$25℃, \Lambda_{m(HAc)}^\infty = \Lambda_{m(H^+)}^\infty + \Lambda_{m(Ac^-)}^\infty$$
$$= 0.034\,98 + 0.004\,09$$
$$= 0.039\,07\ S \cdot m^2 \cdot mol^{-1}$$

摩尔电导率 Λ_m 是在相距 1 m 的两个平行电极之间,放置含有 1 mol 电解质的溶液的电导,与浓度 c 的关系如下:

$$\Lambda_m = \frac{\kappa}{c} \tag{4}$$

$$\Lambda_m = \frac{\kappa \times 10^{-3}}{c} \tag{5}$$

式中,κ 为电导率或比电导,它是平行电极相对面积为 1 m^2,相对长度为 1 m 时溶液的电导。实验时只要测得 κ,将其代入式(4) 即可求算出 Λ_m。κ 若用的是 C·G·S 制,应该用式(5)进行求算。

附单位换算:$\mu S \cdot cm^{-1} = 10^{-4}\Omega^{-1} \cdot m^{-1}(S \cdot m^{-1})$

测得一定温度下某一溶液的电导率即可求得 Λ_m,再查表求出该温度下的 $\Lambda_{m(HAc)}^\infty$,代入式(3),最后可以算出醋酸的电离常数 $K^\ominus$。

关于电导率的测定方法和电导率仪的使用,请参阅本实验附录 DDS‐11A 型数字电导率仪的使用。

【仪器与试剂】

仪器:玻璃缸恒温槽(1 套)、DDS‐11A 型电导率仪(1 台)、铂黑电极(1 支)、试管(代电导池,1 支)、移液管(25 mL,1 支)、容量瓶(50 mL,2 只)。

试剂:0.1 $mol \cdot L^{-1}$ 醋酸溶液、蒸馏水。

【实验步骤】

1. 调节恒温槽温度(25.0±0.1)℃。

2. 预热电导率仪并进行调整。打开电导率仪电源开关后,将温度旋钮调至 25℃,将校正、测量开关按到校正档,并使常数调节旋钮和所使用的电极常数相一致。

3. 醋酸溶液电导率的测定。将电极插头插入电导率仪电极插口,电极和试管均用待测液洗涤三次(注意不要损坏电极和试管),然后放入被测醋酸溶液($c/16$),置于恒温槽中恒温 5～10 分钟,将校正、测量开关扳向测量挡,挡位放在 2 000 μS 位置,测量其电导率。重复测量两次。

4. 用同样方法分别测量 $c/8$、$c/4$、$c/2$、c 的醋酸溶液的电导率。

5. 调节恒温槽温度至(35.0±0.1)℃,重复 2～4 步再进行一遍。

实验结束后,切断电源,放好仪器,并用蒸馏水将铂电极冲洗三次,然后浸入蒸馏水中备用。

【数据处理】

1. 记录实验数据。

电极常数：_____；实验温度：_____℃；蒸馏水电导率：_____（S·m^{-1}）。

$c(\text{mol} \cdot \text{L}^{-1})$	次数	$\kappa(\text{S} \cdot \text{m}^{-1})$	$\Lambda_m(\text{S} \cdot \text{m}^2 \cdot \text{mol}^{-1})$	$K^{\ominus}$
$c/16$				
$c/8$				
$c/4$				
$c/2$				
c				

注：若蒸馏水的电导率大于 10 S·m^{-1}，则需要校正所测得的溶液的电导率，即 $\kappa = \kappa_{\text{实验值}} - \kappa_{\text{H}_2\text{O}}$。

2. 根据两个温度的醋酸电离常数 K_1、K_2，利用阿仑尼乌斯公式，计算出电离反应的活化能 E_a：

$$\lg \frac{k_2}{k_1} = -\frac{E_a}{2.303R}\left(\frac{1}{T_2} - \frac{1}{T_1}\right)$$

【思考题】

1. 测量 HAc 溶液时为什么要由稀到浓？
2. 恒温槽的恒温原理是什么？
3. 溶液的电导率、摩尔电导率与浓度的关系怎样？
4. 用电导率仪测溶液电导率时应注意什么问题？

附：DDS-11A 型数字电导率仪的使用

主要技术性能

1. 测量范围：

电导率 $0 \sim 10^5 \mu\text{S/cm}$，其相当的电阻率范围为 $\infty \sim 10$ Ω·cm，共分为 4 个基本量程及两个附加量程，见下表。

量程	溶液电导率	对应电阻率/$\Omega \cdot cm$	讯号频率/Hz	配用电极	电极常数	被测溶液实际电导率
1 附	0～2 μS/cm	∞～500 000	100	DJS-0.1	0.1	显示数字×0.1
1	0～20.00 μS/cm	∞～50 000	100	DJS-1 光亮	1	显示数字×1
2	0～200.00 μS/cm	∞～5,000	100	DJS-1 光亮	1	显示数字×1
3	0～2 000.00 μS/cm	∞～500	1 000	DJS-1 铂黑	1	显示数字×1
4	0～10.00 mS/cm	∞～100	1 000	DJS-1 铂黑	1	显示数字×1
4 附	0～100 mS/cm	∞～10	1 000	DJS-10 铂黑	10	显示数字×10

2. 精确度：不大于±1%（满度）±1 个字

3. 稳定性：±0.1%±1 个字/2 小时（预热 1 小时后）

4. 工作条件：

(1) 环境温度：0～40℃。

(2) 相对湿度：≤85%。

(3) 供电电源：本仪器使用电源转换器。

仪器使用

1. 将电源转换器的电源插头插入 220 V 电源插座内，并将电源转换器的输出直流电源插头插入仪器的电源插座上。

2. 将量程开关置于校正位置，温度旋钮置 25℃位置，电极常数旋钮置 1 位置，开机预热 10～30 分钟（调节校正调节器，使仪器读数在 199.9 μS/cm）。

3. 调节"温度"旋钮

用温度计测出被测介质温度后，把"温度"旋钮置于介质温度处。

注：若把旋钮置于 25℃线上，这是仪器的基准温度（无温度补偿方式）。

4. 调节"常数"旋钮

把旋钮置于与所使用电极的常数相一致的位置上。

(1) 对 DJS-1 型电极，若常数为 0.95，则调在 0.95 位置上。

(2) 对 DJS-10 型电极，若常数为 11，则调节在 11 位置上。

5. 把量程开关置于校正位置，调节"校正"。电位器使仪器显示 199.9 μS/cm±1 个字。

6. 把量程开关置于所需的测量挡。如预先不知被测介质电导率的大小，应先把其置于最大电导率挡，然后逐挡选择适当范围，使仪器尽可能显示多位有效数字。此时仪器显示即为溶液的电导率。如使用第 4 量程，仪器超量程，应换用常数为 10 的电导电极。

注意事项

1. 有关电极使用注意事项请参阅电极说明书。

2. 电极引线、插头应保持干燥，在测量高电导（即低电阻）时使插头接触良好，以减小接触电阻。

3. 高纯水应在流动中测量，并使用洁净容器。

4. 在测量过程中如需重新校正仪器，只需将量程开关置于校正位置即可重新校正仪器，而不必将电极插头拔出，也不必将电极从待测液中取出。

5. 仪器的校正挡与"温度"和"常数"调节器的位置有关,因此当温度位置和常数位置确定并进行校正后,在测量时,不能变动校正调节器的位置,否则影响测量精确度。

6. 仪器电源开关关闭后,电源转换器仍在供电,所以不用仪器时,必须将电源转换器的电源插头拔出。

实验十六 原电池电动势的测定

【目的与要求】

1. 了解用补偿法测定电动势的原理。
2. 测量原电池的电动势。
3. 掌握电极电势、可逆电池、盐桥等概念。

【实验原理】

1. 电池电动势和电极电位

一个可逆电池包括两个可逆电极,对于无迁移的电池或用盐桥的电池,电池电动势和两个电极间电势的关系为:$E = \varphi_{右} - \varphi_{左}$($E$:电池电动势,$\varphi_{右}$、$\varphi_{左}$是电池右、左两极的电极电位)。

丹尼尔电池　$(-)Zn|ZnSO_4(c_1) \parallel CuSO_4(c_2)|Cu(+)$

(左)氧化反应　$Zn \longrightarrow Zn^{2+}(a_{Zn^{2+}}) + 2e^-$

(右)还原反应　$Cu^{2+}(a_{cu^{2+}}) + 2e^- \longrightarrow Cu$

电极反应　$Zn + Cu^{2+} \rightleftharpoons Zn^{2+} + Cu$

式中,$a_{Zn^{2+}}$ 和 $a_{cu^{2+}}$ 为离子活度。

一个电极的电位大小与溶液中有关离子的活度、温度及电极本身的性质有关。电极电位的绝对值是不能测定的,但是可以测定其相对值。所采用的方法为:将标准氢电极(p_{H_2} $=100\ kPa, a_{H^+} =1$)的电极电位规定为零,并将其作为负极与待测电极组成原电池,此电池的电动势即为待测电极的电极电位,由于氢电极使用不方便且极易中毒,故常用甘汞电极作为参考电极,计算原电池电动势如下:

$$E = E^{\ominus} - \frac{RT}{2F}\ln\frac{a_{zn^{2+}}}{a_{cu^{2+}}} \qquad (1)$$

式中,E 为电池的电动势;$E^{\ominus}$ 为标准态时的电动势;R 为摩尔气体常数;T 为开尔文温度;2 为得失电子数;F 为法拉第常数(96 500 C·mol^{-1})(图 3-35)。

2. 从测定的 E 值可以计算溶液的 pH,醌氢醌为等物质的量的醌及氢醌的化合物,在水中的溶解度很小,作为正极时其反应为:

$$Q + 2H^+ + 2e \rightleftharpoons QH_2$$

醌　　　　　氢醌

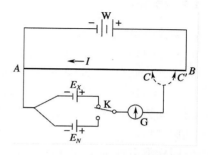

图 3-35　原电池电动势测定原理图

E_X—待测电池的电动势　E_N—标准电池电动势

K—电键　G—检流计　W—工作电池

AB—均匀精密电阻　CC'—电阻接触点

该电极的电极电位为:

$$\varphi_{QHQ} = \varphi_{QHQ}^{\ominus} - \frac{RT}{2F}\ln\frac{a_{QH_2}}{a_Q \times a_{H^+}^2} \tag{2}$$

在水溶液中,氢醌的电离度很小,可以认为

$$a_Q = a_{QH_2}$$

$$\varphi_{QHQ} = \varphi_{QHQ}^{\ominus} - \frac{2.303RT}{F}pH \tag{3}$$

若该电极与饱和甘汞电极组成电池,

$$Hg(l) \mid Hg_2Cl_2(S) \mid KCl(饱和) \parallel H^+(c_{H^+}), Q \cdot QH_2(饱和) \mid Pt(s)$$

$$pH = \frac{\varphi_{QHQ}^{\ominus} - \varphi_c - E}{2.303RT/F} \tag{4}$$

$$2.303RT/F = 0.057 + 2 \times 10^{-4}(t - 25)$$

$$\varphi_{QHQ}^{\ominus} = 0.699\,4 - 7.4 \times 10^{-4}(t - 25)V$$

$$\varphi_c = 0.241\,2 - 7.6 \times 10^{-4}(t - 25)V$$

3. 补偿法测定电动势的原理

工作电池的电势消耗在精密电阻上,在实验中全部由 UJ - 25 型电位差计所代替。由于工作电源在 WAB 回路的电阻上产生电位降,抽出其一部分与待测电池进行抵消,在完全对消时原电池内电流为零。这就是补偿法测定电动势的原理。

【仪器与试剂】

仪器:直流电位差计(UJ - 25 型,1 台)、直流复射式检流计(AC - 15 型)或数字检流计(1 台)、标准电池(BC - 3 型,1 只)、稳压电源(1 只)、甘汞电极、银电极、铂电极、铜电极、盐桥、电极瓶、导线。

试剂:KCl、$AgNO_3$、$CuSO_4$。

【实验步骤】

本实验测定以下三个原电池的电动势:

a. $(-) Hg(l) \mid Hg_2Cl_2(s) \mid KCl(饱和) \parallel CuSO_4(0.100\ mol \cdot L^{-1}) \mid Cu(s)(+)$

b. $(-) Hg(l) \mid Hg_2Cl_2(s) \mid KCl(饱和) \parallel AgNO_3(0.100\ mol \cdot L^{-1}) \mid Ag(s)(+)$

c. $(-) Hg(l) \mid Hg_2Cl_2(s) \mid KCl(饱和) \parallel H^+(pH=x), Q \cdot QH_2 \mid Pt(s)(+)$

测电动势时,将待测的电池两极接入电位差计,其他部件(如标准电池、工作电池、检流计等)也按要求接入电位差计。

先用标准电池标定,然后把电位差计转换开关转向未知挡,测定待测电池电动势,同时记下室温。

【注意事项】

1. 标准电池的使用要特别注意:它不可以当作电源用;不允许有大于 $10^{-4}A$ 的电流通

过;正负极不能接错;本实验使用的标准电池不能倒置、倾倒或者摇动;每隔一年左右,需要重新校正其电动势一次。

2. 醌氢醌电极的使用范围为 pH 在 1～8 范围内,不宜在 pH 大于 8 的情况下使用,因为此时氢醌会发生电离并容易被空气氧化。另外,使用该电极时,不允许在溶液中含硼酸或硼酸盐,因为这时氢醌要生成络合物,在有其他强氧化剂或强还原剂存在时,亦不宜使用该电极。

【数据处理】

1. 用测得的电池 a 及 b 的电动势值,分别计算铜电极和银电极的电极电位。
2. 根据公式计算醌氢醌电极溶液的 pH。

电池电动势测定记录:

室温:_____℃,标准电池电动势:_____ V。

待测原电池序号	测定值 E/V			平均值 E/V
	一次	二次	三次	

【思考题】

1. 盐桥的作用是什么? 在测定电池 b 时,如用电池 a 用过的盐桥,需用洗瓶将盐桥的两端淋洗干净,同时注意切勿将浸入饱和 KCl 溶液的一端再浸入 AgNO₃ 溶液中,这是为什么?

2. 补偿法测电池电动势的基本原理是什么? 为什么用伏特计不能准确测定电池电动势?

3. 在测量电动势过程中,若检流计光点总是往一个方向偏转(数字检流计则一直升高或降低),可能是什么原因?

附:SDC-Ⅱ数字电位差综合测定仪使用方法

(一)开机

用电源线将仪表后面板的电源插座与 220 V 电源连接,打开电源开关(ON),预热 15 分钟。

(二)以内标为基准进行测量

1. 校验

(1)用测试线将被测电动势按"＋"、"－"极性与"测量插孔"连接。

(2)将"测量选择"旋钮置于"内标"。

(3)将"10⁰"位旋钮置于"1","补偿"旋钮逆时针旋到底,其他旋钮均置于"0",此时,"电位指标"显示"1.00000 V"。

（4）待"检零指示"显示数值稳定后，调节 调零 、电位器，使"检零指示"显示为"0000"。

2. 测量：

（1）将"测量选择"置于"测量"。

（2）调节"$10^0 \sim 10^{-4}$"五个旋钮，使"检零指示"显示数值为负且绝对值最小。

（3）调节"补偿旋钮"，使"检零指示"显示为"0000"，此时，"电位显示"数值即为被测电动势的值。

注意：测量过程中，若"检零指示"显示溢出符号"OU.L"，说明"电位指示"显示的数值与被测电动势值相差过大。

（三）以外标为基准进行测量

1. 校验

（1）将已知电动势的标准电池按"＋"、"－"极性与"外标插孔"连接。

（2）将"测量选择"旋钮置于"外标"。

（3）调节"$10^0 \sim 10^{-4}$"五个旋钮和"补偿"旋钮，使"电位指示"显示的数值与外标电池数值相同。

（4）待"检零指示"数值稳定后，调节 调零 、电位器，使"检零指示"显示为"0000"。

2. 测量

（1）拔出"外标插孔"的测试线。再用测试线将被测电动势按"＋"、"－"极性接入"测量插孔"。

（2）将"测量选择"置于"测量"。

（3）调节"$10^0 \sim 10^{-4}$"五个旋钮，使"检零指示"显示数值为负且绝对值最小。

（4）调节"补偿旋钮"，使"检零指示"为"0000"，此时，"电位显示"数值即为被测电动势的值。

（四）关机

首先关闭电源开关（OFF），然后拔下电源线。

实验十七　离子迁移数的测定

当电流通过电解质溶液时，溶液中的正负离子各自向阴、阳两极迁移，由于各种离子的迁移速度不同，各自所带过去的电量也必然不同。每种离子所带过去的电量与通过溶液的总电量之比，称为该离子在此溶液中的迁移数。若正负离子传递电量分别为 q_+ 和 q_-，通过溶液的总电量为 Q，则正负离子的迁移数分别为：

$$t_+ = q_+/Q \qquad t_- = q_-/Q$$

离子迁移数与浓度、温度、溶剂的性质有关，增加某种离子的浓度则该离子传递电量的百分数增加，离子迁移数也相应增加；温度改变，离子迁移数也会发生变化，但温度升高，正负离子的迁移数差别较小；同一种离子在不同电解质中迁移数是不同的。

离子迁移数可以直接测定，方法有希托夫法、界面移动法和电动势法等。

（一）希托夫法测定离子迁移数

【目的与要求】

1. 掌握希托夫法测定离子迁移数的原理及方法。
2. 明确迁移数的概念。
3. 了解电量计的使用原理及方法。

【实验原理】

希托夫法测定离子迁移数的示意图如图 3-36 所示。将已知浓度的硫酸溶液装入迁移管中,若有 Q 库仑电量通过体系,在阴极和阳极上分别发生如下反应:

阳极：$\qquad 2OH^- \longrightarrow H_2O + \dfrac{1}{2}O_2 + 2e^-$

阴极：$\qquad 2H^+ + 2e^- \longrightarrow H_2$

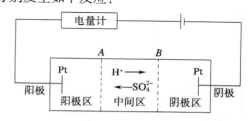

图 3-36 希托夫法示意图

此时溶液中 H^+ 向阴极方向迁移,SO_4^{2-} 向阳极方向迁移。电极反应与离子迁移引起的总结果是阴极区的 H_2SO_4 浓度减少,阳极区的 H_2SO_4 浓度增加,且增加与减小的浓度数值相等。由于流过小室中每一截面的电量都相同,因此离开与进入假想中间区的 H^+ 数目相同,SO_4^{2-} 数目也相同,所以中间区的浓度在通电过程中保持不变。由此可得计算离子迁移数的公式如下：

$$t_{SO_4^{2-}} = \frac{\text{阴极区}\left(\frac{1}{2}H_2SO_4\right)\text{减少的量(mol)} \times F}{Q} = \frac{\text{阳极区}\left(\frac{1}{2}H_2SO_4\right)\text{增加的量(mol)} \times F}{Q} \qquad (1)$$

$$t_{H^+} = 1 - t_{SO_4^{2-}}$$

式中,F 为法拉第(Faraday)常数;Q 为总电量。

图 3-36 所示的三个区域是假想分割的,实际装置必须以某种方式给予满足。图 3-37 的实验装置提供了这一可能,它使电极远离中间区,中间区的连接处又很细,能有效地阻止扩散,保证了中间区浓度不变。

式(1)中阴极液通电前后 $\frac{1}{2}H_2SO_4$ 减少的量 n 可通过下式计算：

$$n = \frac{(c_0 - c)V}{1\,000} \qquad (2)$$

式中,c_0 为 $\frac{1}{2}H_2SO_4$ 原始浓度;c 为通电后 $\frac{1}{2}H_2SO_4$ 浓度;V 为阴极液体积(cm³),由 $V = W/\rho$ 求算,其中 W 为阴极液的质量,ρ 为阴极液的密度(20℃时 0.1 mol·L^{-1} H$_2$SO$_4$ 的密度 $\rho = 1.002$ g·cm^{-3})。

通过溶液的总电量可用气体电量计测定,如图 3-38 所示,其准确度可达±0.1%,它的原理实际上就是电解水(为减小电阻,水中加入几滴浓 H_2SO_4)。

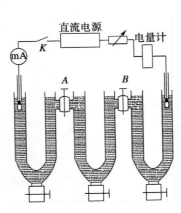

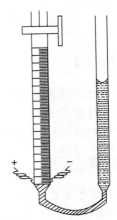

图 3-37　希托夫法装置图　　　　　图 3-38　气体电量计装置图

阳极:$2OH^- \longrightarrow H_2O + \dfrac{1}{2}O_2 + 2e^-$

阴极:$2H^+ \longrightarrow H_2 - 2e^-$

根据法拉第定律及理想气体状态方程,并由 H_2 和 O_2 的体积得到求算总电量(库仑)公式如下:

$$Q = \frac{4(p - p_w)VF}{3RT} \tag{3}$$

式中,p 为实验时大气压;p_w 为温度为 T 时水的饱和蒸气压;V 为 H_2 和 O_2 混合气体的体积;F 为法拉第(Farady)常数。

【仪器与试剂】

仪器:迁移管(1 套)、铂电极(2 支)、精密稳流电源(1 台)、气体电量计(1 套)、分析天平(1 台)、碱式滴定管(25 mL,3 支)、三角瓶(100 mL,3 只)、移液管(10 mL,3 支)、烧杯(50 mL,3 只)、容量瓶(250 mL,1 只)。

试剂:H_2SO_4(C. P.)、NaOH(0.100 0 mol·L^{-1})。

【实验步骤】

1. 配制 $c\left(\dfrac{1}{2}H_2SO_4\right)$ 为 0.1 mol·L^{-1} 的 H_2SO_4 溶液 250 mL,并用标准 NaOH 溶液标定其浓度。然后用该 H_2SO_4 溶液冲洗迁移管后,装满迁移管。

2. 打开气体电量计活塞,移动水准管,使量气管内液面升到起始刻度,关闭活塞,比平后记下液面起始刻度。

3. 按图接好线路,将稳流电源的"调压旋钮"旋至最小处。经教师检查后,接通开关 K,打开电源开关,旋转"调压旋钮"使电流强度为 10~15 mA,通电约 1.5 h 后,立即夹紧两个连接处的夹子,并关闭电源。

4. 将阴极液(或阳极液)放入一个已称重的洁净干燥的烧杯中,并用少量原始 H_2SO_4 液冲洗阴极管(或阳极管),一并放入烧杯中,然后称重。中间液放入另一洁净干燥的烧杯中。

5. 取 10 mL 阴极液(或阳极液)放入三角瓶内,用标准 NaOH 溶液标定。再取 10 mL 中间液标定之,检查中间液浓度是否变化。

6. 轻弹气量管,待气体电量计气泡全部逸出后,比平以后记录液面刻度。

【注意事项】

1. 电量计使用前应检查是否漏气。
2. 通电过程中,迁移管应避免振动。
3. 中间管与阴极管、阳极管连接处不留气泡。
4. 阴极管、阳极管上端的塞子不能塞紧。

【数据处理】

1. 将所测数据列表。

室温_____;大气压_____;饱和水蒸气压_____;气体电量计产生气体体积V _____;标准 NaOH 溶液浓度_____。

溶液	重/g	(烧杯+溶液)重/ g	溶液重/g	V_{NaOH}/mL	$c\left(\frac{1}{2}H_2SO_4\right)$

2. 计算通过溶液的总电量 Q。

3. 计算阴极液通电前后 $\frac{1}{2}H_2SO_4$ 减少的量 n。

4. 计算离子的迁移数 t_{H^+} 及 $t_{SO_4^{2-}}$。

【思考题】

1. 如何保证电量计中测得的气体体积是在实验大气压下的体积?
2. 中间区浓度改变说明什么? 如何防止?
3. 为什么不用蒸馏水而用原始溶液冲洗电极?

【讨论】

希托夫法测得的迁移数又称为表观迁移数,计算过程中假定水是不动的。由于离子的水化作用,离子迁移时实际上是附着水分子的,所以由于阴、阳离子水化程度不同,在迁移过程中会引起浓度的改变。若考虑水的迁移对浓度的影响,则算出阳离子或阴离子的迁移数,称为真实迁移数。

(二)界面移动法测定离子迁移数

【实验原理】

利用界面移动法测迁移数的实验可分为两类:一类是使用两种指示离子,造成两个界

面;另一类是只用一种指示离子,有一个界面。近年来这种方法已经代替了第一类方法,其原理如下:

实验在图 3-39 所示的迁移管中进行。设 M^{z+} 为欲测的阳离子,M'^{z+} 为指示阳离子。为了保持界面清晰,防止由于重力而产生搅动作用,应将密度大的溶液放在下面。当有电流通过溶液时,阳离子向阴极迁移,原来的界面 aa' 逐渐上移,经过一定时间 t 到达 bb'。设 aa' 和 bb' 间的体积为 V,$t_{M^{z+}}$ 为 M^{z+} 的迁移数。据定义有:

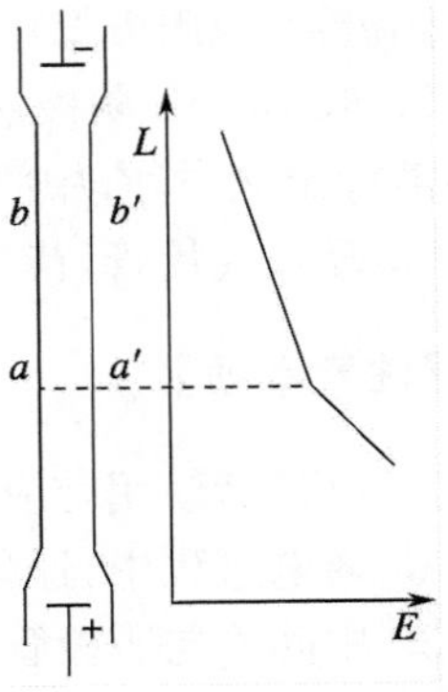

图 3-39 迁移管中的电位梯度

$$t_{M^{z+}} = \frac{VFc}{Q} \qquad (4)$$

式中,F 为法拉第(Farady)常数;c 为 $\left(\frac{1}{z}M^{z+}\right)$ 的量浓度;Q 为通过溶液的总电量;V 为界面移动的体积,可用称量充满 aa' 和 bb' 间的水的质量校正之。

本实验用 Cd^{2+} 作为指示离子,测定 $0.1\ \text{mol} \cdot \text{dm}^{-3}$ HCl 中 H^+ 的迁移数。因为 Cd^{2+} 淌度(U)较小,即 $U_{Cd^{2+}} < U_{H^+}$,在图 3-40 的实验装置中,通电时,H^+ 向上迁移,Cl^- 向下迁移,在 Cd 阳极上 Cd 氧化,进入溶液生成 $CdCl_2$,逐渐顶替 HCl 溶液,在管中形成界面。由于溶液要保持电中性,且任一截面都不会中断传递电流,H^+ 迁移走后的区域,Cd^{2+} 紧紧地跟上,离子的移动速度(v)是相等的,$v_{Cd^{2+}} = v_{H^+}$,由此可得:

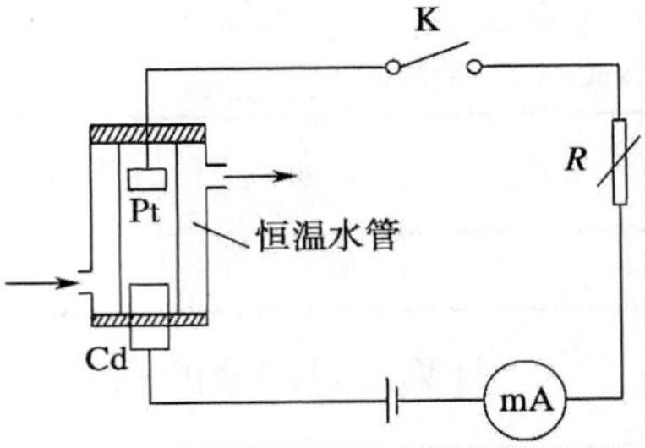

图 3-40 界面移动法测离子迁移数装置示意图

$$U_{Cd^{2+}} \frac{\mathrm{d}E'}{\mathrm{d}L} = U_{H^+} \frac{\mathrm{d}E}{\mathrm{d}L}$$

$$\frac{\mathrm{d}E'}{\mathrm{d}L} > \frac{\mathrm{d}E}{\mathrm{d}L}$$

即在 $CdCl_2$ 溶液中电位梯度是较大的。因此若 H^+ 因扩散作用落入 $CdCl_2$ 溶液层,它就不仅比 Cd^{2+} 迁移得快,而且比界面上的 H^+ 也要快,能赶回到 HCl 层。同样若任何 Cd^{2+} 进入低电位梯度的 HCl 溶液,它就要减速,一直到它们重又落后于 H^+ 为止,这样界面在通电过程中保持清晰。

【仪器与试剂】

仪器:精密稳流电源(1 台)、滑线变阻器(1 只)、毫安表(1 只)、烧杯(25 mL,1 只)。
试剂:HCl($0.100\ 0\ \text{mol} \cdot \text{L}^{-1}$)、甲基橙(或甲基紫)指示剂。

【实验步骤】

1. 在小烧杯中倒入约 10 mL $0.1\ \text{mol} \cdot \text{L}^{-1}$ HCl,加入少许甲基紫,使溶液呈深蓝色。并用少许该溶液洗涤迁移管后,将溶液装满迁移管,并插入 Pt 电极。

2. 按图 3-40 接好线路,按通开关 K 与电源 D 相通,调节电位器 R 保持电流在 5～

7 mA 之间。

3. 当迁移管内蓝紫色界面达到起始刻度时,立即开动秒表,此时要随时调节电位器 R,使电流 I 保持定值。当蓝紫色界面迁移 1 mL 后,再按秒表,并关闭电源开关。

【注意事项】

1. 通过后由于 $CdCl_2$ 层的形成电阻加大,电流会渐渐变小,因此应不断调节电流使其保持不变。

2. 通电过程中,迁移管应避免振动。

【数据处理】

计算 t_{H^+} 和 t_{Cl^-}。讨论与解释观察到的实验现象,将结果与文献值加以比较。

【思考题】

1. 本实验的关键是什么?应注意什么?

2. 测量某一电解质离子迁移数时,指示离子应如何选择?指示剂应如何选择?

【讨论】

离子迁移数的测定方法除以上介绍的希托夫法和界面移动法外,还有电动势法。

电动势法是通过测量具有或不具有溶液接界的浓差电池的电动势来进行的。例如测定硝酸银溶液的 t_{Ag^+} 和 $t_{NO_3^-}$ 可安排如下电池:

(1) 有溶液接界的浓差电池　　　$Ag \mid AgNO_3(m_1) \mid AgNO_3(m_2) \mid Ag$

总的电池反应:　　　　　　　　$t_{NO_3^-} AgNO_3(m_2) \rightarrow t_{NO_3^-} AgNO_3(m_1)$

测得电动势　　　　　　$E_1 = 2\, t_{NO_3^-} \dfrac{RT}{F} \ln \dfrac{\gamma_{\pm 2} m_2}{\gamma_{\pm 1} m_1}$

(2) 无溶液接界的浓差电池　　　$Ag \mid AgNO_3(m_1) \parallel AgNO_3(m_2) \mid Ag$

总的电池反应:　　　　　　　　$Ag^+(m_2) \rightarrow Ag^+(m_1)$

测得电动势　　　　　　$E_2 = \dfrac{RT}{F} \ln \dfrac{(a_{Ag^+})_2}{(a_{Ag^+})_1}$

假定溶液中价数相同的离子具有相同活度系数,则可得:

$$a_{\pm 1} = (a_{Ag^+})_1 = (a_{NO_3^-})_1 = \gamma_{\pm 1} m_1$$

$$a_{\pm 2} = (a_{Ag^+})_2 = (a_{NO_3^-})_2 = \gamma_{\pm 2} m_2$$

$$\frac{E_1}{E_2} = \frac{2 t_{NO_3^-} \dfrac{RT}{F} \ln \dfrac{\gamma_{\pm 2} m_2}{\gamma_{\pm 1} m_1}}{\dfrac{RT}{F} \ln \dfrac{(a_{Ag^+})_2}{(a_{Ag^+})_1}}$$

因此,　　　　　　$t_{NO_3^-} = \dfrac{1}{2} \cdot \dfrac{E_1}{E_2}, \quad t_{Ag^+} = 1 - t_{NO_3^-}$

实验十八　极化曲线的测定

【目的与要求】

1. 掌握准稳态恒电位法测定金属极化曲线的基本原理和测试方法。
2. 了解极化曲线的意义和应用。
3. 掌握恒电位仪的使用方法。

【实验原理】

1. 极化现象与极化曲线

为了探索电极过程机理及影响电极过程的各种因素,必须对电极过程进行研究,其中极化曲线的测定是重要方法之一。我们知道在研究可逆电池的电动势和电池反应时,电极上几乎没有电流通过,每个电极反应都是在接近于平衡状态下进行的,因此电极反应是可逆的。但当有电流明显地通过电池时,电极的平衡状态被破坏,电极电势偏离平衡值,电极反应处于不可逆状态,而且随着电极上电流密度的增加,电极反应的不可逆程度也随之增大。由于电流通过电极而导致电极电势偏离平衡值的现象称为电极的极化,描述电流密度与电极电势之间关系的曲线称作极化曲线,如图 3－41 所示。

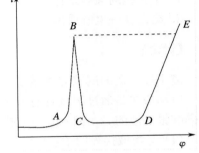

图 3－41　极化曲线

$A{\rightarrow}B$—活性溶解区　B—临界钝化点
$B{\rightarrow}C$—过渡钝化区　$C{\rightarrow}D$—稳定钝化区
$D{\rightarrow}E$—超(过)钝化区

金属的阳极过程是指金属作为阳极时在一定的外电势下发生的阳极溶解过程,如下式所示:

$$M \longrightarrow M^{n+} + n\,e^-$$

此过程只有在电极电势正于其热力学平衡电势时才能发生。阳极的溶解速度随电位变正而逐渐增大,这是正常的阳极溶出,但当阳极电势正到某一数值时,其溶解速度达到最大值,此后阳极溶解速度随电势变正反而大幅度降低,这种现象称为金属的钝化现象。图 3－41中曲线表明,从 A 点开始,随着电位向正方向移动,电流密度也随之增加,电势超过 B 点后,电流密度随电势增加迅速减至最小,这是因为在金属表面生产了一层电阻高、耐腐蚀的钝化膜。B 点对应的电势称为临界钝化电势,对应的电流称为临界钝化电流。电势到达 C 点以后,随着电势的继续增加,电流却保持在一个基本不变的很小的数值上,该电流称为维钝电流,直到电势升到 D 点,电流才又随着电势的上升而增大,表示阳极又发生了氧化过程,可能是高价金属离子产生,也可能是水分子放电析出氧气,DE 段称为过钝化区。

2. 极化曲线的测定

(1) 恒电位法

恒电位法就是将研究电极的电极电势依次恒定在不同的数值上,然后测量对应于各电位下的电流。极化曲线的测量应尽可能接近体系稳态。稳态体系指被研究体系的极化电流、电极电势、电极表面状态等基本上不随时间而改变。在实际测量中,常用的控制电位测量方法有以下两种:

阶跃法 将电极电势恒定在某一数值,测定相应的稳定电流值,如此逐点地测量一系列各个电极电势下的稳定电流值,以获得完整的极化曲线。对某些体系,达到稳态可能需要很长时间,为节省时间,提高测量重现性,人们往往自行规定每次电势恒定的时间。

慢扫描法 控制电极电势以较慢的速度连续地改变(扫描),并测量对应电势下的瞬时电流值,以瞬时电流与对应的电极电势作图,获得整个的极化曲线。一般来说,电极表面建立稳态的速度愈慢,则电位扫描速度也应愈慢。因此对不同的电极体系,扫描速度也不相同。为测得稳态极化曲线,人们通常依次减小扫描速度测定若干条极化曲线,当测至极化曲线不再明显变化时,可确定此扫描速度下测得的极化曲线即为稳态极化曲线。同样,为节省时间,对于那些只是为了比较不同因素对电极过程影响的极化曲线,则选取适当的扫描速度绘制准稳态极化曲线就可以了。

上述两种方法都已经获得了广泛应用,尤其是慢扫描法,由于可以自动测绘,扫描速度可控,因而测量结果重现性好,特别适用于对比实验。

(2)恒电流法

恒电流法就是控制研究电极上的电流密度依次恒定在不同的数值下,同时测定相应的稳定电极电势值。采用恒电流法测定极化曲线时,由于种种原因,给定电流后,电极电势往往不能立即达到稳态,不同的体系,电势趋于稳态所需要的时间也不相同,因此在实际测量时一般电势接近稳定(如 $1\sim3$ min 内无大的变化)即可读值,或人为自行规定每次电流恒定的时间。

【仪器与试剂】

仪器:电化学综合测试系统(1 套)或恒电位仪(1 台)、数字电压表(1 只)、毫安表(1 只)、电磁搅拌器(1 台)、饱和甘汞电极(1 支)、碳钢电极(2 支,研究电极、辅助电极各 1 支)、三室电解槽(1 只,见图 3-42)、氮气钢瓶(1 只)。

试剂:$(NH_4)_2CO_3$(2 mol·L^{-1})、H_2SO_4(0.5 mol·L^{-1})、H_2SO_4(0.5 mol·L^{-1})+KCl(5.0×10^{-3} mol·L^{-1})、H_2SO_4(0.5 mol·L^{-1})+KCl(0.1 mol·L^{-1})。

【实验步骤】

方法一 碳钢在碳酸铵溶液中的极化曲线

1. **碳钢预处理** 用金相砂纸将碳钢研究电极打磨至镜面光亮,在丙酮中除油后,留出 1 cm² 面积,用石蜡涂封其余部分。以另一碳钢电极为阳极,处理后的碳钢电极为阴极,在 0.5 mol·L^{-1} H_2SO_4 溶液中控制电流密度为 5 mA·cm^{-2},电解 10 min,去除电极上的氧化膜,然后用蒸馏水洗净备用。

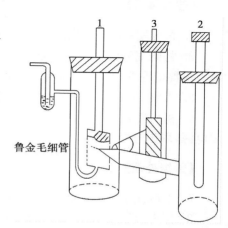

图 3-42 三室电解槽
1—研究电极 2—参比电极 3—辅助电极

2. 电解线路连接　将 2 mol·L^{-1}(NH$_4$)$_2$CO$_3$ 溶液倒入电解池中,按照图 3-42 中所示安装好电极并与相应恒电位仪上的接线柱相接,将电流表串联在电流回路中。通电前在溶液中通入 N$_2$ 5～10 min,以除去电解液中的氧。为保证除氧效果可打开电磁搅拌器。

3. 恒电位法测定阳极和阴极极化曲线

阶跃法

开启恒电位仪,先测"参比"对"研究"的自腐电位(电压表示数应该在 0.8 V 以上方为合格,否则需要重新处理研究电极),然后调节恒电位仪从 +1.2 V 开始,每次改变 0.02 V,逐点调节电位值,同时记录其相应的电流值,直到电位达到 -1.0 V 为止。

4. 恒电流法测定阳极极化曲线

采用阶跃法。恒定电流值从 0 mA 开始,每次变化 0.5 mA,并测量相应的电极电势值,直到所测电极电势突变后,再测定数个点为止。

方法二　镍在硫酸溶液中的钝化曲线

1. 镍电极预处理　用金相砂纸将镍棒电极端面打磨至镜面光亮,在丙酮中除油后,在 0.5 mol·L^{-1} H$_2$SO$_4$ 溶液中浸泡片刻,然后用蒸馏水洗净备用。

2. 电解线路连接　将 0.5 mol·L^{-1} H$_2$SO$_4$ 溶液倒入电解池中,按照图 2-49 中所示安装好电极并与相应恒电位仪上的接线柱相接,将电流表串联在电流回路中。通电前在溶液中通入 N$_2$ 5～10 min,以除去电解液中的氧。为保证除氧效果,可打开电磁搅拌器。

3. 恒电位法测定镍在硫酸溶液中的钝化曲线

阶跃法

开启恒电位仪,给定电位从自腐电位开始,连续逐点改变阳极电势,同时记录其相应的电流值,直到 O$_2$ 在阳极上大量析出为止。

4. 考察 Cl$^-$ 对镍阳极钝化的影响

重新处理电极,依次更换 0.5 mol·L^{-1} H$_2$SO$_4$+5.0×10^{-3} mol·L^{-1} KCl 混合溶液和 0.5 mol·L^{-1} H$_2$SO$_4$+0.1 mol·L^{-1} KCl 混合溶液,采用阶跃法或慢扫描法(慢扫描法在以上实验中选定的扫描速度下)进行钝化曲线的测量。

【注意事项】

1. 按照实验要求,严格进行电极处理。

2. 将研究电极置于电解槽时,要注意与鲁金毛细管之间的距离每次应保持一致。研究电极与鲁金毛细管应尽量靠近,但管口离电极表面的距离不能小于毛细管本身的直径。

3. 考察 Cl$^-$ 对镍阳极钝化的影响时,测试方式和测试条件等应保持一致。

4. 每次做完测试后,应在确认恒电位仪或电化学综合测试系统在非工作的状态下,关闭电源,取出电极。

【数据处理】

1. 对阶跃法测试的数据应列出表格。

2. 以电流密度为纵坐标,电极电势(相对饱和甘汞)为横坐标,绘制极化曲线。

3. 讨论所得实验结果及曲线的意义,指出钝化曲线中的活性溶解区、过渡钝化区、稳定钝化区、过钝化区,并标出临界钝化电流密度(电势)、维钝电流密度等数值。

4. 讨论 Cl^- 对镍阳极钝化的影响。

【思考题】

1. 比较恒电流法和恒电位法测定极化曲线有何异同,并说明原因。
2. 测定阳极钝化曲线为何要用恒电位法?
3. 做好本实验的关键有哪些?

【讨论】

1. 电化学稳态的含义

指定的时间内,被研究的电化学系统的参量,包括电极电势、极化电流、电极表面状态、电极周围反应物和产物的浓度分布等,随时间变化甚微,该状态通常被称为电化学稳态。电化学稳态不是电化学平衡态。实际上,真正的稳态并不存在,稳态只具有相对的含义。到达稳态之前的状态被称为暂态。在稳态极化曲线的测试中,由于要达到稳态需要很长的时间,而且不同的测试者对稳态的认定标准也不相同,因此人们通常人为规定电极电势的恒定时间或扫描速度,使测试过程接近稳态,测取准稳态极化曲线,此法尤其适用于考察不同因素对极化曲线的影响。

2. 三电极体系

极化曲线描述的是电极电势与电流密度之间的关系。被研究电极过程的电极被称为研究电极或工作电极。与工作电极构成电流回路,以形成对研究电极极化的电极称为辅助电极,也叫对电极。其面积通常要较研究电极为大,以降低该电极上的极化。参比电极是测量研究电极电势的比较标准,与研究电极组成测量电池。参比电极应是一个电极电势已知且稳定的可逆电极,该电极的稳定性和重现性要好。为减少电极电势测试过程中的溶液电位降,通常两者之间以鲁金毛细管相连。鲁金毛细管应尽量但也不能无限制靠近研究电极表面,以防对研究电极表面的电力线分布造成屏蔽效应。

3. 影响金属钝化过程的几个因素

金属的钝化现象是常见的,人们已对它进行了大量的研究工作。影响金属钝化过程及钝化性质的因素,可以归纳为以下几点:

(1) 溶液的组成。溶液中存在的 H^+、卤素离子以及某些具有氧化性的阴离子,对金属的钝化现象起着颇为显著的影响。在中性溶液中,金属一般比较容易钝化,而在酸性或某些碱性的溶液中,钝化则困难得多,这与阳极产物的溶解度有关系。卤素离子,特别是氯离子的存在,则明显地阻滞了金属的钝化过程,已经钝化了的金属也容易被它破坏(活化),而使金属的阳极溶解速度重新增大。溶液中存在的某些具有氧化性的阴离子(如 CrO_4^{2-})则可以促进金属的钝化。

(2) 金属的化学组成和结构。各种纯金属的钝化性能不尽相同,以铁、镍、铬三种金属为例,铬最容易钝化,镍次之,铁较差些。因此添加铬、镍可以提高钢铁的钝化能力及钝化的稳定性。

(3) 外界因素(如温度、搅拌等)。一般来说,温度升高以及搅拌加剧,可以推迟或防止钝化过程的发生,这显然与离子的扩散有关。

实验十九　蔗糖的转化（一级反应）

【目的与要求】

1. 测定蔗糖转化反应的级数、反应速率常数和半衰期。
2. 了解该反应的反应物浓度与旋光度之间的关系。
3. 通过实验掌握旋光度的原理和旋光仪的使用方法。

【实验原理】

蔗糖转化（水解）反应如下：

$$C_{12}H_{22}O_{11} + H_2O \xrightarrow{H^+} C_6H_{12}O_6 + C_6H_{12}O_6$$
（蔗糖）　　　　　　　（葡萄糖）　　　（果糖）

蔗糖水解本身是一个二级反应，但在纯水中反应速度极慢，通常需在 H^+ 的催化作用下进行。由于反应时水是大量存在的，虽有部分水分子参加反应，但可近似认为整个反应过程的水的浓度不变，因为 H^+ 是催化剂，其浓度也保持不变，所以可把蔗糖的转化（水解）反应视为一级反应。一级反应的速度方程可表示为：

$$-\frac{dc_0}{dt} = kc$$

积分后：

$$\ln c = -kt + \ln c_0$$

c_0 为反应物的初始浓度，当 $c = 1/2\, c_0$ 时，时间 t 可用 $t_{1/2}$ 表示，即为半衰期：

$$t_{1/2} = \frac{\ln 2}{k} = \frac{0.693}{k}$$

由于蔗糖及其转化产物都含有不对称的碳原子，它们都具有旋光性，但它们的旋光度不同，所以可用体系在反应过程中旋光度的变化来衡量反应的进程。

测量物质的旋光度所用的仪器是旋光仪，溶液的旋光度与溶液中所含旋光物质的旋光能力、溶剂的性质、溶液的浓度、旋光管的长度、光源波长及反应温度等均有关系。当其他条件固定时，旋光度 α 与反应物浓度 c 是线性关系。

即：

$$\alpha = K \cdot c$$

式中，K 为比例常数，它与物质的旋光能力、溶剂的性质、旋光管的长度、反应温度等有关。

物质的旋光能力用比旋光度来衡量。比旋光度就是当旋光物质溶液浓度 c 为 $1\,kg \cdot L^{-1}$，液层厚度为 $0.1\,m$ 时溶液的旋光度。又因为光波的波长对旋光度有影响，故规定以 20℃ 的钠光（波长为 $2.896 \times 10^{-9}\,m$，记为"D"）为标准，记作 $[\alpha]_D^{20}$。本实验中反应物蔗糖是右旋性物质，其比旋光度为 $[\alpha]_D^{20} = 66.6°$；生成物葡萄糖也是右旋性物质，其比旋光度为 $[\alpha]_D^{20} = 52.5°$；但生成物果糖是左旋性物质，其比旋光度为 $[\alpha]_D^{20} = -91.9°$。由于果糖的左旋比葡萄糖的右旋大,所以生成物呈现左旋性(负值)。随着反应的进行,体系右旋角不断减小,反应到某一时刻,体系的旋光度变为 0,而后变为左旋,直到蔗糖完全转化,这时旋角达到最大值 α_{∞}。

$$\ln(\alpha_t - \alpha_{\infty}) = -kt + \ln(\alpha_0 - \alpha_{\infty})$$

从上式可知,若以 $\ln(\alpha_t - \alpha_{\infty})$ 对 t 作图可得一直线,从其斜率就可以求得反应速率常数 k。

【仪器与试剂】

仪器：旋光仪(1 套)、锥形瓶(100 mL,1 只)、烧杯(500 mL,1 只)、移液管(25 mL,1 支)、吸水纸、镜头纸等。

试剂：蔗糖溶液、盐酸溶液。

【实验步骤】

1. 校正旋光仪零点

了解和熟悉 WXG-4 型旋光仪的构造、原理和使用方法,预习旋光仪的使用(附录)。先掌握一下仪器的读数方法。

(1) 打开开关让仪器预热,准备光源,等到钠光灯呈现亮黄色光则光源已准备好。

(2) 洗净旋光管(选用 220 mm 的一支),把管子的一端盖子拧紧。在管内加入蒸馏水,使之形成凸液面,然后盖上圆形小玻璃片,再旋上套盖,使玻璃片紧贴旋光管,切勿漏水,但也要防止用力过大,压碎玻璃片,尽量保证管内无气泡,若有小气泡可将其赶至旋光管的膨胀部位而不影响光源通过。擦干旋光管及两端玻片,放入旋光仪内,关上外罩,调节目镜聚焦,使视野清晰,然后旋转检偏镜至观察到明显三分视野暗度相等为止,从旋光仪刻度盘上读下旋光角(使用游标读数方法读到小数第二位)。反复调整,重复测量 5 次,取平均值,此值即为仪器零点,可用来校正系统误差。

2. 蔗糖比旋光度测定(此步骤可以不做)

取出旋光管,倒掉蒸馏水,装入 10% 蔗糖溶液,测定在室温下蔗糖溶液的旋光度,反复测 5 次,取平均值,记录数据,用仪器零点校正后用于求蔗糖的比旋光度。

3. 蔗糖转化过程的旋光度测定 α_t

吸取 25 mL(20 g/100 mL)蔗糖溶液于干燥的三角锥形瓶中,再吸取 25 mL 盐酸(约 4 mol·L^{-1}),缓慢加入到蔗糖溶液中,使之均匀混合,注意盐酸溶液由移液管内流出一半时,开始计时,迅速用少量反应液荡洗旋光管两次,再把反应液加入旋光管盖妥擦干放入旋光仪内,当时间到 5 分钟时读第一个旋光度数值。以后每隔 5 分钟测一次数值,测定时一定注意三分视野的暗度要相等,再读取旋光度,连续读取 45 分钟左右旋光度的变化值。

4. α_{∞} 的测定

一般是反应完毕后把旋光管内的溶液与在锥形瓶内剩余的反应混合液合并,放置 48 小时后读取(用 220 mm 的旋光管 $\alpha_{\infty} = -4.33$;用 200 mm 的旋光管 $\alpha_{\infty} = -4.10$)。

实验结束时,由于旋光管内酸度较大,故一定要冲洗干净才能收回。

【数据处理】

室温：_____℃；大气压：_____mmHg；α_∞：_____。

t(min)	
α_t	
$\alpha_t - \alpha_\infty$	
$\ln(\alpha_t - \alpha_\infty)$	

以 $\ln(\alpha_t - \alpha_\infty)$ 对 t 作图，由直线斜率求出反应速度常数 k，并计算反应的 $t_{1/2}$，从曲线形状来检验一下蔗糖转化的反应级数。

【思考题】

1. 蔗糖的转化速度与哪些因素有关？
2. 蔗糖水解速率常数 k 与哪些因素有关？
3. 试述减少本实验误差可用哪些方法。
4. 在实验中，用蒸馏水校正旋光仪的零点，在数据处理时蔗糖转化反应过程中所测的旋光度 α_t 是否需要零点校正？为什么？
5. 把蔗糖溶液与盐酸溶液混合时，应怎样进行？为什么？

附：旋光仪的使用

旋光仪是研究溶液旋光性的仪器，通过对某些分子的旋光性的研究，可以了解其立体结构的许多重要规律。所谓旋光性就是指某一物质在一束平面偏振光通过时能使其偏振方向转过一个角度的性质。此角度被称为旋光度，其方向和大小与该分子的立体结构有关，在溶液状态的情况下，旋光度还与其浓度有关。旋光仪就是用以测定平面偏振光通过具有旋光性物质时的旋光度之方向和大小的，从而定量测定旋光物质的浓度，确定某些有机分子的立体结构。

许多物质具有旋光性，如石英晶体、酒石酸晶体、蔗糖、葡萄糖、果糖的溶液等。当平面偏振光线通过具有旋光性的物质时，它们可以将偏振光的振动面旋转某一角度，使偏振光的振动面向左旋的物质称左旋物质，向右旋的称右旋物质。因此通过测定物质旋光度的方向和大小，可以鉴定物质。

1. 旋光度与物质浓度的关系

旋光物质的旋光度，除了取决于旋光物质的本性外，还与测定温度、光经过物质的厚度、光源的波长等因素有关，若被测物质是溶液，当光源波长、温度、厚度恒定时，其旋光度与溶液的浓度成正比。

（1）测定旋光物质的浓度

先将已知浓度的样品按一定比例稀释成若干不同浓度的试样，分别测出其旋光度。然后以横轴为浓度，纵轴为旋光度，绘成 c-α 曲线。然后取未知浓度的样品测其旋光度，根据旋光度在 c-α 曲线上查出该样品的浓度。

（2）根据物质的比旋光度测出物质的浓度

物质的旋光度由于实验条件的不同有很大的差异，所以提出了物质的比旋光度。规定以钠光 D 线作为光源，温度为 20℃、样品管长为 10 cm，浓度为每立方厘米中含有 1 g 旋光物质此时所产生的旋光度，即为该物质的比旋光度，通常用符号 $[\alpha]_t^D$ 表示。D 表示光源，t 表示温度。

$$[\alpha]_t^D = \frac{10\alpha}{L \cdot c}$$

比旋光度是度量旋光物质旋光能力的一个常数。

根据被测物质的比旋光度，可以测出该物质的浓度，其方法如下：

① 从手册上查出被测物质的比旋光度 $[\alpha]_D^t$。

② 选择一定厚度（最好为 10 cm）的旋光管。

③ 在 20℃时测出未知浓度样品的旋光度，代入上式即可求出浓度 c。

测定旋光度的仪器通常使用旋光仪。

2. 旋光仪的构造和测试原理

普通光源发出的光称自然光，其光波在垂直于传播方向的一切方向上振动，如果我们借助某种方法，从这种自然聚集体中挑选出只在平面内的方向上振动的光线，这种光线称为偏振光。尼柯尔（Nicol）棱镜就是根据这原理设计的。旋光仪的主体是两块尼柯尔棱镜，尼柯尔棱镜是将方解石晶体沿一对角面剖成两块直角棱镜，再由加拿大树脂沿剖面粘合起来。如图 3-43 所示。

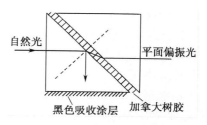

图 3-43 尼柯尔棱镜的起偏振原理

当光线进入棱镜后，分解为两束相互垂直的平面偏振光，一束折射率为 1.658 的寻常光，一束折射率为 1.486 的非寻常光，这两束光线到达方解石与加拿大树脂黏合面上时，折射率为 1.658 的一束光线就被全反射到棱镜的底面上（因加拿大树脂的折射率为1.550）。若底面是黑色涂层，则折射率为 1.658 的寻常光将被吸收，折射率为 1.486 的非寻常光则通过树脂而不产生全反射现象，就获得了一束单一的平面偏振光。用于产生偏振光的棱镜称起偏镜，从起偏镜出来的偏振光仅限于在一个平面上振动。假如再有另一个尼柯尔棱镜，其透射面与起偏镜的透射面平等，则起偏镜出来的一束光线也必能通过第二个棱镜，第二个棱镜称为检偏镜。若起偏镜与检偏镜的透射面相互垂直，则由起偏镜出来的光线完全不能通过检偏镜。如果起偏镜和检偏镜的两个透射面的夹角（θ 角）在 0°～90°之间，则由起偏镜出来的光线部分透过检偏镜，如图 3-44 所示。一束振幅为 E 的 OA 方向的平面偏振光，可以分解成为互相垂直的两个分量，其振幅分别为 $E\cos\theta$ 和 $E\sin\theta$。但只有与 OB 重合的具有振幅为 $E\cos\theta$ 的偏振光才能透过检偏镜，透过检偏镜的振幅为 $OB = E\cos\theta$，由于光的强度 I 正比于光的振幅的平方，因此：

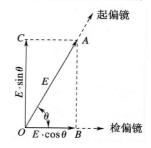

图 3-44 偏振光强度

$$I = OB^2 = E^2\cos^2\theta = I_0\cos^2\theta$$

式中，I 为透过检偏镜的光强度；I_0 为透过起偏镜的光强度。当 $\theta = 0°$ 时，$E\cos\theta = E$，此时透过检偏镜的光最强。当 $\theta=90°$ 时，$E\cos\theta=0$，此时没有光透过检偏镜，光最弱。旋光仪就是利用透光的强弱来测定旋光物质的旋光度。

旋光仪的结构示意图如图 3-45 所示。

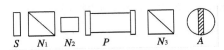

图 3-45　旋光仪光学系统

图中，S 为钠光光源，N_1 为起偏镜，N_2 为一块石英片，N_3 为检偏镜，P 为旋光管（盛放待测溶液），A 为目镜的视野。N_3 上附有刻度盘，当旋转 N_3 时，刻度盘随同转动，其旋转的角度可以从刻度盘上读出。

若转动 N_3 的透射面与 N_1 的透射面相互垂直，则在目镜中观察到视野呈黑暗。若在旋光管中盛以待测溶液，由于待测溶液具有旋光性，必须将 N_3 相应旋转一定的角度 α，目镜中才会又呈黑暗，α 即为该物质的旋光度。但人们的视力对鉴别二次全黑相同的误差较大（差 $4°\sim6°$），因此设计了一种三分视野或二分视野，以提高人们观察的精确度。

为此，在 N_1 后放一块狭长的石英片 N_2，其位置恰巧在 N_1 中部。石英片具有旋光性，偏振光经 N_2 后偏转了一角度 α，在 N_2 后观察到的视野如图 3-46（a）。OA 是经 N_1 后的振动方向，OA' 是经 N_1 后再经 N_2 后的振动方向，此时左右两侧亮度相同，而与中间不同，α 角称为半荫角。如果旋转 N_3 的位置使其透射面 OB 与 OA' 垂直，则经过石英片 N_2 的偏振光不能透过 N_3。目镜视野中出现中部黑暗而左右两侧较亮，如图 3-46（b）所示。若旋转 N_3 使 OB 与 OA 垂直，则目镜视野中部较亮而两侧黑暗，如图 3-47（c）所示。如调节 N_3 位置使 OB 的位置恰巧在图 3-46(c) 和 (b) 的情况之间，则可以使视野三部分明暗相同，如图 3-46（d）所示。此时 OB 恰好垂直于半荫角的角平分线 OP。由于人们视力对选择明暗相同的三分视野易于判断，因此在测定时先在 P 管中盛无旋光性的蒸馏水，转动 N_3 调节三分视野明暗度相同，此时的读数作为仪器的零点。当 P 管中盛具有旋光性的溶液后，由于 OA 和 OA' 的振动方向都被转动过某一角度，只要相应地把检偏镜 N_3 转动某一角度，才能使三分视野的明暗度相同，所得读数与零点之差即为被测溶液的旋光度。测定时若需将检偏镜 N_3 顺时针方向转某一角度，使三分视野明暗相同，则被测物质为右旋。反之则为左旋，常在角度前加负号表示。

若调节检偏镜 N_3 使 OB 与 OP 重合，如图 3-46（e）所示，则三分视野的明暗也应相同，但是 OA 与 OA' 在 OB 上的光强度比 OB 垂直 OP 时大，三分视野特别亮。由于人们的眼睛对弱亮度变化比较灵敏，调节亮度相等的位置更为精确。所以总是选取 OB 与 OP 垂直的情况作为旋光度的标准。

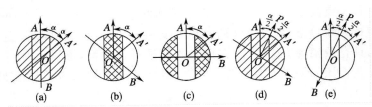

图 3-46　旋光仪的测量原理

3. 旋光度的测定

（1）旋光仪零点校正

把旋光管一端的管盖旋开（注意盖内玻片，以防跌碎），洗净旋光管，用蒸馏水充满，使液体在管口形成一凸出的液面，然后沿管口将玻片轻轻推入盖好（旋光管内光通过位置不能有气泡，以免观察时视野模糊）。旋紧管盖，用干净纱布擦干旋光管外面及玻片外面的水渍。把旋光管放入旋光仪中，气泡存放部位在上，打开电源，预热仪器数分钟。旋转刻度盘直至三分视野中明暗度相等为止，以此为零点。

（2）旋光度的测定

把具有旋光性的待测溶液装入旋光管，按上法进行测定，记下测得的旋光数据。

4. 自动指示旋光仪结构及测试原理

目前国内生产的旋光仪，其三分视野检测、检偏镜角度的调整，采用光电检测器、通过电子放大及机械反馈系统自动进行，最后数字显示，这种仪器体积小、灵敏度高、读数方便、减少人为的观察三分视野明暗度相等时产生的误差，对低旋光度样品也能适应。

W22-2自动数字显示旋光仪的结构原理如图 3-47 所示。

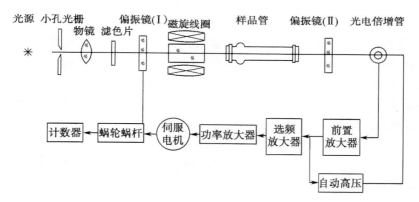

图 3-47　自动旋光仪结构原理图

该仪器以 20 W 钠光灯作光源，由小孔光栏和物镜组成一个简单的光源平行光管，平行光经偏振镜（Ⅰ）变为平面偏振光，当偏振光经过有法拉第效应的磁旋线圈时，其振动面产生 50 Hz 的一定角度的往复摆动。通过样品后偏振光振动面旋转一个角度，光线经过偏振镜（Ⅱ）投射到光电倍增管上，产生交变的电讯号，经功率放大器放大后显示读数。仪器示数平衡后，伺服电机通过涡轮涡杆将偏振镜（Ⅰ）反向转过一个角度，补偿了样品的旋光度，仪器回到光学零点。

5. 影响旋光度测定的因素

（1）溶剂的影响

旋光物质的旋光度主要取决于物质本身的构型。另外，与光线透过物质的厚度、测量时所用的光的波长和温度有关。若被测物质是溶液，则影响因素还包括物质的浓度，溶剂可能也有一定的影响，因此旋光物质的旋光度，在不同的条件下，测定结果往往不一样。由于旋光度与溶剂有关，故测定比旋光度 $[\alpha]_D$ 值时，应说明使用什么溶剂，如不说明，一般指水为溶剂。

（2）温度的影响

温度升高会使旋光管长度增大，但降低了液体的密度。温度的变化还可能引起分子间

缔合或离解,使分子本身旋光度改变,一般说,温度效应的表达式如下:

$$[\alpha]_\lambda^t = [\alpha]_D^{20} + Z(t-20)$$

式中,Z 为温度系数;t 为测定时温度。

各种物质的 Z 值不同,一般均在 $\dfrac{-0.01}{1℃} \sim \dfrac{-0.04}{1℃}$ 之间。因此测定时必须恒温,在旋光管上装有恒温夹套,与超级恒温槽配套使用。

(3) 浓度和旋光管长度对比旋光度的影响

在固定的实验条件下,通常旋光物质的旋光度与旋光物的浓度成正比,因为视比旋光度为一常数,但是旋光度和溶液浓度之间并非严格地呈线性关系,所以旋光物质的比旋光度严格地说并非常数,在给出 $[\alpha]_\lambda^t$ 值时,必须说明测量浓度,在精密的测定中比旋光度和浓度之间的关系一般可采用拜奥特(Biot)提出的三个方程式之一表示:

$$[\alpha]_t^\lambda = A + Bq$$

$$[\alpha]_t^\lambda = A + Bg + Cq^2$$

$$[\alpha]_t^\lambda = A + \frac{Bq}{C+q}$$

式中,q 为溶液的百分浓度;A、B、C 为常数。第一式代表一条直线,第二式为一抛物线,第三式为双曲线。常数 A、B、C 可从不同浓度的几次测量中加以确定。

旋光度与旋光管的长度成正比。旋光管一般有 10 cm、20 cm、22 cm 三种长度。使用 10 cm 长的旋光管计算比旋光度比较方便,但对旋光能力较弱或者较稀的溶液,为了提高准确度,降低读数的相对误差,可用 20 cm 或 22 cm 的旋光管。

实验二十 乙酸乙酯皂化反应速率常数测定

【目的与要求】

1. 测定皂化反应进行过程中反应溶液电导率的变化,据此计算反应速率常数。
2. 了解二级反应动力学规律及特征。
3. 掌握电导率仪(DDS‐11A 型)的使用方法。

【实验原理】

乙酸乙酯皂化反应是一个典型的二级反应:

$$\underset{a-x}{CH_3COOC_2H_5} + \underset{b-x}{OH^-} \longrightarrow \underset{x}{CH_3COO^-} + \underset{x}{C_2H_5OH}$$

若反应开始时两反应物的浓度分别为 a mol·L^{-1} 和 b mol·L^{-1},经过时间 t 后,两者的浓度各变化了 x mol·L^{-1},显然,此时两反应物的浓度分别为 $(a-x)$ 和 $(b-x)$。

将 $c_0 = a$ 及 $c_1 = (a-x)$ 和 $c_2 = (b-x)$ 代入二级反应速度方程式得:

$$\frac{dx}{dt} = k(a-x)(b-x)$$

若初始浓度 $a=b$，则对上式积分可得：

$$k = \frac{1}{t \times a} \times \frac{x}{a-x}$$

当测得不同反应时间的产物浓度 x 后，代入上式即可算出此反应的速率常数 k。由于皂化反应开始时 OH^- 浓度很高，因此溶液的导电能力很强。随着反应的进行，OH^- 逐渐被导电能力弱的 CH_3COO^- 取代，因此溶液的电导率值逐渐变小，显然，在相同的仪器的相同的电导池中测得的电导率值应该与 OH^- 的浓度成正比。

若反应在稀溶液中进行，CH_3COONa 不发生水解，仅完全电离。溶液的电导率可认为等于 $NaOH$ 及 CH_3COONa（$NaAc$）两种电解质的电导率之和。

$$\kappa_s = \kappa_{s,NaOH} + \kappa_{s,NaAc}$$

$$\kappa_{s,i} = 10^3 c_i \Lambda_i$$

式中，κ_s 为溶液电导率（$S \cdot m^{-1}$）；$\kappa_{s,i}$ 为各电解质的电导率（$S \cdot m^{-1}$）；c_i 为各电解质的物质的浓度（$mol \cdot L^{-1}$）；Λ_i 为各电解质的摩尔电导率（$S \cdot m^2 \cdot mol^{-1}$）。

因此，$\kappa_s = 10^3 (c_{NaOH} \Lambda_{NaOH} + c_{NaAc} \Lambda_{NaAc})$

在任意瞬时，$c_{NaOH} = a - x$，$c_{NaAc} = x$，则

$t=t$ $\kappa_s = 10^3 [a\Lambda_{NaOH} - x(\Lambda_{NaOH} - \Lambda_{NaAc})]$

$t=0$ $\kappa_{s0} = 10^3 a\Lambda_{NaOH}$

$t=\infty$ $\kappa_s^\infty = 10^3 a\Lambda_{NaAc}$

由于在反应过程中，OH^- 被 CH_3COO^- 所代替，溶液的离子浓度基本不变，而且溶液浓度很稀，故在反应的不同时刻，Λ_{NaOH} 及 Λ_{NaAc} 都可认为是不变的，则可以得到：

$$x = \frac{\kappa_{s0} - \kappa_s}{10^3 (\Lambda_{NaOH} - \Lambda_{NaAc})}$$

$$a - x = \frac{\kappa_s - \kappa_s^\infty}{10^3 (\Lambda_{NaOH} - \Lambda_{NaAc})}$$

代入速率方程的积分后上式即可得到：

$$\frac{\kappa_{s0} - \kappa_s}{\kappa_s - \kappa_s^\infty} = akt$$

如此，以 $\frac{\kappa_{s0} - \kappa_s}{\kappa_s - \kappa_s^\infty}$ 对 t 作图，图形为一直线，当已知初始浓度 a，可由直线斜率求得反应速率常数 k。

【仪器与试剂】

仪器：电导率仪（DDS-11A 型，1 台）、电导电极（DJS-1 型，铂黑，1 支）、羊角试管（2 支）、大试管（2 支）、恒温槽（1 套）、移液吸管（5 mL，3 支）、洗瓶（1 只）、洗耳球（1 只）。

试剂：$NaOH$、$NaAc$、$CH_3COOC_2H_5$。

【实验步骤】

1. 调节恒温槽至实验所规定的温度。调节时注意先低于规定温度 1~2℃，然后再逐

步调高,否则会超出。

2. 用移液吸管移取 10 mL NaAc 溶液,置于洗净烘干的大试管内,插入 DJS - 1 型铂黑电极,将试管放入恒温介质中,待恒温后(3~5 min),从电导率仪上读取电导率值 κ_s^{∞},保留溶液,用于测下一个温度值。再用移液吸管移取蒸馏水和 NaOH 溶液各 5 mL,置于洗净烘干的大试管内,插入用蒸馏水淋洗过的 DJS - 1 型铂黑电极,将试管放入恒温介质中,待恒温后(3~5 min),从电导率仪上读取电导率值 κ_0,同样保留溶液,用于测下一个温度值。

3. 在恒温期间应校正一下电导率仪并选好电导率仪的量程,校正是以指针指在满刻度,实验时量程应选用 10^3 $\mu\Omega \cdot cm^{-1}$ 挡,量程选定后在实验中最好不变动。

4. 用移液吸管移取 NaOH 和 $CH_3COOC_2H_5$ 溶液各 5 mL,分别注入羊角型电导池的两支管中,注意勿使两溶液混合。再把用蒸馏水淋洗过的电导电极插入羊角型电导池的直管中,然后把电导池小心置于恒温槽中,恒温 5 min 左右,迅速把羊角管电导池斜支管中的溶液倾入直管中,同时开始记录反应时间(注意将溶液混合时应来回倾倒 3~4 次使得混合均匀)。接着仍将电导池置于恒温槽中,每过 3 min 记录一次溶液的电导率值,共反应30 min 左右。记录不少于 8 个数据点。格式如下:

图 3 - 48　羊角管电导池

反应时间/min								
溶液电导率/$\mu\Omega \cdot cm^{-1}$								

5. 第一个温度点的一组数据测量完成后,可将温度升至第二个温度点重复测量另一组数据(每位同学可以单独完成一个温度点的测量,可以在实验报告中注明)。

6. 全部实验结束后,整理好仪器、淋洗电极并放置到固定位置,请老师检查实验数据。

【数据处理】

1. 计算 $\dfrac{\kappa_{s0} - \kappa_s}{\kappa_s - \kappa_s^{\infty}}$ 的值,以 $\dfrac{\kappa_{s0} - \kappa_s}{\kappa_s - \kappa_s^{\infty}}$ 为纵坐标对 t 为横坐标作图,得一直线。

2. 用两点法求出其斜率,再算出反应速率常数。

3. 根据两个温度 T_1、T_2 时的反应速率常数 k_1、k_2,利用阿仑尼乌斯公式,计算出反应的活化能 E_a:

$$\lg \frac{k_2}{k_1} = -\frac{E_a}{2.303R}\left(\frac{1}{T_2} - \frac{1}{T_1}\right)$$

$$k_{25℃} = 6.47 \ (mol \cdot L^{-1} \cdot min^{-1})$$

【实验注意事项】

1. 电导率仪校正时,应使指针停在满刻度处。(DDS - 11A 型电导率仪使用见实验八)

2. 每测量一次,都应该用蒸馏水淋洗电导电极,再用吸水纸吸干,注意不要擦拭,以免抹去铂黑。

3. 试剂应随取随用,试剂取出后应立即盖好瓶盖。以免试剂在空气中久置后浓度改变从而影响实验结果。移液吸管要对号使用,防止试剂污染。

4. 实验结束不要使劲拔插头,拉下分组闸刀即可。

【思考题】

1. 测 κ_0 时为什么取等体积的 H_2O 与 $NaOH$ 溶液混合?

2. 如何从实验结果来验证乙酸乙酯皂化为二级反应?

3. 影响反应速率常数的主要因素有哪些? 实验中哪些操作涉及这些因素?

4. 如果 $NaOH$ 和 $CH_3COOC_2H_5$ 初始浓度不等,试问怎样计算 k 值?

实验二十一　丙酮碘化

【目的与要求】

1. 测定用酸作催化剂时丙酮碘化反应的速率常数及活化能。

2. 初步认识复杂反应机理,了解复杂反应表观速率常数的求算方法。

【实验原理】

$$\underset{A}{CH_3\overset{\overset{\displaystyle O}{\|}}{C}CH_3} + I_2 \underset{}{\overset{H^+}{=\!=\!=}} \underset{E}{CH_3\overset{\overset{\displaystyle O}{\|}}{C}CH_2I} + I^- + H^+$$

一般认为该反应按以下两步进行:

$$\underset{A}{CH_3\overset{\overset{\displaystyle O}{\|}}{C}CH_3} \overset{H^+}{\rightleftharpoons} \underset{B}{CH_3\overset{\overset{\displaystyle OH}{|}}{C}=CH_2} \tag{1}$$

$$\underset{B}{CH_3\overset{\overset{\displaystyle OH}{|}}{C}=CH_2} + I_2 \longrightarrow \underset{E}{CH_3\overset{\overset{\displaystyle O}{\|}}{C}CH_2I} + I^- + H^+ \tag{2}$$

反应(1)是丙酮的烯醇化反应,它是一个很慢的可逆反应,反应(2)是烯醇的碘化反应,它是一个快速且趋于进行到底的反应。因此,丙酮碘化反应的总速率由丙酮烯醇化反应的速率决定,丙酮烯醇化反应的速率取决于丙酮及氢离子的浓度。如果以碘化丙酮浓度的增加来表示丙酮碘化反应的速率,则此反应的动力学方程式可表示为:

$$\frac{dc_E}{dt} = kc_Ac_{H^+} \tag{3}$$

式中,c_E 为碘化丙酮的浓度;c_{H^+} 为氢离子的浓度;c_A 为丙酮的浓度;k 表示丙酮碘化反应总的速率常数。

由反应(2)可知:

$$\frac{dc_E}{dt} = -\frac{dc_{I_2}}{dt} \tag{4}$$

因此,如果测得反应过程中各时刻碘的浓度,就可以求出 dc_E/dt。由于碘在可见光区有一个比较宽的吸收带,所以可利用分光光度计来测定丙酮碘化反应过程中碘的浓度随时间的变化,从而求出反应的速率常数。若在反应过程中,丙酮的浓度远大于碘的浓度且催化剂酸的浓度也足够大时,则可把丙酮和酸的浓度看作不变,把(3)式代入(4)式积分得:

$$c_{I_2} = -kc_A c_{H^+} t + B \tag{5}$$

按照朗伯-比耳(Lambert-Beer)定律,某指定波长的光通过碘溶液后的光强为 I,通过蒸馏水后的光强为 I_0,则透光率可表示为:

$$T = I/I_0 \tag{6}$$

并且透光率与碘的浓度之间的关系可表示为:

$$\lg T = -\varepsilon d c_{I_2} \tag{7}$$

式中,T 为透光率;d 为比色槽的光径长度;ε 是取以 10 为底的对数时的摩尔吸收系数。将(5)式代入(7)式得:

$$\lg T = k\varepsilon d c_A c_{H^+} + B' \tag{8}$$

由 $\lg T$ 对 t 作图可得一直线,直线的斜率为 $k\varepsilon d c_A c_{H^+}$。式中 εd 可通过测定一已知浓度的碘溶液的透光率,由(7)式求得。当 c_A 与 c_{H^+} 浓度已知时,只要测出不同时刻丙酮、酸、碘的混合液对指定波长的透光率,就可以利用(8)式求出反应的总速率常数 k。

由两个或两个以上温度的速率常数,就可以根据阿仑尼乌斯(Arrhenius)关系式计算反应的活化能。

$$E_a = \frac{RT_1 T_2}{T_2 - T_1} \ln \frac{k_2}{k_1} \tag{9}$$

为了验证上述反应机理,可以进行反应级数的测定。根据总反应方程式,可建立如下关系式:

$$v = \frac{dc_E}{dt} = kc_A^\alpha c_H^\beta c_{I_2}^\gamma$$

式中,α、β、γ 分别表示丙酮、氢离子和碘的反应级数。若保持氢离子和碘的起始浓度不变,只改变丙酮的起始浓度,分别测定在同一温度下的反应速率,则:

$$\frac{v_2}{v_1} = \left(\frac{c'_A}{c_A}\right)^\alpha \qquad \alpha = \lg \frac{v_2}{v_1} / \lg \frac{c'_A}{c_A} \tag{10}$$

同理可求出 β,γ。

$$\beta = \lg \frac{v_3}{v_1} / \lg \frac{c'_{H^+}}{c_{H^+}} \qquad \gamma = \lg \frac{v_4}{v_1} / \lg \frac{c'_{I_2}}{c_{I_2}} \tag{11}$$

【仪器与试剂】

仪器：分光光度计(1 套)、容量瓶(50 mL,4 只)、超级恒温槽(1 台)、带有恒温夹层的比色皿(1 个)、移液管(10 mL,3 只)、秒表(1 只)。

试剂：碘溶液(含 4%KI,0.03 mol·L^{-1})、HCl(1.000 0 mol·L^{-1})、丙酮(2 mol·L^{-1})。

【实验步骤】

1. 实验准备

(1) 恒温槽恒温(25.0±0.1)℃或(30.0±0.1)℃。

(2) 开启有关仪器,分光光度计要预热 30 min。

(3) 取四个洁净的 50 mL 容量瓶,第一个装满蒸馏水;第二个用移液管移入 5 mL I$_2$ 溶液,用蒸馏水稀释至刻度;第三个用移液管移入 5 mL I$_2$ 溶液和 5 mL HCl 溶液;第四个先加入少许蒸馏水,再加入 5 mL 丙酮溶液。然后将四个容量瓶放在恒温槽中恒温备用。

2. 透光率 100%的校正 分光光度计波长调在 565 nm;狭缝宽度 2 nm(或 1 nm);控制面板上工作状态调在透光率挡。比色皿中装满蒸馏水,在光路中放好。恒温 10 min 后调节蒸馏水的透光率为 100%。

3. 测量 εd 值 取恒温好的碘溶液注入恒温比色皿,在(25.0±0.1)℃时,置于光路中,测其透光率。

4. 测定丙酮碘化反应的速率常数 将恒温的丙酮溶液倒入盛有酸和碘混合液的容量瓶中,用恒温好的蒸馏水洗涤盛有丙酮的容量瓶 3 次。洗涤液均倒入盛有混合液的容量瓶中,最后用蒸馏水稀释至刻度,混合均匀,倒入比色皿少许,洗涤三次倾出。然后再装满比色皿,用擦镜纸擦去残液,置于光路中,测定透光率,并同时开启停表。以后每隔 2 min 读一次透光率,直到光点指在透光率 100%为止。

5. 测定各反应物的反应级数

各反应物的用量如下：

编号	2 mol·L^{-1}丙酮溶液	1 mol·L^{-1}盐酸溶液	0.03 mol·L^{-1}碘溶液
2	10 mL	5 mL	5 mL
3	5 mL	10 mL	5 mL
4	5 mL	5 mL	2.5 mL

测定方法同步骤 3,温度仍为(25.0±0.1)℃或(30.0±0.1)℃。

6. 将恒温槽的温度升高到(35.0±0.1)℃,重复上述操作 1.(3),2,3,4,但测定时间应相应缩短,可改为 1 min 记录一次。

【注意事项】

1. 温度影响反应速率常数,实验时体系始终要恒温。

2. 混合反应溶液时操作必须迅速准确。

3. 比色皿的位置不得变化。

【数据处理】

1. 将所测实验数据列表。

2. 将 $\lg T$ 对时间 t 作图，得一直线，从直线的斜率，可求出反应的速率常数。

3. 利用 25.0℃ 及 35.0℃ 时的 k 值求丙酮碘化反应的活化能。

4. 反应级数的求算：由实验步骤 4、5 中测得的数据，分别以 $\ln T$ 对 t 作图，得到四条直线。求出各直线斜率，即为不同起始浓度时的反应速率，代入(10)、(11)式可求出 α, β, γ。

【思考题】

1. 本实验中，是将丙酮溶液加到盐酸和碘的混合液中，但没有立即计时，而是当混合物稀释至 50 mL，摇匀倒入恒温比色皿测透光率时才开始计时，这样做是否影响实验结果？为什么？

2. 影响本实验结果的主要因素是什么？

【讨论】

虽然在反应(1)和(2)中，从表观上看除 I_2 外没有其他物质吸收可见光，但实际上反应体系中却还存在着一个次要反应，即在溶液中存在着 I_2、I^- 和 I 的平衡：

$$I_2 + I^- \Longrightarrow I_3^- \tag{12}$$

其中 I_2 和 I_3^- 都吸收可见光。因此反应体系的吸光度不仅取决于 I_2 的浓度，而且与 I_3^- 的浓度有关。根据朗伯-比耳定律知，含有 I_3^- 和 I_2 的溶液的总光密度 E 可以表示为 I_3^- 和 I_2 两部分消光度之和：

$$E = E_{I_2} + E_{I_3^-} = \varepsilon_{I_2} d c_{I_2} + \varepsilon_{I_3^-} d c_{I_3^-} \tag{13}$$

而摩尔消光系数 ε_{I_2} 和 $\varepsilon_{I_3^-}$ 是入射光波长的函数。在特定条件下，即波长 $\lambda = 565$ nm 时，$\varepsilon_{I_2} = \varepsilon_{I_3^-}$，所以(13)式就可变为

$$E = \varepsilon_{I_2} d (c_{I_2} + c_{I_3^-}) \tag{14}$$

也就是说，在 565 nm 这一特定的波长条件下，溶液的光密度 E 与总碘量（$I_2 + I_3^-$）成正比。因此常数 εd 就可以由测定已知浓度碘溶液的总光密度 E 来求出。所以本实验必须选择工作波长为 565 nm。

实验二十二　溶液表面张力的测定

【目的与要求】

1. 掌握一种测定表面张力的方法（最大气泡法）。

2. 测定不同浓度的正丁醇溶液的表面张力。

3. 从表面张力-浓度曲线求界面上的溶液表面吸附量。

【实验原理】

在各种不同相的界面上都会发生吸附现象,溶液表面也可产生吸附作用,当某一液体中,溶解其他物质时,其表面张力就发生变化。

吉布斯用热学理论导出表面张力的变化与表面层所吸附的溶质的浓度关系(即吉布斯吸附等温方程式)如下:

$$\Gamma = -\frac{c}{RT} \cdot \left(\frac{\mathrm{d}\sigma}{\mathrm{d}c}\right)_T \tag{1}$$

此方程式表明,溶液的表面吸附量"Γ"即单位表面上过剩溶质的物质的量($\mathrm{mol \cdot cm^{-2}}$),决定于溶质的浓度 $c(\mathrm{mol \cdot L^{-1}})$ 及溶液表面张力随浓度的变化率($\mathrm{d}\sigma/\mathrm{d}c$),$\sigma$ 是表面张力,单位为 $\mathrm{N \cdot m^{-1}}$,T 为绝对温度(K),R 为通用气体常数,取 $8.314\ \mathrm{J \cdot mol^{-1} \cdot K^{-1}}$。

本实验是通过测定绘制出正丁醇水溶液 $\sigma-c$ 曲线,从而求算不同浓度下的 Γ 值。

当毛细管的半径为 r,而气泡由毛细管口被压出时,气泡内外的压力差,即附加压力 $\Delta p_{最大}$ 为

$$\Delta p_{最大} = p_{大气} - p_{系统}$$

而 $$\Delta p_{最大} = 2\sigma/r$$

当用同一支毛细管,则两液体对比得:

$$\frac{\sigma}{\sigma'} = \frac{\Delta p}{\Delta p'} \tag{2}$$

若用已知表面张力为 σ' 的标准液(如纯水或苯)测定压力差,再测定待测液的压力差,即可求得待测液的表面张力 σ 值。

【仪器与试剂】

仪器:最大气泡法表面张力测定装置(1 套)、烧杯(1 只)、容量瓶(2 只)。
试剂:正丁醇或乙醇、纯水。

【实验步骤】

1. 洗净表面张力测定仪和测定用的毛细管,按图 3-49 装好,在滴液漏斗中装满水。

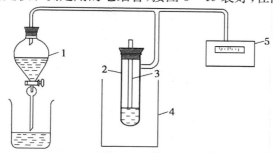

图 3-49　表面张力测定装置

1—抽气用滴液漏斗　2—样品管　3—毛细管　4—恒温槽　5—数字压力计

2. 加适量的纯水于表面张力测定仪中,调节毛细管的高度使其端面刚好与液面相切并垂直于液面。

3. 打开滴液漏斗活塞进行缓慢抽气,使气泡从毛细管口逸出,调节气泡逸出速度在每分钟 20 个左右,读出压力计上的 Δp 值,重复三次取其平均值。

4. 用同样方法分别测量浓度为:0.005、0.01、0.02、0.05、0.10、0.20(mol/l)正丁醇溶液的 Δp。

【数据处理】

1. 将实验中所测得的数据代入式(4) 求出不同浓度正丁醇的表面张力 σ,并作 $\sigma - c$ 的曲线。

2. 在 $\sigma \sim C$ 的曲线上分别求出浓度为:0.005、0.01、0.02、0.05、0.10、0.20 (mol/l)正丁醇的 $(d\sigma/dc)$ 值(最好用镜面法)。

3. 由上述各 $(d\sigma/dc)$ 值,用吉布斯公式计算出各对应的 c/Γ 值。

【思考题】

1. 测定正丁醇水溶液的表面张力时,为什么要测定水的压力差?
2. 测定正丁醇溶液的表面张力时,浓度应该是由稀到浓,为什么?
3. 用毛细管测定表面张力时应注意些什么?

实验二十三 粒度测定

【目的与要求】

1. 掌握斯托克斯(Stokes)公式。
2. 用离心沉降法测定颗粒样品直径大小的分布。
3. 了解粒度测定仪的工作原理及操作方法。

【实验原理】

溶胶的运动性质除扩散和热运动之外,还有在外力作用下溶胶微粒的沉降。沉降是在重力的作用下粒子沉入容器底部,质点越大,沉降速度也越快。但因布朗运动而引起的扩散作用与沉降相反,它能使下层较浓的微粒向上扩散,而有使浓度趋于均匀的倾向。粒子越大,则扩散速度越慢,故扩散是抗拒沉降的因素。当两种作用力相等的时候就达到了平衡状态,这种状态称为沉降平衡。

在研究沉降平衡时,粒子的直径大小对建立平衡的速度有很大影响,表 3 - 3 列出了一些不同尺寸的金属微粒在水中的沉降速度。

表 3-3 球形金属微粒在水中的沉降速度

粒子半径	$v/\text{cm} \cdot \text{s}^{-1}$	沉降 1 cm 所需时间
10^{-3} cm	1.7×10^{-1}	5.9 s
10^{-4} cm	1.7×10^{-3}	9.8 s
100 nm	1.7×10^{-5}	16 h
10 nm	1.7×10^{-7}	68 d
1 nm	1.7×10^{-9}	19 a

由上表可以看出,对于细小的颗粒,其沉降速度很慢,因此需要增加离心力场以增加其速度。此外,在重力场下用沉降分析来做颗粒分布时,往往由于沉降时间过长,在测量时间内产生了颗粒的聚结,影响了测定的正确性。普通离心机 3 000 r · min^{-1} 可产生比地心引力大约 2 000 倍的离心力,超速离心机的转速可达 100~160 kr · min^{-1},其离心力约为重力的 100 万倍。所以在离心力场中,颗粒所受的重力可以忽略不计。

在离心力场中,粒子所受的离心力为 $\frac{4}{3}\pi\gamma^3(\rho-\rho_0)\omega^2 x$,根据斯托克斯定律,粒子在沉降时所受的阻力为 $6\pi\eta\gamma\frac{\mathrm{d}x}{\mathrm{d}t}$。其中 r 为粒子半径;ρ、ρ_0 分别为粒子与介质的密度;$\omega^2 x$ 为离心加速度;$\frac{\mathrm{d}x}{\mathrm{d}t}$ 为粒子的沉降速度。如果沉降达到平衡,则有:

$$\frac{4}{3}\pi\gamma^3(\rho-\rho_0)\omega^2 x = 6\pi\eta\gamma\frac{\mathrm{d}x}{\mathrm{d}t} \tag{1}$$

对上式积分可得:

$$\frac{4}{3}\pi\gamma^3(\rho-\rho_0)\omega^2 x\int_{t_1}^{t_2}\mathrm{d}t = 6\pi\eta\gamma\int_{t_1}^{t_2}\frac{\mathrm{d}x}{x} \tag{2}$$

$$2r^2(\rho-\rho_0)\omega^2(t_2-t_1) = 9\eta\ln\frac{x_2}{x_1} \tag{3}$$

$$r = \sqrt{\frac{9}{2}\eta\frac{\ln\dfrac{x_2}{x_2}}{(\rho-\rho_0)\omega^2(t_2-t_1)}} \tag{4}$$

以理想的单分散体系为例,利用光学方法可测出清晰界面,记录不同时间 t_1 和 t_2 时的界面位置 x_1 和 x_2,由(4)式可算出颗粒大小,并根据颗粒总数算出每种颗粒占总颗粒的百分数。另外根据颗粒密度还可算出每种颗粒占总颗粒的质量百分数。

【仪器与试剂】

仪器:粒度测定仪(1 台)、超声波发生器(1 台)、注射器(100 mL,1 只)、注射器(1 mL,2 只)、温度计(1 支)、台秤(1 台)、烧杯(50 mL,2 只)。

试剂:固体颗粒(C. P.)、甘油(C. P.)、无水乙醇(C. P.)。

【实验步骤】

1. 打开粒度计电源开关和电机开关。

2. 开启计算机和打印机,在计算机上启动相应的粒度测定程序。

3. 点击"调整测量曲线",输入电机转速,向电机圆盘腔内注入 30～40 mL 旋转液 (40％～60％甘油-水溶液),调节"增益"旋钮将基线调整到适宜值(3 400～3 800),连续运行20～30 min,观察基线值的波动和稳定性,一般要求基线波动量要小于 10 个数值,若基线波动量大于 10 个数值,应延长观察时间直至稳定性符合要求,基线稳定后,敲任意键返回。

4. 点击"输入参数和采样",输入相应的参数值,检查无误后,点击"确认"。输入参数要求:

序号	参数名称	输入要求
1	样品名称	中英文均可
2	前采样周期	1～29 s
3	后采样周期	5～15 s
4	颗粒样品密度	实测或查表,单位：$g \cdot cm^{-3}$
5	旋转流体密度	实测或查表,单位：$g \cdot cm^{-3}$
6	旋转流体黏度	实测或查表,单位：P
7	旋转流体用量	实际使用体积(mL)

5. 注入 1 mL 缓冲液(40％乙醇-水溶液),按"加速"按钮形成缓冲层,点击"确定",计算机开始采集基线,当基线太高或噪声太大时,程序不往下进行,一直采集基线,待问题解决后,程序才往下进行。

6. 采集基线后,注入 1 mL 样品溶液(配制 0.1％～1％的样品水溶液),放入超声波发生器中超声 10～20 min,直到聚集在一起的颗粒分散开)并及时按压任意键(时间间隔应小于 1 s),采样过程中一切会自动进行。采样结束后,按计算机指令进行操作。

7. 点击"存盘退出",存入数据及图形。

8. 点击"调出结果",查看结果。

9. 点击"打印测试报告",按指令打印数据及图表。

10. 将注射器用去离子水洗净,将圆盘腔用去离子水洗净、擦干。

【注意事项】

1. 注射旋转液和样品溶液时,注射器针头不要碰到圆盘腔内壁,以免划伤或损坏圆盘。

2. 当电机转速较高时,应先将电机转速以 1 000 转/次递减,速度降到 2 000 转/次后再关闭电机。

3. 将圆盘腔擦干时,应小心操作以免划伤圆盘腔。

【数据处理】

1. 根据测得的不同颗粒在不同时间 t_1 和 t_2 时的界面位置 x_1 和 x_2,据(4)式计算出各颗粒的半径。

2. 根据上一步的计算结果和颗粒密度,计算出颗粒总数和颗粒总质量。

3. 计算每种颗粒占总颗粒的数目百分数和质量百分数。

4. 以各颗粒的质量百分数对颗粒半径作图，从图中求出颗粒的最可几半径。

【思考题】

1. 本实验的主要误差来源是什么？怎样消除？
2. 如何选择样品用量及旋转液用量和浓度？

【讨论】

对于不同尺寸的颗粒，可采用不同的测量方法。一般来说，颗粒直径大于 4 nm 的颗粒可采用离心沉降法进行测定，但如果颗粒密度较低（<1 g·cm^{-3}），由于其沉降速度较慢，所以很难测出 20 nm 以下的颗粒直径，此时可采用电子显微镜观察和测量。

对于 1 μm 以上的颗粒，可采用沉降分析法测其颗粒大小，根据斯托克斯公式，当一球形颗粒在均匀介质中匀速下降时，所受阻力为 $6\pi r \eta v$，其重力为 $\frac{4}{3}\pi r^3 (\rho_{颗粒} - \rho_{介质})g$，在匀速下沉时两种作用力相等，即：

$$6\pi r \eta v = \frac{4}{3}\pi r^3 (\rho_{颗粒} - \rho_{介质})g \tag{5}$$

$$r = \sqrt{\frac{9}{2g} \cdot \frac{\eta v}{\rho_{颗粒} - \rho_{介质}}} = \sqrt{\frac{9}{2g} \cdot \frac{\eta}{\rho_{颗粒} - \rho_{介质}}} \cdot \sqrt{\frac{h}{t}} \tag{6}$$

$$d = 2r = 2\sqrt{\frac{9}{2g} \cdot \frac{\eta}{\rho_{颗粒} - \rho_{介质}}} \cdot \sqrt{\frac{h}{t}} \tag{7}$$

式中，r 为颗粒半径（cm）；d 为颗粒直径（cm）；g 为重力加速度（980 cm·s^{-2}）；$\rho_{颗粒}$ 为颗粒密度（g·cm^{-3}）；$\rho_{介质}$ 为介质密度（g·cm^{-3}）；v 为沉降速度（cm·s^{-1}）；η 为介质黏度（泊）；h 为沉降高度（cm）。称量不同时间（t_i）颗粒的沉降量（W_i）所作的曲线称为沉降曲线。

图 3-50 表示颗粒直径相等体系的沉降曲线，其为一过原点的直线。颗粒以等速下沉，OA 表示沉降正在进行，AB 表示沉降已结束，沉降时间 t_i 所对应的沉降量为 W_i，总沉降量为 W_c，颗粒沉降完的时间为 t_c，将 t_c 和 h 的数值代入公式（7）可求出颗粒的直径。

图 3-51 表示两种颗粒直径体系的沉降曲线，其形状为一折线。OA 段表示两种不同直径的颗粒同时沉降，斜率大；至 t_i 时，直径大的颗粒沉降完毕，直径小的颗粒继续沉降，斜率变小；至 t_c 时，较小直径的颗粒也沉降完毕，总沉降量为 W_c。直径大的颗粒的沉降量为 n，直径小的颗粒的沉降量为 m，二者之和为 W_c。将 t_i、t_c 及 h 代入式（7），可求出两种颗粒的直径。

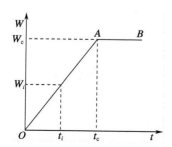

图 3-50　颗粒直径相等体系的沉降曲线

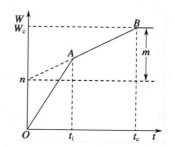

图 3-51　两种颗粒体系的沉降曲线

图 3-52 表示颗粒直径连续分布体系的沉降曲线，在沉降时间 t_1 时，对应的沉降量为 W_1。其分为两部分，一为直径大于等于 d_1、在 t_1 时刚好沉降完的所有颗粒，它的沉降量为 n_1，即对应 t_1 时曲线的切线在纵轴上的截距值；另一部分为直径小于 d_1、在 t_1 时继续沉降的颗粒，其已沉降的部分为 m_1。

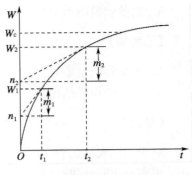

图 3-52　颗粒直径连续分布的沉降曲线

$$m_1 = t_1 \frac{\mathrm{d}W}{\mathrm{d}t} \tag{8}$$

$$n_1 = W_1 - m_1 = W_1 - t_1 \frac{\mathrm{d}W}{\mathrm{d}t} \tag{9}$$

如果沉降是完全进行到底的，那么总沉降量 W_c 即样品总量。$Q_1 = \frac{n_1}{W_c} \times 100\%$ 即为直径大于等于 d_1 的颗粒在样品中所占的百分含量，$Q_2 = \frac{n_2}{W_c} \times 100\%$ 即为直径大于等于 d_2 的颗粒在样品中所占的百分含量，$Q_{2-1} = \frac{n_2 - n_1}{W_c} \times 100\%$ 即为直径介于 d_1 和 d_2 之间的所有颗粒在样品中所占的百分含量。

实验二十四　液体黏度的测定

【目的与要求】

1. 掌握玻璃缸恒温槽的基本构造和使用方法。
2. 掌握用奥氏黏度计测定黏度的方法。
3. 测定无水乙醇的黏度。

【实验原理】

1. 恒温槽的使用见"实验一"。
2. 黏度测定

液体黏度的大小一般用黏度系数"η"来表示。若液体在毛细管中流动，则可通过波华西尔（Poisuille）公式计算黏度系数（简称黏度）：

$$\eta = \frac{\pi p r^4 t}{8VL} \tag{1}$$

式中，V 为在时间 t 内流过毛细管的液体体积；p 为毛细管两端的压力差；r 为毛细管半径；L 为毛细管长度。

　　η 的单位：C·G·S 制——泊（达因·秒/厘米^2）

　　　　　　　　SI 制——帕秒

1 泊＝0.1 帕秒

设定两种液体在本身重力作用下分别流经同一根毛细管（奥氏黏度计），且流出的液体体积相等。则同一根毛细管，两种液体对比情况结果如下：

$$\frac{\eta_1}{\eta_2} = \frac{p_1 t_1}{p_2 t_2} \qquad (2)$$

因为 $\qquad\qquad\qquad\qquad p = h\rho g$

所以

$$\frac{\eta_1}{\eta_2} = \frac{hg\rho_1 t_1}{hg\rho_2 t_2} = \frac{\rho_1 t_1}{\rho_2 t_2} \qquad (3)$$

比值 η_1/η_2 称为液体 1 对液体 2 的相对黏度（比黏度），若液体 2 的绝对黏度 η_2（本实验中以纯水为液体 2，作为标准液体）为已知，即可由此黏度求出液体 1 的黏度。

【仪器与试剂】

仪器：玻璃缸恒温槽（1 套）、秒表（1 只）、奥氏黏度计（1 支）、双球打气球（1 只）、移液管（10 mL，2 支）、乳胶管（连小玻璃管，1 根）、洗耳球（1 只）、黏度计夹（1 只）、试剂瓶（250 mL，2 只）。

试剂：无水乙醇、蒸馏水。

【实验步骤】

1. 于恒温槽中装好感温元器件、温度计等，调节电接点温度计至所需温度以下 2～3℃，打开电源开关，同时开启搅拌器至适当挡位，这时电子继电器上绿色指示灯亮，显示加热器开始工作；红色指示灯亮时，则是停止加热。

2. 当红色指示灯亮时，等温度升至最高，观察水银温度计上的精确值，按其规定温度值进行逐步调整，直到水银温度计的精确值满足要求为止。误差为±0.1℃。

3. 用移液管吸取 10 mL 无水乙醇放进黏度计中，用黏度管夹夹持好浸入恒温水中，上刻度应略低于水面，并注意黏度管是否垂直，静置数分钟，待管内液体与恒温槽温度达到一致后，用洗耳球从乳胶导管中把液体吸到上刻度以上，然后让其自行流下，用秒表测定液面由图 3-53 中的 a 降到 b 所需的时间。反复操作五次，取其平均值。

第一个温度点测量好以后，调节恒温槽至第二个温度点，用同样的方法再次测定无水乙醇流经毛细管所需要的时间。

4. 取出黏度计，将其中的乙醇倾入回收瓶中，用双球打气球将黏度计吹干（管口无乙醇的气味）。注入同体积的纯水，用上述的同样方法测定第二个温度点的液面由 a 降到 b 所需的时间。

因为乙醇容易挥发，所以必须先测定乙醇的时间，然后才能测定水的时间。

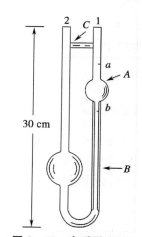

图 3-53　奥氏黏度计
A—球　B—毛细管　C—加固用玻棒
a,b—环形测定线

30 cm

【数据处理】

1. 按下表记录数据。

液体流经毛细管所需的时间(s):

	15℃乙醇	25℃	
		乙醇	纯水
1			
2			
3			
4			
5			
平均值			

2. 由下列数据计算乙醇在不同温度时对 25℃纯水的比黏度。

液体	纯 水			乙 醇				
温度/℃	20	25	35	15	20	25	30	35
密度	0.998 2	0.997 1	0.994 1	0.794	0.789	0.785	0.781	0.777
黏度/P	0.010 05	0.008 937	0.007 275					

3. 由纯水的黏度来计算不同温度下乙醇的黏度。

【思考题】

1. 为什么测定液体黏度时要保证温度恒定?

2. 为什么用奥氏黏度计时,加入的标准液体和被测液体的体积应该相同? 测量时黏度管为什么必须垂直?

附：高聚物黏度的测定

波华西尔(Poisuille)计算黏度系数公式对高聚物黏度同样适用。在测定溶剂和溶液的相对黏度时,如溶液的浓度不大($c<1\times10$ kg·m^{-3}),溶液的密度与溶剂的密度可近似地看作相同,故

$$\eta_r = \frac{\eta}{\eta_0} = \frac{t}{t_0}$$

所以只需测定溶液和溶剂在毛细管中流出的时间就可得到 η_r。

在足够稀的高聚物溶液里,η_{sp}/c 与 c 和 $\ln \eta_r/c$ 与 c 之间分别符合下述经验关系式:

$$\eta_{sp}/c = [\eta] + \kappa[\eta]^2 c$$

$$\ln \eta_r/c = [\eta] + \beta[\eta]^2 c$$

这是两直线方程,通过 η_{sp}/c 对 c 或 $\ln\eta_r/c$ 对 c 作图,外推至 $c=0$ 时所得截距即为高聚物特性黏度 $[\eta]$。显然,对于同一高聚物,由两线性方程作图外推所得截距交于同一点。测定装置见图 3-54。

测定方法:

测定溶剂流出时间 t_0。 将黏度计垂直夹在恒温槽内,用吊锤检查是否垂直。将 10 mL 纯溶剂自 A 管注入黏度计内,恒温数分钟,夹紧 C 管上连结的乳胶管,同时在连接 B 管的乳胶管上接洗耳球慢慢抽气,待液体升至 G 球的 1/2 左右即停止抽气,打开 C 管乳胶管上夹子使毛细管内液体同 D 球分开,用停表测定液面在 a、b 两线间移动所需时间。重复测定 3 次,每次相差不超过 $0.25\sim0.3$ s,取平均值。

测定溶液流出时间 t 取出黏度计,倒出溶剂,吹干。用移液管吸取 10 mL 已恒温的高聚物溶液,同上法测定流经时间。再用移液管加入 5 mL 已恒温的溶剂,用洗耳球从 C 管鼓气搅拌并将溶液慢慢地抽上流下数次使之混合均匀,再如上法测定流经时间。同样,依次加入 5 mL、10 mL、15 mL 溶剂,逐一测定溶液的流经时间。

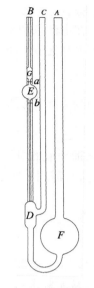

图 3-54 乌氏黏度计

实验二十五 溶胶的制备及电泳

【目的与要求】

1. 掌握电泳法测定 $Fe(OH)_3$ 及 Sb_2S_3 溶胶电动电势的原理和方法。
2. 掌握 $Fe(OH)_3$ 及 Sb_2S_3 溶胶的制备及纯化方法。
3. 明确求算 ζ 公式中各物理量的意义。

【实验原理】

溶胶的制备方法可分为分散法和凝聚法。分散法是用适当方法把较大的物质颗粒变为胶体大小的质点;凝聚法是先制成难溶物的分子(或离子)的过饱和溶液,再使之相互结合成胶体粒子而得到溶胶。$Fe(OH)_3$ 溶胶的制备采用的是化学法,即通过化学反应使生成物呈过饱和状态,然后粒子再结合成溶胶,其结构式可表示为:

$$\{m[Fe(OH)_3]\cdot nFeO^+\cdot(n-x)Cl^-\}^{x+}\cdot xCl^-$$

制成的胶体体系中常有其他杂质存在而影响其稳定性,因此必须纯化。常用的纯化方法是半透膜渗析法。

在胶体分散体系中,由于胶体本身的电离或胶粒对某些离子的选择性吸附,使胶粒的表面带有一定的电荷。在外电场作用下,胶粒向异性电极定向移动,这种胶粒向正极或负极移动的现象称为电泳。发生相对移动的界面称为切动面,切动面与液体内部的电位差称为电动电势或 ζ 电位,电动电势的大小直接影响胶粒在电场中的移动速度。原则上,任何一种胶体的电动现象都可以用来测定电动电势,其中最方便的是用电泳现象中的宏观法来测定,也就是通过观察溶胶与另一种不含胶粒的导电液体的界面在电场中移动速度来测定电动电势。电动电势 ζ 与胶粒的性质、介质成分及胶体的浓度有关。

在电泳仪两极间接上电位差 $U(\mathrm{V})$ 后,在 $t(\mathrm{s})$ 时间内溶胶界面移动的距离为 $d(\mathrm{m})$,即溶胶电泳速度 $v(\mathrm{m} \cdot \mathrm{s}^{-1})$ 为:

$$v = d/t$$

相距为 $L(\mathrm{m})$ 的两极间的电位梯度平均值 $H(\mathrm{V} \cdot \mathrm{m}^{-1})$ 为:

$$H = U/L \tag{1}$$

如果辅助液的电导率 $\bar{\kappa}_0$ 与溶胶的电导率 $\bar{\kappa}$ 相差较大,则在整个电泳管内的电位降是不均匀的,这时需用下式求 H:

$$H = \frac{U}{\dfrac{\bar{\kappa}}{\bar{\kappa}_0}(L - L_K) + L_K} \tag{2}$$

式中,L_K 为溶胶两界面间的距离。

从实验求得胶粒电泳速度后,可按下式求 $\zeta(\mathrm{V})$ 电位:

$$\zeta = \frac{K\pi\eta}{\varepsilon H} \cdot v \tag{3}$$

式中,K 为与胶粒形状有关的常数(对于球形粒子,$K = 5.4 \times 10^{10} \mathrm{V}^2 \cdot \mathrm{s}^2 \cdot \mathrm{kg}^{-1} \cdot \mathrm{m}^{-1}$;对于棒形粒子,$K = 3.6 \times 10^{10} \mathrm{V}^2 \cdot \mathrm{s}^2 \cdot \mathrm{kg}^{-1} \cdot \mathrm{m}^{-1}$,本实验胶粒为棒形);$\eta$ 为介质的黏度 $(\mathrm{kg} \cdot \mathrm{m}^{-1} \cdot \mathrm{s}^{-1})$;$\varepsilon$ 为介质的介电常数。

【仪器与试剂】

仪器:直流稳压电源(1 台)、万用电炉(1 台)、电泳管(1 只)、电导率仪(1 只)、直流电压表(1 只)、秒表(1 只)、铂电极(2 支)、锥形瓶(250 mL,1 只)、烧杯(800 mL、250 mL、100 mL,各 1 只)、超级恒温槽(1 台)、容量瓶(100 mL,1 只)。

试剂:火棉胶、$FeCl_3$(10%)溶液、KCNS(1%)溶液、$AgNO_3$(1%)溶液、稀盐酸溶液、酒石酸锑钾(0.5%)溶液、硫化亚铁。

【实验步骤】

方法一 $Fe(OH)_3$ 溶胶的制备及纯化

1. $Fe(OH)_3$ 溶胶的制备及纯化

(1) 半透膜的制备 在一个内壁洁净、干燥的 250 mL 锥形瓶中,加入约 100 mL 火棉胶液,小心转动锥形瓶,使火棉胶液黏附在锥形瓶内壁上形成均匀薄层,倾出多余的火棉胶。此时锥形瓶仍需倒置,并不断旋转,待剩余的火棉胶流尽,使瓶中的乙醚蒸发至已闻不出气味为止(此时用手轻触火棉胶膜,已不粘手)。然后再往瓶中注满水(若乙醚未蒸发完全,加水过早,则半透膜发白),浸泡 10 min。倒出瓶中的水,小心用手分开膜与瓶壁之间隙。慢慢注水于夹层中,使膜脱离瓶壁,轻轻取出,在膜袋中注入水,观察是否有漏洞。制好的半透膜不用时,要浸放在蒸馏水中。

(2) 用水解法制备 $Fe(OH)_3$ 溶胶 在 250 mL 烧杯中,加入 100 mL 蒸馏水,加热至沸，慢慢滴入 5 mL(10%)$FeCl_3$ 溶液，并不断搅拌，加毕继续保持沸腾 3～5 min，即可得到红棕色的 $Fe(OH)_3$ 溶胶。在胶体体系中存在的过量 H^+、Cl^- 等离子需要除去。

（3）用热渗析法纯化 $Fe(OH)_3$ 溶胶　将制得的 $Fe(OH)_3$ 溶胶注入半透膜内，用线拴住袋口，置于 800 mL 的清洁烧杯中，杯中加蒸馏水约 300 mL，维持温度在 60 ℃ 左右，进行渗析。每 20 min 换一次蒸馏水，4 次后取出 1 mL 渗析水，分别用 1% $AgNO_3$ 及 1% KCNS 溶液检查是否存在 Cl^- 及 Fe^{3+}，如果仍存在，应继续换水渗析，直到检查不出为止，将纯化过的 $Fe(OH)_3$ 溶胶移入一清洁干燥的 100 mL 小烧杯中待用。

2. 盐酸辅助液的制备

调节恒温槽温度为 $(25.0±0.1)$ ℃，用电导率仪测定 $Fe(OH)_3$ 溶胶在 25 ℃ 时的电导率，然后配制与之相同电导率的盐酸溶液。方法是根据 25 ℃ 时盐酸电导率—浓度关系，用内插法求算与该电导率对应的盐酸浓度，并在 100 mL 容量瓶中配制该浓度的盐酸溶液。

3. 仪器的安装

用蒸馏水洗净电泳管后，再用少量溶胶洗一次，将渗析好的 $Fe(OH)_3$ 溶胶倒入电泳管中（见图 3-55），使液面超过活塞(2)、(3)。关闭这两个活塞，把电泳管倒置，将多余的溶胶倒净，并用蒸馏水洗净活塞(2)、(3)以上的管壁。打开活塞(1)，用 HCl 溶液冲洗一次后，再加入该溶液，并超过活塞(1)少许。插入铂电极按装置图 3-55 连接好线路。

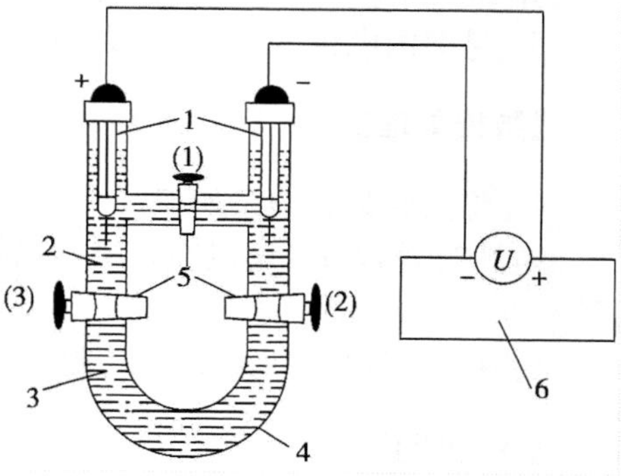

图 3-55　电泳仪器装置图
1—Pt 电极　2—HCl 溶液　3—溶胶
4—电泳管　5—活塞　6—可调直流稳压电源

4. 溶胶电泳的测定

接通直流稳压电源，迅速调节输出电压为 45 V。关闭活塞(1)，同时打开活塞(2)和(3)，并同时计时和准确记下溶胶在电泳管中液面位置，约 1 h 后断开电源，记下准确的通电时间 t 和溶胶面上升的距离 d，从伏特计上读取电压 U，并且量取两极之间的距离 L。

实验结束后，拆除线路。用自来水洗电泳管多次，最后用蒸馏水洗一次。

方法二　Sb_2S_3 溶胶的制备及电泳

1. Sb_2S_3 溶胶的制备

将一只 250 mL 锥形瓶用蒸馏水洗净，倒入 50 mL 0.5% 酒石酸锑钾溶液，把制备 H_2S 的小锥形瓶(100 mL)及导气管洗净，并向其中放入适量的硫化亚铁，在通风橱内，向小锥形瓶中加入 10 mL 50% HCl，用导气管将 H_2S 通入酒石酸锑钾溶液中。至溶液的颜色不再加深为止，即得 Sb_2S_3 溶胶。制备毕，将剩余的硫化亚铁及 HCl 倒入回收瓶，洗净锥形瓶及导气管。

2. 配制 HCl 溶液〔见 $Fe(OH)_3$ 溶胶的制备及电泳中有关内容〕。

3. 装置仪器和连接线路〔见 $Fe(OH)_3$ 溶胶的制备及电泳中有关内容〕。

4. 测定溶胶电泳速度

接通直流稳压电源 6，迅速调节输出电压为 100 V（注意：实验中随时观察，使电压稳定在 100 V，并不要振动电泳管）。关闭活塞(1)，同时打开活塞(2)和(3)，当溶胶界面达到电泳管正极部分零刻度时，开始计时。分别记下溶胶界面移动到 0.50 cm、1.00 cm、1.50 cm、

2.00 cm 等刻度时所用时间。实验结束时,测量两个铂电极在溶液中的实际距离,关闭电源,拆除线路。用自来水洗电泳管多次,最后用蒸馏水洗一次。

【注意事项】

1. 利用公式(3)求算 ζ 电位时,有关数值从附录中有关表中查得。对于水的介电常数,应考虑温度校正,由以下公式求得:

$$\ln \varepsilon_t = 4.474\,226 - 4.544\,26 \times 10^{-3}\ t/℃$$

2. 在 $Fe(OH)_3$ 溶胶实验中制备半透膜时,一定要使整个锥形瓶的内壁上均匀地附着一层火棉胶液,在取出半透膜时,一定要借助水的浮力将膜托出。

3. 制备 $Fe(OH)_3$ 溶胶时,$FeCl_3$ 一定要逐滴加入,并不断搅拌。

4. 纯化 $Fe(OH)_3$ 溶胶时,换水后要渗析一段时间再检查 Fe^{3+} 及 Cl^- 的存在。

5. 量取两电极的距离时,要沿电泳管的中心线量取。

【数据处理】

1. 将实验数据记录如下:

电泳时间 t/s;外电场在两极间的电位差 U/V;两电极间距离 L/m;溶胶液面移动距离 d/m。

2. 将数据代入公式(3)中计算 ζ 电势。

【思考题】

1. 本实验中所用的稀盐酸溶液的电导为什么必须和所测溶胶的电导率相等或尽量接近?

2. 电泳的速度与哪些因素有关?

3. 在电泳测定中如不用辅助液体,把两电极直接插入溶胶中会发生什么现象?

4. 溶胶胶粒带何种符号的电荷? 为什么它会带此种符号的电荷?

实验二十六　偶极矩的测定

小电容仪测定偶极矩

【目的与要求】

1. 掌握溶液法测定偶极矩的原理、方法和计算。

2. 熟悉小电容仪、折射仪和比重瓶的使用。

3. 测定正丁醇的偶极矩,了解偶极矩与分子电性质的关系。

【实验原理】

1. 偶极矩与极化度

分子呈电中性,但因空间构型的不同,正负电荷中心可能重合,也可能不重合,前者为非极性分子,后者称为极性分子,分子极性大小用偶极矩 μ 来度量,其定义为

$$\mu = qd \tag{1}$$

式中,q 为正、负电荷中心所带的电荷量;d 是正、负电荷中心间的距离。偶极矩的 SI 单位是库仑米(C·m)。而过去习惯使用的单位是德拜(D),1 D=3.338×10^{-30} C·m。

在不存在外电场时,非极性分子虽因振动,正负电荷中心可能发生相对位移而产生瞬时偶极矩,但宏观统计平均的结果,实验测得的偶极矩为零。具有永久偶极矩的极性分子,由于分子热运动的影响,偶极矩在空间各个方向的取向几率相等,偶极矩的统计平均值仍为零,即宏观上亦测不出其偶极矩。

当将极性分子置于均匀的外电场中,分子将沿电场方向转动,同时还会发生电子云对分子骨架的相对移动和分子骨架的变形,称为极化。极化的程度用摩尔极化度 P 来度量。P 是转向极化度($P_{转向}$)、电子极化度($P_{电子}$)和原子极化度($P_{原子}$)之和,

$$P = P_{转向} + P_{电子} + P_{原子} \tag{2}$$

其中,

$$P_{转向} = \frac{4}{9}\pi N_A \frac{\mu^2}{KT} \tag{3}$$

式中,N_A 为阿伏伽德罗(Avogadro)常数;K 为玻耳兹曼(Boltzmann)常数;T 为热力学温度。

由于 $P_{原子}$ 在 P 中所占的比例很小,所以在不很精确的测量中可以忽略 $P_{原子}$,(2)式可写成

$$P = P_{转向} + P_{电子} \tag{4}$$

在低频电场(频率小于 10^{10} s^{-1})或静电场中测得 P,在频率约为 10^{15} s^{-1} 的高频电场(紫外可见光)中,由于极性分子的转向和分子骨架变形跟不上电场的变化,故 $P_{转向}=0$,$P_{原子}=0$,所以测得的是 $P_{电子}$。这样由(4)式可求得 $P_{转向}$,再由(3)式计算 μ。

通过测定偶极矩,可以了解分子中电子云的分布和分子对称性,判断几何异构体和分子的立体结构。

2. 溶液法测定偶极矩

所谓溶液法就是将极性待测物溶于非极性溶剂中进行测定,然后外推到无限稀释。因为在无限稀的溶液中,极性溶质分子所处的状态与它在气相时十分相近,此时分子的偶极矩可按下式计算:

$$\mu = 0.042\,6 \times 10^{-30} \sqrt{(P_2^\infty - R_2^\infty)T}\ (\text{C·m}) \tag{5}$$

式中,P_2^∞ 和 R_2^∞ 分别表示无限稀时极性分子的摩尔极化度和摩尔折射度(习惯上用摩尔折射度表示折射法测定的 $P_{电子}$);T 是热力学温度。

本实验是将正丁醇溶于非极性的环己烷中形成稀溶液,然后在低频电场中测量溶液的介电常数和溶液的密度求得 P_2^∞;在可见光下测定溶液的 R_2^∞,然后由(5)式计算正丁醇的偶极矩。

（1）极化度的测定

无限稀释时，溶质的摩尔极化度 P_2^∞ 的计算公式为：

$$P = P_2^\infty = \lim_{x_2 \to 0} P_2 = \frac{3\varepsilon_1 \alpha}{(\varepsilon_1 + 2)^2} \cdot \frac{M_1}{\rho_1} + \frac{\varepsilon_1 - 1}{\varepsilon_1 + 2} \cdot \frac{M_2 - \beta M_1}{\rho_1} \tag{6}$$

式中，ε_1、ρ_1、M_1 分别是溶剂的介电常数、密度和相对分子质量，其中密度的单位是 $g \cdot cm^{-3}$；M_2 为溶质的相对分子质量；α 和 β 为常数，可通过稀溶液的近似公式求得：

$$\varepsilon_溶 = \varepsilon_1(1 + \alpha x_2) \tag{7}$$

$$\rho_溶 = \rho_1(1 + \beta x_2) \tag{8}$$

式中，$\varepsilon_溶$ 和 $\rho_溶$ 分别是溶液的介电常数和密度；x_2 是溶质的摩尔分数。

无限稀释时，溶质的摩尔折射度 R_2^∞ 的计算公式为：

$$P_{电子} = R_2^\infty = \lim_{x_2 \to 0} R_2 = \frac{n_1^2 - 1}{n_1^2 + 2} \cdot \frac{M_2 - \beta M_1}{\rho_1} + \frac{6n_1^2 M_1 \gamma}{(n_1^2 + 2)^2 \rho_1} \tag{9}$$

式中，n_1 为溶剂的折射率；γ 为常数，可由稀溶液的近似公式求得：

$$n_溶 = n_1(1 + \gamma x_2) \tag{10}$$

式中，$n_溶$ 是溶液的折射率。

（2）介电常数的测定

介电常数 ε 可通过测量电容来求算：

$$\varepsilon = C/C_0 \tag{11}$$

式中，C_0 为电容器在真空时的电容；C 为充满待测液时的电容，由于空气的电容非常接近于 C_0，故（11）式改写成：

$$\varepsilon = C/C_空 \tag{12}$$

本实验利用电桥法测定电容，其桥路为变压器比例臂电桥，如图 3-56 所示，电桥平衡的条件是：

$$\frac{C'}{C_s} = \frac{u_s}{u_x}$$

式中，C' 为电容池两极间的电容；C_s 为标准差动电器的电容。调节差动电容器，当 $C' = C_s$ 时，$u_s = u_x$，此时指示放大器的输出趋近于零。C_s 可从刻度盘上读出，这样 C' 即可测得。由于整个测试系统存在分布电容，所以实测的电容 C' 是样品电容 C 和分布电容 C_d 之和，即：

$$C' = C + C_d \tag{13}$$

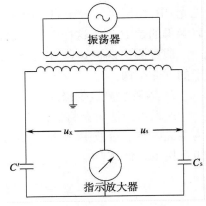

图 3-56　电容电桥示意图

显然，为了求 C 首先就要确定 C_d 值，方法是：先测定无样品时空气的电空 $C'_空$，则有：

$$C'_空 = C_空 + C_d \tag{14}$$

再测定一已知介电常数($\varepsilon_\text{标}$)的标准物质的电容 $C'_\text{标}$，则有：

$$C'_\text{标} = C_\text{标} + C_\text{d} = \varepsilon_\text{标}\, C_\text{空} + C_\text{d} \tag{15}$$

由(14)和(15)式可得：

$$C_\text{d} = \frac{\varepsilon_\text{标}\, C'_\text{空} - C'_\text{标}}{\varepsilon_\text{标} - 1} \tag{16}$$

将 C_d 代入(13)和(14)式即可求得 $C_\text{溶}$ 和 $C_\text{空}$。这样就可计算待测液的介电常数。

【仪器与试剂】

仪器：小电容测量仪(1 台)、阿贝折射仪(1 台)、超级恒温槽(2 台)、电吹风(1 只)、比重瓶(10 mL，1 只)、滴瓶(5 只)、滴管(1 支)。

试剂：环己烷(A. R.)、正丁醇(物质的量分数分别为 0.04，0.06，0.08，0.10 和 0.12 的五种正丁醇-环己烷溶液)。

【实验步骤】

1. 折射率的测定

在 25℃条件下，用阿贝折射仪分别测定环己烷和五份溶液的折射率。

2. 密度的测定

在 25℃条件下，用比重瓶分别测定环己烷和五份溶液的密度。

3. 电容的测定

(1) 将 PCM-1A 精密电容测量仪通电，预热 20 min。

(2) 将电容仪与电容池连接线先接一根(只接电容仪，不接电容池)，调节零电位器使数字表头指示为零。

(3) 将两根连接线都与电容池接好，此时数字表头上所示值即为 $C'_\text{空}$ 值。

(4) 用 2 mL 移液管移取 2 mL 环己烷加入到电容池中，盖好，数字表头上所示值即为 $C'_\text{标}$。

(5) 将环己烷倒入回收瓶中，用冷风将样品室吹干后再测 $C'_\text{空}$ 值，与前面所测的 $C'_\text{空}$ 值相差应小于 0.02 pF，否则表明样品室有残液，应继续吹干，然后装入溶液。同样方法测定五份溶液的 $C'_\text{溶}$。

【数据处理】

1. 将所测数据列表。

2. 根据(16)和(14)式计算 C_d 和 $C_\text{空}$。其中环己烷的介电常数与温度 t 的关系式为：$\varepsilon_\text{标} = 2.023 - 0.001\,6(t - 20)$。

3. 根据(13)和(12)式计算 $C_\text{溶}$ 和 $\varepsilon_\text{溶}$。

4. 分别作 $\varepsilon_\text{溶} - x^2$ 图，$\rho_\text{溶} - x^2$ 图和 $n_\text{溶} - x^2$ 图，由各图的斜率求 α, β, γ。

5. 根据(6)和(9)式分别计算 P_2^∞ 和 R_2^∞。

6. 最后由(5)式求算正丁醇的 μ。

【注意事项】

1. 每次测定前要用冷风将电容池吹干,并重测 $C'_空$,与原来的 $C'_空$ 值相差应小于 0.02 pF。严禁用热风吹样品室。

2. 测 $C'_溶$ 时,操作应迅速,池盖要盖紧,防止样品挥发和吸收空气中极性较大的水汽。装样品的滴瓶也要随时盖严。

3. 每次装入量严格相同,样品过多会腐蚀密封材料,渗入恒温腔,使实验无法正常进行。

4. 要反复练习差动电容器旋钮、灵敏度旋钮和损耗旋钮的配合使用和调节,在能够正确寻找电桥平衡位置后,再开始测定样品的电容。

5. 注意不要用力扭曲电容仪连接电容池的电缆线,以免损坏。

【思考题】

1. 本实验测定偶极矩时做了哪些近似处理?

2. 准确测定溶质的摩尔极化度和摩尔折射度时,为何要外推到无限稀释?

3. 试分析实验中误差的主要来源,如何改进?

综合性、设计性化学实验

第一章　综合性化学实验

实验一　固体超强酸催化剂的合成

【目的与要求】

1. 学习一种催化剂的合成方法。
2. 练习实验中沉淀、洗涤、烘干、焙烧等基本操作。
3. 复习 Lewis 酸碱理论。

【实验原理】

固体超强酸催化剂是利用某些金属盐类在水溶液中与氨水反应（或其他沉淀剂）生成氢氧化物（或氧化物的水合物）经过一系列处理后所得到的金属氧化物，这类氧化物的 Hemmet 酸常数 $H_0 < -11.93$，通常比 $100\%\mathrm{H_2SO_4}$ 的酸性还要强得多，因此可以在某些有机反应（如异构化、缩合、酯化等）中作为催化剂使用，从根本上解决了传统酸催化过程中产生的腐蚀设备、分离困难、成本高以及污染环境等问题，是一类非常有发展潜力的催化剂。

【仪器与试剂】

仪器：电动搅拌器、抽滤装置、烘箱、马弗炉（$\leqslant 1\,000\,℃$）、研钵、烧杯（300 mL）。
试剂：$\mathrm{ZrOCl_2 \cdot 8H_2O}$(A. R)、氨水（浓，A. R）、$\mathrm{H_2SO_4}$（$0.5\ \mathrm{mol \cdot L^{-1}}$，$1\ \mathrm{mol \cdot L^{-1}}$）。

【实验步骤】

取一定量 $\mathrm{ZrOCl_2 \cdot 8H_2O}$ 固体溶于适量的蒸馏水中，在搅拌下加入浓氨水调节溶液的 pH 约为 9～10，陈化（时间要摸索），过滤并洗涤到无 $\mathrm{Cl^-}$ 检出，滤饼于烘箱中 110 ℃烘干（时间要摸索），将烘干后的固体用研钵研碎后于一定浓度（需要摸索）的 $\mathrm{H_2SO_4}$ 溶液中浸泡若干时间（需要摸索），抽干，于马弗炉中焙烧若干小时（需要摸索），焙烧温度在 550～700 ℃范围内，将焙烧后的固体稍加研磨即得产品。

【提示与参考】

1. 固体超强酸的制备方法很多,本实验采用的方法是最简单的一种。

2. 对于实验中的值得摸索的地方都是影响超强酸强度的因素。

3. 此类超强酸的表征方法除了 XRD、IR 等仪器方法,还可以用指示剂法测酸度,具体用于某有机反应测试其催化活性。

实验二　废机油的再生

【目的与要求】

1. 了解油水难溶原理和水的沸点比机油低的事实。

2. 掌握油水分离的一种方法。

3. 掌握利用浓 H_2SO_4 的氧化性去除有机物。

4. 掌握用活性白土吸附色素。

【实验原理】

机油在机械、化工领域等广泛地应用着,而且用量相当大。使用之后即掺入了水分、有机物、色素、灰尘等各种各样的杂质而把机油污染了,由有用之物就变成了废物。如何使这种废物又变成有用的宝物呢,今介绍其再生办法。

再生原理:根据油水难溶原理和水的沸点比机油低的道理,可通过加热和静置分离除去水分。利用浓 H_2SO_4 的氧化性去除有机物,利用活性白土吸附色素通过过滤除去机械杂质。

【仪器与试剂】

仪器:油浴加热装置、三口烧瓶、滴液漏斗、过滤装置。

试剂:废机油、H_2SO_4(浓度为 92%～98%)、Na_2CO_3、活性白土。

【实验步骤】

机油再生一般要经过如下五个步骤:除水、酸洗、碱洗、活性白土吸附除污、过滤。

1. 除水:将废机油收集到集油池除水后,置于炼油锅内,升温到 80 ℃后停止加热,让其静置 24 小时左右,将表面的明水排尽,然后缓慢升温到 120℃(当油温接近 100℃时,要慢慢加热,防止油沸腾溢出),使水分蒸发掉,约经 2 小时,油不翻动,油面冒出黑色油气即可。

2. 酸洗:待油冷却至常温,在搅拌下缓慢地加入硫酸(浓度为 92%～98%),酸用量一般为油量的 5%～7%(可根据机油脏污程度而定)。加完酸后,继续搅拌半小时,静置 12 小时,将酸渣排尽。

3. 碱洗:将经过酸洗的机油重新升温到 80℃,在搅拌下加入纯碱(Na_2CO_3),充分搅拌均匀后,让其静置 12 小时,然后用试纸检验为中性时,再静置 4 小时,将碱渣排尽。

4. 活性白土吸附：将油升温到 120~140℃，在恒温和搅拌下加入活性白土（其用量约为油量的 3.5％），加完活性白土后，继续搅拌半小时，在 110~120℃下恒温静置一夜，第二天趁热过滤。

5. 过滤：可采用滤油机过滤，即得合格机油。如无滤油机，采用布袋吊滤法也可。

以上即为提纯机油的一般操作过程，但应根据实际情况而定。如含杂质水很少，则第一步可省掉，如经过酸碱处理后，油的颜色已正常，则不必用活性白土脱色吸附。

实验三　脲醛树脂的制备与使用

【目的与要求】

1. 掌握脲醛树脂合成的原理及方法。
2. 掌握回流、搅拌及减压蒸馏的操作。

【实验原理】

聚合反应是合成高分子化合物的化学基础，根据单体的不同，可以分为加聚反应和缩聚反应。

脲醛树脂是由尿素与甲醛溶液经缩合反应而生成的热固性树脂，共分为三个阶段：

（1）生成二羟甲脲或二羟甲脲及一羟甲脲的混合物；

（2）树脂化阶段；

（3）硬化阶段。

脲醛缩聚反应十分复杂，至今还未有一致公认的理论，但一羟甲脲和二羟甲脲是反应的初步产物，这是大家公认的。

脲醛树脂的制造方法很多，不同的产品要求有不同的配方。影响反应的主要因素有：① 脲与甲醛的配料比；② 反应介质的 pH；③ 反应温度及反应时间。

【仪器与试剂】

仪器：水浴加热装置、三口烧瓶、搅拌装置。

试剂：甲醛（含量不小于 36％）、工业尿素（氮含量不少于 46％）、液体烧碱（浓度 36％）、液态甲酸（含量不低于 85％）。

【实验步骤】

一、制备

1. 把计量的甲醛放入三口烧瓶内，三口烧瓶放进水位占三口烧瓶高度的三分之二的盛水的铝锅内。

2. 在不断搅拌下，把烧碱液加入甲醛内，调整 pH 等于 7.8，并开始慢慢升温到 25~30℃（以三口烧瓶内的温度为准）。

3. 在不断搅拌下，把尿素（粉碎成粉末状）总用量的 50％加进三口烧瓶，并在 30 分钟内升温至 60℃。

4. 当三口烧瓶内温度达到 60℃,第二次加入尿素总用量的 25%,同样要不断搅拌,并控制升温速度,控制在 30 分钟内使温度升至 90℃。

5. 最后加入尿素的剩余部分,在 90℃保温 30 分钟。

6. 恒温后即用甲酸调整 pH 至 4.5,调酸后应注意其自然放热反应,如有这种情况要急速降温,以免影响胶料的质量。

7. 调酸后的 10~20 分钟内,用常温清水检验胶料是否到达反应终点,到达终点的胶液滴入清水内即起白色雾状。如已到反应终点,立即降温至 75℃左右,再用烧碱液调整 pH 为 7.8,并恒温成胶。这个恒温阶段也是脱水阶段. 脱水时间长短根据对胶浓度的要求而定。

8. 成料后立即把胶料冷却至 35~40℃,然后放进胶桶,如暂不使用,应密封桶盖,放置阴凉室内保存。

用此工艺生产的脲醛树脂,固体含量较高,游离甲醛较低。此胶使用于胶合板、细木工板等的粘接。

二、使用

1. 脲醛树脂胶的调制

使用之前在胶料中要加入氯化铵,它的作用是使胶料凝固速度加快,但要注意用量适当,加少了固化时间太长,不利施工操作;加多了,胶会发脆,胶接质量就不好。根据经验以 100 g 脲醛树脂而言在气温 10℃ 以下时,一般应加 2.5~3 g 的氯化铵,而在 30℃ 的气温时,只要加入 1 g 就足够了。在胶合木板时,有时在胶料中还加入 5%~10% 的黄豆粉或面粉(粉料不能有粒状,要过 100 目筛),目的是增加黏稠度,防止过量的胶液渗入木材,使胶液的初黏性增加。

2. 使用方法和注意事项

待胶合的木材其含水率不应超过 12%,胶合面要平整,接触面要干净。涂胶要均匀,胶料涂到材料面上之后,用夹具将胶合面夹紧直至胶液固化时才能卸去。采用热压法加温至 60℃,5 小时左右胶料能够凝固。冷压法在常温下一般需十几个小时胶料才能凝固。

此胶稍有毒性,不宜胶合锅盖等餐具物品。

实验四　2,3,5-三氯苯甲酸的制备

【目的与要求】

1. 了解并掌握以 1,2,4-三氯苯为原料,通过氧化反应制备 2,3,5-三氯苯甲酸的反应原理和方法。

2. 掌握回流、重结晶和过滤技术。

3. 掌握熔点测定技术。

【实验原理】

氧化反应是制备羧酸的常用方法,制备脂肪族羧酸,可用伯醇或醛为原料,用高锰酸钾或硫酸氧化。仲醇、酮或烯烃的强烈氧化,也能得到羧酸,但同时发生碳链断裂。

芳香族羧酸通常用芳香烃的氧化来制备。由于芳香烃的苯环比较稳定,难于氧化,而环上的支链不论长短,在强烈氧化时,最后都变成羧基。

制备羧酸采取的都是比较强烈的氧化条件,而氧化反应一般都是放热反应,所以控制反应在一定的温度下进行是非常重要的。如果反应失控,不但要破坏产物,使产率降低,有时还会发生爆炸。

2,3,5-三氯苯甲酸是一种新型的高效植物生长调节剂,对花生的增产效果尤其显著。经农田试验证明,使用该激素一般可使花生增产 20%~40%。

【仪器与试剂】

仪器:三口烧瓶、球形冷凝管、布氏漏斗、抽滤瓶。

试剂:1,2,4-三氯苯、无水四氯化碳、无水三氯化铝、三氯化铁、硫酸(96%)、氢氧化钠水溶液(4%)、盐酸水溶液(4%)。

【实验步骤】

1. 把无水四氯化碳 118 g 和无水三氯化铝 0.8 g 加入反应器内,搅拌加热升温至 68℃ 左右,于半小时左右的时间内,把 47 g 四氯化碳和 60 g 1,2,4-三氯苯的混合物滴加完毕,恒温反应 2.5 小时后,将反应物倾入碎冰中,澄清分出有机相和水相。水相另用适量四氯化碳萃取数次后弃去水相。

2. 把有机相和四氯化碳萃取液合并,蒸出四氯化碳后,留下棕色液体经乙醇重结晶,得到 40 g 左右白色针状结晶物。

3. 把三氯化铁和硫酸加入反应器内,搅拌加热升温至 110℃ 左右,把所得的白色针状物慢慢加入其中,反应 3 小时后,将反应产物倾入碎冰中,滤去废酸,沉淀物用适量氢氧化钠水溶液溶解。然后过滤去渣,滤液加入适量盐酸调 pH 为 2~3,产生白色沉淀。过滤,弃去滤液,用水把白色固体中的盐酸洗去。然后进行干燥,得到熔点为 162~164℃ 的白色粉末即为产品 2,3,5-三氯苯甲酸。

实验五　水热法制备纳米氧化铁材料

【目的与要求】

1. 了解水热法制备纳米材料的原理与方法。
2. 加深对水解反应影响因素的认识。
3. 熟悉分光光度计、离心机、酸度计的使用。

【实验原理】

水解反应是中和反应的逆反应,是一个吸热反应。升温使水解反应的速率加快,反应程度增加;浓度增大对反应程度无影响,但可使反应速率加快。对金属离子的强酸盐来说,pH 增大,水解程度与速率皆增大。在科研中经常利用水解反应来进行物质的分离、鉴定和提纯,许多高纯度的金属氧化物,如 Bi_2O_3、Al_2O_3、Fe_2O_3 等,都是通过水解沉淀来提纯的。

纳米材料是指晶粒和晶界等显微结构能达到纳米级尺度水平的材料,是材料科学的一个重要发展方向。纳米材料由于粒径很小,比表面很大,表面原子数会超过体原子数。因此纳米材料常表现出与本体材料不同的性质。在保持原有物质化学性质的基础上,呈现出热力学上的不稳定性。如纳米材料可大大降低陶瓷烧结及反应的温度,明显提高催化剂的催化活性、气敏材料的气敏活性和磁记录材料的信息存贮量。纳米材料在发光材料、生物材料方面也有重要的应用。

氧化物纳米材料的制备方法很多,有化学沉淀法、热分解法、固相反应法、溶胶-凝胶法、气相沉积法、水解法等。水热水解法是较新的制备方法,它通过控制一定的温度和 pH条件,使一定浓度的金属盐水解,生成氢氧化物或氧化物沉淀。若条件适当可得到颗粒均匀的多晶态溶胶,其颗粒尺寸在纳米级,对提高气敏材料的灵敏度和稳定性有利。

为了得到稳定的多晶溶胶,可降低金属离子的浓度,也可用配位剂络合法控制金属离子的浓度,如加入 EDTA,可适当增大 I^- 的浓度,制得更多的沉淀,同时对产物的晶形也有影响。若水解后生成沉淀,说明成核不同步,可能是玻璃仪器未清洗干净,或者是水解液浓度过大,或者是水解时间太长。此时的沉淀颗粒尺寸不均匀,粒径也比较大。

$FeCl_3$ 水解过程中,由于 Fe^{3+} 转化为 Fe_2O_3,溶液的颜色发生变化,随着时间增加,Fe^{3+}量逐渐减小,Fe_2O_3 粒径也逐渐增大,溶液颜色也趋于一个稳定值,可用分光光度计进行动态监测。

本实验以 $FeCl_3$ 为例,实验 $FeCl_3$ 的浓度、溶液的温度、反应时间与 pH 等对水解反应的影响。

【仪器与试剂】

仪器:台式烘箱、721 或 722 型分光光度计、医用高速离心机或 800 型离心沉淀器、pHs-2 型酸度计、多用滴管、20 mL 具塞锥形瓶、50 mL 容量瓶、离心试管、5 mL 吸量管。

试剂:1.0 mol/L $FeCl_3$ 溶液、1.0 mol/L 盐酸、1.0 mol/L EDTA 溶液、1.0 mol/L $(NH_4)_2SO_4$ 溶液。

【实验步骤】

(1)玻璃仪器的清洗

实验中所用一切玻璃器皿均需严格清洗。先用铬酸洗液洗,再用去离子水冲洗干净,然后烘干备用。

(2)水解温度的选择

本实验选定水解温度为 105℃,有兴趣的同学可做 85℃、90℃对照。

(3)水解时间对水解的影响

按 1.8×10^{-2} mol/L $FeCl_3$ 溶液、8.0×10^{-4} mol/L EDTA 的要求配制 20 mL 水解液,通过多用滴管滴加 1 mol/L HCl 以酸度计监测,调节溶液的 pH 至 1.3,置于 20 mL 具塞锥形瓶中,放入 105℃的台式烘箱中,观察水解前后溶液的变化。每隔 30 min 取样 2 mL,于 550 nm 处观察水解液吸光度的变化,直到吸光度(A)基本不变,观察到橘红色溶胶为止,绘制 $A-t$ 图。约需读数 6 次。

（4）水解液 pH 的影响

改变上述水解液的 pH，分别为 1.0、1.5、2.0、2.5、3.0，用分光光度计观察水解液 pH 对水解的影响，绘制 pH - t 图。

（5）水解液中 Fe^{3+} 浓度对水解的影响

改变步骤（3）中水解液的 Fe^{3+} 浓度，使之分别为 2.5×10^{-2} mol/L、5×10^{-3} mol/L、1.0×10^{-2} mol/L，用分光光度计观察水解液中 Fe^{3+} 浓度对水解的影响，绘制 A - t 图。

（6）沉淀的分离

取上述水解液一份，迅速用冷水冷却，分为两份，一份用高速离心机离心分离，一份加入 $(NH_4)_2SO_4$ 使溶胶沉淀后用普通离心机离心分离。沉淀用去离子水洗至无 Cl^- 为止（怎样检验？）。比较两种分离方法的效率。

【思考题】

1. 影响水解的因素有哪些？如何影响？
2. 水解器皿在使用前为什么要清洗干净，若清洗不干净会带来什么后果？
3. 如何精密控制水溶液的 pH？为什么可用分光光度计监控水解程度？
4. 氧化铁溶胶的分离有哪些方法？哪种效果较好？

实验六 燃料用固体酒精的制备

综合性实验是指实验内容涉及综合知识或与本课程相关课程的知识的实验，因此，形式上完全可以不拘泥于上述实验，只要达到目的即可，如本实验。

固体酒精也叫固化乙醇。它是用普通液体酒精加上适当的固化剂，使其固化而成。随着国民经济发展，人民生活水平的提高，以及国家开放政策的实行，旅游事业日益兴旺。人们外出旅游或在野外工作，都希望能随时吃到热饭、热菜。固体酒精燃料可满足人们的这一愿望。将固体酒精燃料盛于马口铁盒内，不管走到哪里，打开盒盖，只要有打火机，就可立即点燃，生火做饭。

本固体酒精盛器携带极为方便，不会损坏和流出酒精，所以没有污染衣物或失火之虑。制造工艺简单，所用原料皆为普通工业品，各地都能买到。

本品为硬膏状固溶体，熔点大于 60℃，不流动，易点燃，燃烧火焰为黄色或蓝色（因固化剂而异）。燃烧温度高，灰分少，贮存期长。平时应密封保存。

原料：制备固体酒精的原料，除酒精主料（95%）以外，尚有配制固化剂的各种辅料。

设备：50～500 mL 的烧瓶（视产量而定），配以回流器、水浴和热源以及其他常用容器若干。

制法之一

【实验步骤】

（1）把 31% NaOH 溶液 50 克及 95% 的酒精 100 克，注入一只 500 mL 的烧瓶或类似烧瓶的其他容器中；

（2）把牛油 100 克放在烧杯（或铁器）中用小火徐徐熔化，待完全熔化后除杂质及残渣；

（3）把熔化后除杂的牛油注入上述烧瓶中；

（4）烧瓶上装一回流管.加热煮沸,回流约两小时;

（5）冷却后,倒入备用容器中令其冷却凝结,即成为固化剂;

（6）取出制备的固化剂 15 克,酒精 85 克,放在玻璃（或铁容器）内,在水浴上加热。使温度保持在 70～75 ℃,并不断搅拌。待固化剂完全熔化后,倾入盛固体酒精的铁容器中,冷却、固化后加封即成。

制法之二

【实验步骤】

（1）把 160 g 重量的酒精分成两等份,其中一份加入 1.2 g 固体 NaOH,另一份加 8 g 硬脂酸。

（2）将上述两份同时在两个水浴上加热到 65 ℃,使 NaOH 和硬脂酸熔化。

（3）把含 NaOH 的酒精溶液倒入含硬脂酸的酒精溶液中,混合均匀。

（4）把混合均匀的溶液注入备好的固体酒精容器内,加盖密封即成。

以上两种制备固体酒精方法的比较:

对固体酒精的质量要求:（1）在最热天气不熔化（至少熔点在 55 ℃ 以上）;（2）凝固性好,没有液体酒精存在,也不能呈半流动状态;（3）酒精含量要高;（4）燃烧完全,残渣少。两种产品的质量比较如下:

制法	凝固状态	熔点/℃	酒精含量/%	燃烧残留物/%
Ⅰ	凝固好	60	94.00	9.95
Ⅱ	凝固好	61	94.57	5.44

两种制备方法都可以制作良好的固体酒精,但综合比较,Ⅱ法成品稍优。

第二章　设计性化学实验

实验一　纯丙乳液的制备与应用

【实验目的】

1. 掌握乳液聚合的方法。
2. 了解纯丙乳液配方设计的原理。
3. 熟悉纯丙乳液性能检测的方法。
4. 利用纯丙合成乳液制备乳液型涂料。

【实验学时】

32

【实验提示】

纯丙乳液是甲基丙烯酸酯类、丙烯酸酯类及丙烯酸三元共聚乳液的简称,是一种重要的中间体或原料。由于纯丙乳液的机械稳定性、冻融稳定性、稀释稳定性好,且耐污性和附着力强、VOC 含量极低等特点,可用作织物和木材、金属表面涂饰剂和高档内外墙涂料、防腐蚀涂料的基料。

制备方法有连续聚合法、种子乳液聚合、互穿网络聚合及微乳液聚合等。

【仪器与试剂】

仪器:电动搅拌器、水浴锅、水泵、黏度计(仪)、粒径仪、电子拉力机、紫外光谱仪、玻璃仪器等。

试剂:丙烯酸(工业纯)、丙烯酸丁酯(工业纯)、甲基丙烯酸甲酯(工业纯)、壬基酚聚氧乙烯醚(工业纯)、十二烷基硫酸钠、过硫酸铵(试剂)、碳酸钠、氮气、去离子水等。

【要求与预期目标】

1. 查阅有关文献,设计一种可行的制备实验方案。
2. 制备 50 g 的纯丙乳液样品,并检测其理化和机械性能。
3. 利用纯丙乳液样品,制备一种乳液型涂料。
4. 提交完整的研究报告 1 份(2 000～3 000 字)。

【思考题】

1. 种子聚合法的特点是什么?

2. 聚合物的玻璃化温度与单体有什么关系？

3. 乳液的机械化稳定性能与什么因素有关？

实验二　聚合物胶黏剂的制备及性质测定

本实验是一研究式实验,通过独立完成丙烯酸酯乳液压敏胶或多元接枝胶黏剂的制备及其物性和应用性能的测试,使学生了解高分子化合物及产品的一般研究方法,培养和提高其独立科研工作能力。

【实验内容】

1. 文献查阅

由学生自己查阅有关的文献资料,综合文献资料内的相关内容,结合自己对本课题的认识,提出实验方案,拟定出合适的配方、具体的操作步骤、样品性能的测试以及实验中应注意的问题等。

2. 样品合成

根据所拟定的合成方法,经教师同意后进行实验。

3. 样品的物性检测

对所合成的样品,根据拟定的检测方法,对样品的物性进行检测,需检测的项目包括:固含量,残留单体的含量,贮存稳定性,乳液的颗粒大小及其分布、黏度等。

4. 应用性能

对所合成的样品的应用性能进行测试,选定基材(牛皮纸,涤纶或 BoPP 等)进行压敏胶的涂覆,并测定其对不同材料(纸张、玻璃、金属、塑料、泡沫材料等)的黏附及剥离性能,并讨论配方组成同其性能的关系。

根据压放胶的要求说明配方设计原理及配方中各组分的作用。

多元接枝胶的接枝率、黏接强度与哪些因素有关?

实验三　设计性实验数例

设计性实验是指给定实验目的、要求和实验条件,由学生自行设计实验方案并加以实现的实验。因此,只要符合下述情况均可作为设计性实验。

1. 能充分调动学生的学习主动性、积极性和创造性,并且能把所学的基础化学知识应用于实验的选题设计。通过自主和创造性设计一种实验,在一定的实验条件和范围内,完成从实验设计到亲自动手操作全过程。

2. 自主设计性实验完成的基本步骤为选题→实验方案设计→实验准备→预实验→正式实验→实验结果讨论及分析→实验报告书写或论文撰写。

具体情况如下:

(1) 选题:以实验小组为单位,根据已学的基础或近期将要学的知识,并利用图书馆及因特网查阅相关的文献资料,了解国内外研究现状。经过小组集体酝酿、讨论,从给定的实验项目确立一个既有科学性又有一定创新机能的实验题目。

（2）实验方案设计：① 题目，班级、设计者；② 立题依据（实验的目的、意义，以及欲解决的问题和国内外研究现状）；③ 实验动物品种、性别、规格和数量；④ 实验器材与药品；⑤ 实验方法与操作步骤；⑥ 观察结果的记录表格制作；⑦ 预期结果；⑧ 可能遇到的困难和问题及解决的措施；⑨ 参考文献。

（3）实验准备：器材，试剂配制。

（4）预实验：按照实验设计方案和操作步骤认真进行预实验。

（5）正式实验：按照修改的实验设计方案和操作步骤认真进行正式实验。

（6）实验结果讨论及分析：各实验小组对实验数据进行归纳和处理。

（7）实验报告书写或撰写论文。

【设计性化学实验项目示例】

Ⅰ．酪蛋白制备

【目的要求】

1．学习利用等电点制备蛋白质的技术。

2．从牛乳中提取脱脂酪蛋白并计算收率（酪蛋白 g/100 mL 牛乳）。

3．选择实验方法，设计实验方案。

【主要提示】

1．酪蛋白在等电点环境中溶解度极低。

2．酪蛋白不溶于乙醚、乙醇及它们的混合物中。

Ⅱ．维生素 C 含量的测定

【目的要求】

1．学习维生素 C 定量测定法的原理和方法。

2．选择实验方法，设计实验方案。

【主要提示】

1．利用维生素 C 具有氧化还原性质。

2．测定样品可选择水果、蔬菜或维生素 C 药片。

Ⅲ．植物组织中总糖和还原糖含量的测定

【目的要求】

1．学习总糖和还原糖测定的原理和方法。

2．选择实验方法，设计实验方案。

【主要提示】

1．总糖和还原糖结构的区别。

2．测定样品可选择含糖量高的植物。

附　　录

一　中华人民共和国法定计量单位

我国的法定计量单位(以下简称法定单位)包括：

1. 国际单位制的基本单位(见表1)；

2. 国家选定的非国际单位制单位(见表2)。

表1　国际单位制的基本单位

量的名称	单位名称	单位符号
长度	米	m
质量	千克(公斤)	kg
时间	秒	s
电流	安[培]	A
热力学温度	开[尔文]	K
物质的量	摩[尔]	mol
发光强度	坎[德拉]	cd

表2　国家选定的非国际单位制单位

量的名称	单位名称	单位符号	换算关系和说明
时间	分	min	$1\ min=60\ s$
	[小]时	h	$1\ h=60\ min=3\ 600\ s$
	天(日)	d	$1\ d=24\ h=86\ 400\ s$
平面角	[角]秒	(″)	$1''=(\pi/648\ 000)rad(\pi$ 为圆周率)
	[角]分	(′)	$1'=60''=(\pi/10\ 800)rad$
	度	(°)	$1°=60'=(\pi/180)rad$
旋转速度	转每分	r/min	$1\ r/min=(1/60)r/s$
长度	海里	n mile	$1n\ mile=1\ 852\ m$(只用于航程)
速度	节	kn	$1\ kn=1\ n\ mile/h=(1\ 852/3\ 600)m/s$ (只用于航程)
质量	吨	t	$1\ t=10^3\ kg$
	原子质量单位	u	$1\ u\approx 1.660\ 565\ 5\times10^{-27}kg$
体积	升	L,(l)	$1\ L=1\ dm^3=10^{-3}\ m^3$
能	电子伏	eV	$1\ eV\approx1.602\ 189\ 2\times10^{-19}J$
级差	分贝	dB	

二 标准电极电位(298.2 K)

半反应	$E^{\ominus}/V$	半反应	$E^{\ominus}/V$
$Li^+ + e^- = Li$	-3.045	$2H^+ + 2e^- = H_2$	0.000
$Ca(OH)_2 + 2e^- = Ca + 2OH^-$	-3.020	$AgBr + e^- = Ag + Br^-$	0.0713
$Rb^+ + e^- = Rb$	-2.925	$Sn^{4+} + 2e^- = Sn^{2+}$	0.150
$K^+ + e^- = K$	-2.924	$Cu^{2+} + e^- = Cu^+$	0.158
$Cs^+ + e^- = Cs$	-2.923	$ClO_4^- + H_2O + 2e^- = ClO_3^- + 2OH^-$	0.360
$Ba^{2+} + 2e^- = Ba$	-2.912	$SO_4^{2-} + 4H^+ + 2e^- = H_2SO_3 + H_2O$	0.170
$Sr^{2+} + 2e^- = Sr$	-2.890	$AgCl + e^- = Ag + Cl^-$	0.222
$Na^+ + e^- = Na$	-2.713	$Cu^{2+} + 2e^- = Cu$	0.223
$Mg^{2+} + 2e^- = Mg$	-2.375	$Ag_2O + H_2O + 2e^- = 2Ag + 2OH^-$	0.340
$H_2(g) + 2e^- = 2H^-$	-2.230	$ClO_2^- + H_2O + 2e^- = ClO^- + 2OH^-$	0.342
$AlF_6^{3-} + 3e^- = Al + 6F^-$	-2.232	$O_2 + 2H_2O + 4e^- = 4OH^-$	0.350
$Be^{2+} + 2e^- = Be$	-1.847	$\lbrack Fe(CN)_6 \rbrack^{3-} + e^- = \lbrack Fe(CN)_6 \rbrack^{4-}$	0.401
$Al^{3+} + 3e^- = Al(0.1\ mol \cdot L^{-1} NaOH)$	-1.706	$Hg_2^{2+} + 2e^- = 2Hg$	0.690
$Mn(OH)_2 + 2e^- = Mn + 2OH^-$	-1.470	$Ag^+ + e^- = Ag$	0.792
$ZnO_2^- + 2H_2O + 2e^- = Zn + 4OH^-$	-1.216	$2NO_3^- + 4H^+ + 2e^- = N_2O_4 + 2H_2O$	0.7996
$Zn^{2+} + 2e^- = Zn$	-0.763	$Hg^{2+} + 2e^- = 2Hg$	0.810
$Mn^{2+} + 3e^- = Mn$	-1.170	$ClO^- + H_2O + 2e^- = Cl^- + 2OH^-$	0.851
$Sn(OH)_6^{2-} + 2e^- = HSnO_2^- + H_2O + 3OH^-$	-0.960	$2Hg^{2+} + 2e^- = Hg_2^{2+}$	0.900
$2H_2O + 2e^- = H_2 + 2OH^-$	-0.8277	$Br_2(l) + 2e^- = 2Br^-$	0.907
$Cr^{3+} + 3e^- = Cr$	-0.744	$MnO_2 + 4H^+ + 2e^- = Mn^{2+} + 2H_2O$	1.087
$Ni(OH)_2 + 2e^- = Ni + 2OH^-$	-0.720	$O_2 + 4H^+ + 4e^- = 2H_2O$	1.208
$Fe(OH)_3 + e^- = Fe(OH)_2 + OH^-$	-0.560	$Pb^{2+} + 2e^- = Pb$	1.229
$2CO_2(g) + 2H^+ + 2e^- = H_2C_2O_4$	-0.490	$Cr_2O_7^{2-} + 14H^+ + 6e^- = 2Cr^{3+} + 7H_2O$	1.330
$NO_2^- + H_2O + e^- = NO + 2OH^-$	-0.460	$I_2 + 2e^- = 2I^-$	0.538
$Cr^{3+} + e^- = Cr^{2+}$	-0.740	$MnO_4^- + e^- = MnO_4^{2-}$	0.564
$Fe^{2+} + 2e^- = Fe$	-0.409	$MnO_4^- + 4H^+ + 3e^- = MnO_2 + 2H_2O$	1.695
$Fe^{3+} + 3e^- = Fe$	-0.036	$O(g) + 2H^+ + 2e^- = H_2O$	2.422
$Ni^{2+} + 2e^- = Ni$	-0.250	$O_3 + 2H^+ + 2e^- = O_2 + H_2O$	2.070
$2SO_4^{2-} + 4H^+ + 2e^- = S_2O_6^{2-} + 2H_2O$	-0.200	$MnO_4^- + 8H^+ + 5e^- = Mn^{2+} + 4H_2O$	1.510
$Sn^{2+} + 2e^- = Sn$	-0.136		
$Pb^{2+} + 2e^- = Pb$	-0.126		
$AgCN + e^- = Ag + CN^-$	-0.017		

三 弱电解质的电离常数

（近似浓度 0.01～0.003 mol · L^{-1}，温度 298 K）

化学式	电离常数 （K）	pK	化学式	电离常数 （K）	pK
HAc	1.75×10^{-5}	4.756	H_2O_2	2.24×10^{-12}	11.65
H_2CO_3	$K_1 = 4.37 \times 10^{-7}$ $K_2 = 4.68 \times 10^{-11}$	6.36 10.33	$NH_3 \cdot H_2O$	1.79×10^{-5}	4.75
$H_2C_2O_4$	$K_1 = 5.89 \times 10^{-2}$ $K_2 = 6.46 \times 10^{-5}$	1.23 4.19	NH_4^+	5.56×10^{-10}	9.25
HNO_2	7.24×10^{-4}	3.14	HClO	2.88×10^{-8}	7.54
H_3PO_4	$K_1 = 7.08 \times 10^{-3}$ $K_2 = 6.31 \times 10^{-8}$ $K_3 = 4.17 \times 10^{-13}$	2.15 7.20 12.38	HBrO	2.06×10^{-9}	8.69
$SO_2 + H_2O$	$K_1 = 1.29 \times 10^{-2}$ $K_2 = 6.16 \times 10^{-8}$	1.89 7.21	HIO	2.3×10^{-11}	10.64
H_2SO_4	$K_2 = 1.02 \times 10^{-2}$	1.99	$Pb(OH)_2$	9.6×10^{-4}	3.02
H_2S	$K_1 = 1.07 \times 10^{-7}$ $K_2 = 1.26 \times 10^{-13}$	6.97 12.90	AgOH	1.1×10^{-4}	3.96
HCN	6.17×10^{-10}	9.21	$Zn(OH)_2$	9.6×10^{-4}	3.02
H_2CrO_4	$K_1 = 9.55$ $K_2 = 3.16 \times 10^{-7}$	−0.98 6.50	NH_2OH	1.07×10^{-8}	7.97
HF	6.61×10^{-4}	3.18	NH_2NH_2	1.7×10^{-6}	5.77

摘自：J. A. Dean Ed, Lange's Handbook of Chemistry, 13th. edition 1985。

四 水的饱和蒸气压/×10² Pa

温度/K	0.0	0.2	0.4	0.6	0.8
273	6.105	6.195	6.286	6.379	6.473
274	6.567	6.663	6.759	6.858	6.958
275	7.058	7.159	7.262	7.366	7.473
276	7.579	7.687	7.797	7.907	8.019
277	8.134	8.249	8.365	8.483	8.603
278	8.723	8.846	8.970	9.095	9.222
279	9.350	9.481	9.611	9.745	9.881
280	10.017	10.155	10.295	10.436	10.580
281	10.726	10.872	11.022	11.172	11.324
282	11.478	11.635	11.792	11.952	12.114
283	12.278	12.443	12.610	12.779	12.951
284	13.124	13.300	13.478	13.658	13.839
285	14.023	14.210	14.397	14.587	14.779
286	14.973	15.171	15.369	15.572	15.776
287	15.981	16.191	16.401	16.615	16.831
288	17.049	17.260	17.493	17.719	17.947
289	18.177	18.410	18.648	18.886	19.128
290	19.372	19.618	19.869	20.121	20.377
291	20.634	20.896	21.160	21.426	21.694
292	21.968	22.245	22.523	22.805	23.090
293	23.378	23.669	23.963	24.261	24.561
294	24.865	25.171	25.482	25.797	26.114
295	26.434	26.758	27.086	27.418	27.751
296	28.088	28.430	28.775	29.124	29.478
297	29.834	30.195	30.560	30.928	31.299
298	31.672	32.049	32.432	32.820	33.213
299	33.609	34.009	34.413	34.820	35.232
300	35.649	36.070	36.496	36.925	37.358
301	37.796	38.237	38.683	39.135	39.593

温度/K	0.0	0.2	0.4	0.6	0.8
302	40.054	40.519	40.990	41.466	41.945
303	42.429	42.918	43.411	43.908	44.412
304	44.923	45.439	45.958	46.482	47.011
305	47.547	48.087	48.632	49.184	49.740
306	50.301	50.869	51.441	52.020	52.605
307	53.193	53.788	54.390	54.997	55.609
308	56.229	56.854	57.485	58.122	58.766
309	59.412	60.067	60.727	61.395	62.070
310	62.751	63.437	64.131	64.831	65.537
311	66.251	66.969	67.693	68.425	69.166
312	69.917	70.673	71.434	72.202	72.977
313	73.759	74.54	75.34	76.14	76.95
314	77.78	78.61	79.43	80.29	81.14
315	81.99	82.85	83.73	84.61	85.49
316	86.39	87.30	88.21	89.14	90.07
317	91.00	91.95	92.91	93.87	94.85
318	95.83	96.82	97.81	98.82	99.83
319	100.86	101.90	102.94	103.99	105.06
320	106.12	107.20	108.30	109.39	110.48
321	111.60	112.74	113.88	115.03	116.18
322	117.35	118.52	119.71	120.91	122.11
323	123.34	124.7	125.9	127.1	128.4

五 水的密度

温度/K	密度/g·mL⁻¹	温度/K	密度/g·mL⁻¹	温度/K	密度/g·mL⁻¹
273.2	0.999 841	279.0	0.999 947	284.8	0.999 542
273.4	0.999 854	279.2	0.999 941	285.0	0.999 520
273.6	0.999 866	279.4	0.999 935	285.2	0.999 498
273.8	0.999 878	279.6	0.999 927	285.4	0.999 475
274.0	0.999 889	279.8	0.999 920	285.6	0.999 451
274.2	0.999 900	280.0	0.999 911	285.8	0.999 427
274.4	0.999 909	280.2	0.999 902	286.0	0.999 402
274.6	0.999 918	280.4	0.999 893	286.2	0.999 377
274.8	0.999 927	280.6	0.999 883	286.4	0.999 352
275.0	0.999 934	280.8	0.999 872	286.6	0.999 326
275.2	0.999 941	281.0	0.999 861	286.8	0.999 299
275.4	0.999 947	281.2	0.999 849	287.0	0.999 272
275.6	0.999 953	281.4	0.999 837	287.2	0.999 244
275.8	0.999 958	281.6	0.999 824	287.4	0.999 216
276.0	0.999 962	281.8	0.999 810	287.6	0.999 188
276.2	0.999 965	282.0	0.999 796	287.8	0.999 159
276.4	0.999 968	282.2	0.999 781	288.0	0.999 129
276.6	0.999 970	282.4	0.999 766	288.2	0.999 099
276.8	0.999 972	282.6	0.999 751	288.4	0.999 069
277.0	0.999 973	282.8	0.999 734	288.6	0.999 038
277.2	0.999 973	283.0	0.999 717	288.8	0.999 007
277.4	0.999 973	283.2	0.999 700	289.0	0.998 975
277.6	0.999 972	283.4	0.999 682	289.2	0.998 943
277.8	0.999 970	283.6	0.999 664	289.4	0.998 910
278.0	0.999 968	283.8	0.999 645	289.6	0.998 877
278.2	0.999 965	284.0	0.999 625	289.8	0.998 843
278.4	0.999 961	284.2	0.999 605	290.0	0.998 809
278.6	0.999 957	284.4	0.999 585	290.2	0.998 774
278.8	0.999 952	284.6	0.999 564	290.4	0.998 739

温度/K	密度/g・mL^{-1}	温度/K	密度/g・mL^{-1}	温度/K	密度/g・mL^{-1}
290.6	0.998 704	295.0	0.997 815	299.4	0.996 829
290.8	0.998 668	295.2	0.997 770	299.6	0.996 676
291.0	0.998 632	295.4	0.997 724	299.8	0.996 621
291.2	0.998 595	295.6	0.997 678	300.0	0.996 567
291.4	0.998 558	295.8	0.997 632	300.2	0.996 512
291.6	0.998 520	296.0	0.997 585	300.4	0.996 457
291.8	0.998 482	296.2	0.997 538	300.6	0.996 401
292.0	0.998 444	296.4	0.997 490	300.8	0.996 345
292.2	0.998 405	296.6	0.997 442	301.0	0.996 289
292.4	0.998 365	296.8	0.997 394	301.2	0.996 232
292.6	0.998 325	297.0	0.997 345	301.4	0.996 175
292.8	0.998 285	297.2	0.997 296	301.6	0.996 118
293.0	0.998 244	297.4	0.997 246	301.8	0.996 060
293.2	0.998 203	297.6	0.997 196	302.0	0.996 002
293.4	0.998 162	297.8	0.997 146	302.2	0.995 944
293.6	0.998 120	298.0	0.997 095	302.4	0.995 885
293.8	0.998 078	298.2	0.997 044	302.6	0.995 826
294.0	0.998 035	298.4	0.996 992	302.8	0.995 766
294.2	0.997 992	298.6	0.996 941	303.0	0.995 700
294.4	0.997 948	298.8	0.996 888		
294.6	0.997 904	299.0	0.996 836		
294.8	0.997 860	299.2	0.996 783		

摘自：J A. Lange's Handbook of Chemistry. 10—127,第 11 版(1973)。温度(K)由 273.2+t 得到。

六 液体的折射率(25℃)

名称	n_{D}^{25}	名称	n_{D}^{25}
甲醇	1.326	氯仿	1.444
水	1.332 52	四氯化碳	1.459
丙酮	1.357	甲苯	1.494
乙醇	1.359	苯	1.498
醋酸	1.370	苯乙烯	1.545
乙酸乙酯	1.370	溴苯	1.557
正己烷	1.372	苯胺	1.583
1-丁醇	1.397	溴仿	1.587

摘自：Robert C. Weast，《Handbook of Chem. & Phys》，63th E-375(1982~1983)。

七 单位换算表

单位名称	符号	折合 SI 单位制	单位名称	符号	折合 SI 单位制
力的单位			1 标准大气压	atm	$=101\ 324.7\ N/m^2\ (Pa)$
1 公斤力	kgf	$=9.806\ 65\ N$	1 毫米水高	mmH_2O	$=9.806\ 65\ N/m^2\ (Pa)$
1 达因	dyn	$=10^{-5}\ N$			
黏度单位			1 毫米汞高	mmHg	$=133.322\ N/m^2\ (Pa)$
泊	P	$=0.1\ N\cdot s/m^2$	功能单位		
厘泊	cP	$=10^{-3}\ N\cdot s/m^2$			
压力单位			1 公斤力·米	kgf·m	$=9.806\ 65\ J$
			1 尔格	erg	$=10^{-7}\ J$
			升·大气压	l·atm	$=101.328\ J$
毫巴	mbar	$=100\ N/m^2\ (Pa)$	1 瓦特·小时	W·h	$=3\ 600\ J$
1 达因/厘米²	dyn/cm²	$=0.1\ N/m^2\ (Pa)$	1 卡	cal	$=4.186\ 8\ J$
1 公斤力/厘米²	kgf/cm²	$=98\ 066.5\ N/m^2\ (Pa)$	功率单位		
1 工程大气压	at	$=98\ 066.5\ N/m^2\ (Pa)$	1 公斤力·米/秒	kgf·m/s	$=9.806\ 65\ W$
			1 尔格/秒	erg/s	$=10^{-7}\ W$
1 大卡/小时	kcal/h	$=1.163\ W$	电磁单位		
1 卡/秒	cal/s	$=4.186\ 8\ W$			
比热单位			1 伏·秒	V·s	$=1\ Wb$
			1 安·小时	A·h	$=3\ 600\ C$
1 卡/克·度	cal/g·℃	$=4\ 186.8\ J/kg\cdot℃$	1 德拜	D	$=3.334\times10^{-30}\ C\cdot m$
1 尔格/克·度	erg/g·℃	$=10^{-4}\ J/kg\cdot℃$	1 高斯	Gs	$=10^{-4}\ T$
			1 奥斯特	Oe	$=(1\ 000/4\pi)\ A/m$

八 几种有机物质的蒸气压

物质的蒸气压 $p(Pa)$ 按下式计算：

$$\lg p = A - \frac{B}{C+t} + D$$

式中，A、B、C 为常数；t 为温度（℃）；D 为压力单位换算因子，其值为 2.124 9。

名称	分子式	适用温度范围/℃	A	B	C
四氯化碳	CCl_4		6.879 26	1 212.021	226.41
氯仿	$CHCl_3$	−30～150	6.903 28	1 163.03	227.4
甲醇	CH_4O	−14～65	7.897 50	1 474.08	229.13
1,2-二氯乙烷	$C_2H_4Cl_2$	−31～99	7.025 3	1 271.3	222.9
醋酸	$C_2H_4O_2$	0～36	7.803 07	1 651.2	225
		36～170	7.188 07	1 416.7	211
乙醇	C_2H_6O	−2～100	8.321 09	1 718.10	237.52
丙酮	C_3H_6O	−30～150	7.024 47	1 161.0	224
异丙醇	$C_3H_8O_2$	0～101	8.117 78	1 580.92	219.61
乙酸乙酯	$C_4H_8O_2$	−20～150	7.098 08	1 238.71	217.0
正丁醇	$C_4H_{10}O$	15～131	7.476 80	1 362.39	178.77
苯	C_6H_6	−20～150	6.905 61	1 211.033	220.790
环己烷	C_6H_{12}	20～81	6.841 30	1 201.53	222.65
甲苯	C_7H_8	−20～150	6.954 64	1 344.80	219.482
乙苯	C_8H_{10}	−20～150	6.957 19	1 424.251	213.206

摘自：John A. Dean,《Lange's Handbook of Chemistry》12th (0～3),(1979)。

九 不同温度下水的表面张力 $\sigma \times 10^{-3} N \cdot m^{-1}$

$t/℃$	σ	$t/℃$	σ	$t/℃$	σ	$t/℃$	σ
0	75.64	17	73.19	26	71.82	60	66.18
5	74.92	18	73.05	27	71.66	70	64.42
10	74.22	19	72.90	28	71.50	80	62.11
11	74.07	20	72.75	29	71.35	90	60.75
12	73.93	21	72.59	30	71.18	100	58.85
13	73.78	22	72.44	35	70.38	110	56.89
14	73.54	23	72.28	40	69.56	120	54.89
15	73.49	24	72.13	45	68.14	130	52.84
16	73.34	25	71.97	50	67.91		

摘自：John A. Dean，《Lange's Handbook of Chemistry》11th ed. 10~265(1973)。

十　常用酸碱溶液的浓度(15℃)

溶液浓度	密度 /g·mL^{-1}	质量分数 /%	物质的量浓度 /mol·L^{-1}
硫酸	1.84	98	18
	1.18	25	3
	1.06	9	1
盐酸	1.19	38	12
	1.10	20	6
	1.03	7	2
硝酸	1.40	65	16
	1.20	32	6
	1.07	12	2
磷酸	1.70	85	15
	1.05	9	1
高氯酸	1.12	19	2
氢氟酸	1.13	40	23
氢溴酸	1.38	40	7
氢碘酸	1.70	57	7.5
冰醋酸	1.05	99	17.5
醋酸	1.04	35	6
	1.02	12	2
氢氧化钠	1.36	33	11
	1.09	8	2
氨水	0.88	35	18
	0.91	25	13.5
	0.96	11	6
	0.99	3.5	2

十一 国际相对原子质量表（1985 年）

符号	名称	相对原子质量	符号	名称	相对原子质量	符号	名称	相对原子质量	符号	名称	相对原子质量
Ac	锕	[227]	Er	铒	167.26	Mn	锰	54.938 05	Ru	钌	101.07
Ag	银	107.868 2	Es	锿	[254]	Mo	钼	95.94	S	硫	32.066
Al	铝	26.981 54	Eu	铕	151.965	N	氮	14.006 74	Sb	锑	121.75
Am	镅	[243]	F	氟	18.998 40	Na	钠	22.989 77	Sc	钪	44.955 91
Ar	氩	39.948	Fe	铁	55.847	Nb	铌	92.906 38	Se	硒	78.96
As	砷	74.921 59	Fm	镄	[257]	Nd	钕	144.24	Si	硅	28.085 5
At	砹	[210]	Fr	钫	[223]	Ne	氖	20.179 7	Sm	钐	150.36
Au	金	196.966 54	Ga	镓	69.723	Ni	镍	58.69	Sn	锡	118.710
B	硼	10.811	Gd	钆	157.25	No	锘	[254]	Sr	锶	87.62
Ba	钡	137.327	Ge	锗	72.61	Np	镎	237.048 2	Ta	钽	180.947 9
Be	铍	9.012 18	H	氢	1.007 94	O	氧	15.999 4	Tb	铽	158.925 34
Bi	铋	208.980 37	He	氦	4.002 60	Os	锇	190.23	Tc	锝	98.906 2
Bk	锫	[247]	Hf	铪	178.49	P	磷	30.973 76	Te	碲	127.60
Br	溴	79.904	Hg	汞	200.59	Pa	镤	231.035 88	Th	钍	232.038 1
C	碳	12.011	Ho	钬	164.930 32	Pb	铅	207.2	Ti	钛	47.88
Ca	钙	40.078	I	碘	126.904 47	Pd	钯	106.42	Tl	铊	204.383 3
Cd	镉	112.411	In	铟	114.82	Pm	钷	[145]	Tm	铥	168.934 21
Ce	铈	140.115	Ir	铱	192.22	Po	钋	[～210]	U	铀	238.028 9
Cf	锎	[251]	K	钾	39.098 3	Pr	镨	140.907 65	V	钒	50.941 5
Cl	氯	35.452 7	Kr	氪	83.80	Pt	铂	195.08	W	钨	183.85
Cm	锔	[247]	La	镧	138.905 5	Pu	钚	[244]	Xe	氙	131.29
Co	钴	58.933 20	Li	锂	6.941	Ra	镭	226.025 4	Y	钇	88.905 85
Cr	铬	51.996 1	Lr	铹	[257]	Rb	铷	85.467 9	Yb	镱	173.04
Cs	铯	132.905 43	Lu	镥	174.967	Re	铼	186.207	Zn	锌	65.39
Cu	铜	63.546	Md	钔	[256]	Rh	铑	102.905 50	Zr	锆	91.224
Dy	镝	162.50	Mg	镁	24.305 0	Rn	氡	[222]			

十二 常用有机溶剂的沸点、相对密度

名称	沸点/℃	d_4^{20}	名称	沸点/℃	d_4^{20}
甲醇	64.9	0.791 4	苯	80.1	0.878 7
乙醇	78.5	0.789 3	甲苯	110.6	0.866 9
乙醚	34.5	0.713 7	氯仿	61.7	1.483 2
丙酮	56.2	0.789 9	四氯化碳	76.5	1.594 0
乙酸	117.9	1.049 2	二硫化碳	46.2	1.263 2
乙酐	139.5	1.082 0	硝基苯	210.8	1.203 7
乙酸乙酯	77.0	0.900 3	正丁醇	117.2	0.809 8

十三　国际单位制的一些导出单位

物理量	名　称	代　号		用国际制基本单位表示的关系式
		国际	中文	
频率	赫兹	Hz	赫	s^{-1}
力	牛顿	N	牛	$m \cdot kg \cdot s^{-2}$
压强	帕斯卡	Pa	帕	$m^{-1} \cdot kg \cdot s^{-2}$
能、功、热	焦耳	J	焦	$m^2 \cdot kg \cdot s^{-2}$
功率、辐射通量	瓦特	W	瓦	$m^2 \cdot kg \cdot s^{-3}$
电量、电荷	库仑	C	库	$s \cdot A$
电位、电压、电动势	伏特	V	伏	$m^2 \cdot kg \cdot s^{-3} \cdot A^{-1}$
电容	法拉	F	法	$m^{-2} \cdot kg^{-1} \cdot s^4 \cdot A^2$
电阻	欧姆	Ω	欧	$m^2 \cdot kg \cdot s^{-3} \cdot A^{-2}$
电导	西门子	S	西	$m^{-2} \cdot kg^{-1} \cdot s^3 \cdot A^2$
磁通量	韦伯	Wb	韦	$m^2 \cdot kg \cdot s^{-2} \cdot A^{-1}$
磁感应强度	特斯拉	T	特	$kg \cdot s^{-2} \cdot A^{-1}$
电感	亨利	H	亨	$m^2 \cdot kg \cdot s^{-2} \cdot A^{-2}$
光通量	流明	lm	流	$cd \cdot sr$
光照度	勒克斯	lx	勒	$m^{-2} \cdot cd \cdot sr$
黏度	帕斯卡秒	Pa · s	帕·秒	$m^{-1} \cdot kg \cdot s^{-1}$
表面张力	牛顿每米	N/m	牛/米	$kg \cdot s^{-2}$
热容量、熵	焦耳每开	J/K	焦/开	$m^2 \cdot kg \cdot s^{-2} \cdot K^{-1}$
比热容	焦耳每千克每开	J/(kg · K)	焦/(千克·开)	$m^2 \cdot s^{-2} \cdot K^{-1}$
电场强度	伏特每米	V/m	伏/米	$m \cdot kg \cdot s^{-3} \cdot A^{-1}$
密度	千克每立方米	kg/m³	千克/米³	$kg \cdot m^{-3}$

十四　物理化学常数

常数名称	符号	数值	单位(SI)	单位(C·G·S)
真空光速	c	2.997 924 58	10^8 米·秒$^{-1}$	10^{10} 厘米·秒$^{-1}$
基本电荷	e	1.602 189 2	10^{-19} 库仑	10^{-20} 厘米$^{0.5}$·克$^{0.5}$
阿伏伽德罗常数	N_A	6.022 045	10^{23} 摩$^{-1}$	10^{23} 克分子$^{-1}$
原子质量单位	u	1.660 565 5	10^{-27} 千克	10^{-24} 克
电子静质量	m_e	9.109 534	10^{-31} 千克	10^{-28} 克
质子静质量	m_p	1.672 648 5	10^{-27} 千克	10^{-24} 克
法拉第常数	F	9.648 456	10^4 库仑·摩$^{-1}$	10^3 厘米$^{0.5}$·克$^{0.5}$·克分子$^{-1}$
普朗克常数	h	6.626 176	10^{-34} 焦耳·秒	10^{-27} 尔格·秒
电子质荷比	e/m_e	1.758 804 7	10^{11} 库仑·千克$^{-1}$	10^7 厘米$^{0.5}$·克$^{0.5}$
里德堡常数	R_∞	1.097 373 177	10^7 米$^{-1}$	10^5 厘米$^{-1}$
玻尔磁子	μ_B	9.274 078	10^{-24} 焦耳·特$^{-1}$	10^{-21} 尔格·高斯$^{-1}$
气体常数	R	8.314 41	焦耳·度$^{-1}$·摩$^{-1}$	10^7 尔格·度$^{-1}$·克分子$^{-1}$
		1.987 2		卡·度$^{-1}$·克分子$^{-1}$
		0.082 056 2		升·大气压·克分子$^{-1}$·度$^{-1}$
玻尔兹曼常数	k	1.380 662	10^{-23} 焦耳·度$^{-1}$	10^{-16} 尔格·度$^{-1}$
万有引力常数	G	6.672 0	10^{-11} 牛顿·米^2·千克$^{-2}$	10^{-8} 达因·厘米^2·克$^{-2}$
重力加速度	g	9.806 65	米·秒$^{-2}$	10^2 厘米·秒$^{-2}$

附录

211

十五　一些离子在水溶液中的摩尔离子电导率(无限稀释)(25℃)

离子	$10^4\Lambda_+ /$ $S\cdot m^2\cdot mol^{-1}$	离子	$10^4\Lambda_+ /$ $S\cdot m^2\cdot mol^{-1}$	离子	$10^4\Lambda_+ /$ $S\cdot m^2\cdot mol^{-1}$	离子	$10^4\Lambda_+ /$ $S\cdot m^2\cdot mol^{-1}$
Ag^+	61.9	K^+	73.5	F^-	54.4	IO_3^-	40.5
Ba^{2+}	127.8	La^{3+}	208.8	ClO_3^-	64.4	IO_4^-	54.5
Be^{2+}	108	Li^+	38.69	ClO_4^-	67.9	NO_2^-	71.8
Ca^{2+}	118.4	Mg^{2+}	106.12	CN^-	78	NO_3^-	71.4
Cd^{2+}	108	NH_4^+	73.5	CO_3^{2-}	144	OH^-	198.6
Ce^{3+}	210	Na^+	50.11	CrO_4^{2-}	170	PO_4^{3-}	207
Co^{2+}	106	Ni^{2+}	100	$Fe(CN)_6^{4-}$	444	SCN^-	66
Cr^{3+}	201	Pb^{2+}	142	$Fe(CN)_6^{3-}$	303	SO_3^{2-}	159.8
Cu^{2+}	110	Sr^{2+}	118.92	HCO_3^-	44.5	SO_4^{2-}	160
Fe^{2+}	108	Tl^+	76	HS^-	65	Ac^-	40.9
Fe^{3+}	204	Zn^{2+}	105.6	HSO_3^-	50	$C_2O_4^{2-}$	148.4
H^+	349.82			HSO_4^-	50	Br^-	73.1
Hg^+	106.12			I^-	76.8	Cl^-	76.35

摘自：John A. Dean,《Lange's Handbook of Chemistry》12th (6~34),(1979)。

实验仪器使用索引

参 考 文 献

1 陈立军,张心亚,黄洪,等.纯丙乳液研究进展.中国胶粘剂,2005,14(9):34~38

2 黄先威,刘方,邓继勇.丙烯酸核壳乳液的制备与性能研究.湖南工程学院学报(自然科学版),2006(2):72~74

3 李晓洁,赵如松,慕朝.涂料用纯丙乳液的性能研究.精细石油化工,2006(1):33~36

4 潘祖仁.高分子化学.北京:化学工业出版社,2003

5 李春成,郑昌仁.分子量对压敏胶粘接性能的影响[J].化学与粘合,1996(3):193

6 吴俊方主编.工科化学基本实验.南京:东南大学出版社,2006

7 南京大学大学化学实验教学组编.大学化学实验.北京:高等教育出版社,1999

8 柯以侃主编.大学化学实验.北京:化学工业出版社,2001

9 浙江大学化学系组编;徐伟亮主编.基础化学实验.北京:科学出版社,2005

10 陈同云主编.工科化学实验.北京:化学工业出版社,2003

11 刁国旺主编.大学化学实验.南京:南京大学出版社,2006

12 周志高,蒋鹏举编.有机化学实验.北京:化学工业出版社,2005

13 倪惠琼,蔡会武主编.工科化学实验.北京:化学工业出版社,2006

14 朱红,朱英主编.综合性与设计性化学实验.徐州:中国矿业大学出版社,2002

15 复旦大学等编.物理化学实验.北京:高等教育出版社,2004